新工科建设之路·数据科学与大数据系列

Python 实用教程

刘宇宙　编著

电子工业出版社
Publishing House of Electronics Industry
北京·BEIJING

内 容 简 介

本书专门针对 Python 新手量身定做,是编者学习和使用 Python 开发过程中的体会和经验总结,涵盖实际开发中所有的重要知识点,内容详尽,代码可读性及可操作性强。本书主要介绍 Python 语言的类型和对象、操作符和表达式、编程结构和控制流、函数、序列、正则表达式、面向对象编程、文件操作等,各章还安排了活学活用、技巧点拨、问题探讨、章节回顾、实战演练等实例内容,以帮助读者学会处理程序异常、解答学习困惑、巩固知识、学以致用。本书使用通俗易懂的描述和丰富的实例代码,让复杂的问题以简单的形式展现出来,生动有趣,使读者学起来轻松,充分感受到学习 Python 的乐趣和魅力。

本书适合 Python 3.x 初学者,想学习和了解 Python 3.x 的程序员,Python 3.x 网课、培训机构、中学、大学本科、大专院校的学生,也可作为本、专科院校的教学用书。

未经许可,不得以任何方式复制或抄袭本书之部分或全部内容。
版权所有,侵权必究。

图书在版编目(CIP)数据

Python 实用教程 / 刘宇宙编著. —北京:电子工业出版社,2019.5
ISBN 978-7-121-35884-5

Ⅰ. ①P… Ⅱ. ①刘… Ⅲ. ①软件工具—程序设计—高等学校—教材 Ⅳ. ①TP311.561

中国版本图书馆 CIP 数据核字(2019)第 006525 号

策划编辑:章海涛
责任编辑:章海涛
印　　刷:北京虎彩文化传播有限公司
装　　订:北京虎彩文化传播有限公司
出版发行:电子工业出版社
　　　　　北京市海淀区万寿路 173 信箱　　邮编:100036
开　　本:787×1092　1/16　　印张:17.5　　字数:448 千字
版　　次:2019 年 5 月第 1 版
印　　次:2019 年 10 月第 2 次印刷
定　　价:42.00 元

凡所购买电子工业出版社图书有缺损问题,请向购买书店调换。若书店售缺,请与本社发行部联系。联系及邮购电话:(010) 88254888,88258888。

质量投诉请发邮件至 zlts@phei.com.cn,盗版侵权举报请发邮件至 dbqq@phei.com.cn。
本书咨询联系方式:192910558(QQ 群)。

前 言

以前有朋友问我 Python 的好处时，我用偏向于计算的语言跟他描述了一大堆，他好像仍然似懂非懂，最后问到，是不是 Python 的学习就像讲话一样。那一刻我突然意识到，对于没有接触过 Python 的学习者，我总想让他很快就融入到 Python 当中，殊不知对于他们来讲最容易理解的说法到底是怎样的。就像我的那位朋友，从他的角度来看，在我的描述下，它确实像讲话那样。

确实，Python 是一门编程语言，但它同时也像我们所说的话，非常灵活，每个人对它都可以有自己的学习方式，有自己的理解方式，有自己的操作方式。

我从来没有想过一门编程语言可以如此简单，只要你在计算机上花上几分钟构建好 Python 环境，就可以开始 Python 编程了。作为一门编程语言，它太适合零基础的朋友作为踏入编程大门的入门教程了。

Python 虽然简单，但语法结构非常严谨，就像我们说话，虽然可以用各种语言形式说，但也要保证说出内容的合理性，否则就很容易被误解或引起别人的愤怒。

Python 是一种解释型的、面向对象的、带有动态语义的高级程序设计语言。Python 中有很多术语，你可以在阅读本书的过程中逐渐弄懂。

Python 是一种使你在编程时能够保持自己风格的程序设计语言，使用它，你可以使用清晰易懂的程序来实现想要的功能。如果你之前没有任何编程经历，那么既简单又强大的 Python 就是你入门的完美选择。

Python 如何体现它的简单？有人说，完成一件相同的任务，使用汇编语言实现，可能需要编写 1000 行以上的代码，使用 C 语言实现，可能需要 500 行以上的代码，使用 Java 语言实现，可能需要 100 行以上的代码，而使用 Python 语言实现，可能只需要 20 行代码。这就是 Python，它可以帮你节约大量编写代码的时间。

从 Python 的市场需求看，随着人工智能、区块链、大数据、云计算、物联网等新兴技术的迅速崛起，市场对 Python 人才的需求和市场人才的匮乏让长期沉默的 Python 语言一下子备受众人的关注，本书可以说应运而生。

目前，Python 广泛使用的是 2.7 版本，新版本 Python 3 带来了很多新特性。本书是基于 Python 3.6 以上版本而编写的，在写作过程中，对所涉及的知识点，基本都使用的是当前最新的知识点，所以对于想学习 Python 的读者，完全不用担心在学习本书时，已经有很多新的知识点被更新了，从而担心自己又得去学习大量的新知识点。

本书特色

本书专门针对 Python 新手量身定做，是编者学习和使用 Python 开发过程中的体会和经验总结，涵盖实际开发中所有的重要知识点，内容详尽，代码可读性及可操作性强。

本书主要介绍 Python 语言的类型和对象、操作符和表达式、编程结构和控制流、函数、序列、正则表达式、面向对象编程、文件操作等，各章还安排了活学活用、技巧点拨、问题探讨、章节回顾、实战演练等内容，以帮助读者学会处理程序异常、解答学习困惑、巩固知识、学以致用。

本书的另一个特色是，使用通俗易懂的描述和丰富的示例代码，并结合日常生活中的一些小事件，使本书读起来尽可能生动有趣，让复杂的问题以简单的形式展现出来，使读者学起来轻松，充分感受到学习 Python 的乐趣和魅力。

本书通过 Python 快乐学习班的成员去往 Python 库的旅游贯穿全文，通过与现实中的旅游来和各个章节的知识点结合，让读者更加直观明了地理解各个章节的内容和知识点。

知识点与景点或服务区的对应如下：

进入 Python 世界——"数据类型"服务区
列表和元组——"序列号"接驳车
字符串——"字符串"主题游乐园
字典和集合——"字典屋"
条件、循环和其他语句——"循环旋转"乐园
函数——"函数乐高积木"
类与对象——"对象动物园"
异常处理——"异常过山车"
日期和时间——"时间森林"
正则表达式——"正则表达式寻宝古街"
文件——"文件魔法馆"

除了以旅游的形式展现知识内容，本书还基于 Python 的最新版本编写，书中所有示例都在最新的 Python 版本上运行成功，随书源码将发布在 Github 上。

本书内容

本书共分为 12 章，各章内容安排如下：

第 1 章主要介绍 Python 的起源、发展前景、Python 3 的一些新特性、环境构建及第一个 Python 程序。

第 2 章主要介绍 Python 的基础知识，讲解 Python 中的数据类型、变量和关键字、运算符和操作对象等的概念，为后续章节的学习做铺垫。

第 3 章主要介绍列表和元组，包括列表和元组的操作及两者的区别。

第 4 章主要介绍字符串，包括字符串的简单操作，格式化，字符串的方法等内容。

第 5 章主要介绍字典和集合，包括字典的创建和使用，字典方法，集合的使用等内容。

第 6 章主要介绍条件语句、循环语句及列表推导式等一些更深层次的知识点，包括 import 的使用、赋值操作、条件语句和循环等内容。

第 7 章主要介绍函数，函数是组织好的、可重复使用的、用来实现单一或相关联功能的代码段，本章围绕函数的定义、调用，函数的参数，变量的作用域等知识点展开讲解。

第 8 章主要介绍 Python 面向对象编程的特性，Python 从设计之初就是一门面向对象语言，它提供一些语言特性支持面向对象编程。本章围绕类的定义与使用、继承、多态、封装等知识点展开讲解。

第 9 章主要介绍异常，围绕异常定义、异常捕捉、异常处理、自定义异常等知识点展开讲解。

第 10 章主要介绍日期和时间，以 time 模块、datetime 模块、日历模块作为主要知识点展开讲解。

第 11 章主要介绍正则表达式，将通过 re 模块的方法的介绍逐步展开对 Python 中正则表达式使用的讲解。

第 12 章主要介绍文件，围绕操作文件、文件方法、序列化与反序列化等知识点展开讲解。

读者对象

Python 3.x 初学者。

想学习和了解 Python 3.x 的程序员。

Python 3.x 网课、培训机构、中学及高等学校本科、高职高专的学生。

关于本书

在本书写作之际，由我编写，清华大学出版社出版的《Python 3.5 从零开始学》《Python 3.7 从零开始学》这两本书在市场上已经获得很多读者的欢迎，但当我回头过来细看，这两本书中仍然有很多不够完善的地方，于是我便又重新编写了本书。

该书在编写过程中基本保持了前两本书的目录结构方式，但在内容上，做了非常大的改动。本书对之前讲解不够到位的地方做了更详尽的讲解，对之前一些章节安排上不合理的地方做了调整，对一些描述比较难以理解的地方做了更通俗的讲解。

本书包含配套教学课件、实例源代码，读者可登录华信教育资源网（www.hxedu.com.cn）免费下载。

致谢

虽然有前两本书的编写经验，但在本书写作过程中依然遇到了很多困难以及写作方式上的困惑，好在这是一个信息互联的时代，这让笔者有机会参阅很多相关文献资料，也让很多困难得以较好的解决。

在写作过程中参考了一些相关资源上的写作手法，这些资源上有一些技术点使用了非常形象生动的方式来阐述，参考的内容主要包括《Python 3.5 从零开始学》《Python 3.7 从零开始学》《Python 基础教程（第 2 版）》《笨办法学 Python（第 4 版）》《像计算机科学家一样思考 Python》、廖雪峰的博客以及 W3C 等资源。在此，对它们的编者表示真诚的感谢。

最后感谢《Python 3.5 从零开始学》《Python 3.7 从零开始学》读者们的鼓励和支持，正因为有你们通过 QQ、邮件、博客留言等方式不断指出书中的不足，不断提出问题与提出意见，才使得本书可以以一种更为通俗易懂的方式呈现出来。

CSDN 技术博客：youzhouliu

技术问答 E-mail：jxgzyuzhouliu@163.com

技术问答 QQ 群：700103920

随书源码地址：https://github.com/liuyuzhou/python/pythonsourcecode.git

目　录

第一章　Python 的自我介绍 ······ 1
1.1　Python 的起源 ······ 1
1.2　Python 的发展前景与应用场合 ······ 2
1.3　Python 的版本迭代 ······ 4
1.4　如何学习 Python ······ 6
1.5　Python 安装 ······ 6
1.5.1　在 Windows 系统中安装 Python ······ 7
1.5.2　在 Linux、UNIX 系统和 Mac 中安装 Python ······ 13
1.5.3　其他版本 ······ 13
1.6　开启你的第一个程序 ······ 14
1.7　技巧点拨 ······ 15
1.8　问题探讨 ······ 15
1.9　章节回顾 ······ 16
1.10　实战演练 ······ 16

第二章　进入 Python 世界 ······ 17
2.1　初识程序 ······ 17
2.1.1　何为程序 ······ 17
2.1.2　程序调试 ······ 18
2.1.3　语法错误——南辕北辙 ······ 18
2.1.4　运行时错误——突然的停止 ······ 19
2.1.5　语义错误——答非所问 ······ 19
2.2　Python 的数据类型 ······ 20
2.2.1　整型 ······ 20
2.2.2　浮点型 ······ 22
2.2.3　复数 ······ 23
2.2.4　数据的转变——类型转换 ······ 23
2.2.5　常量 ······ 24
2.3　变量和关键字 ······ 24
2.3.1　变量的定义与使用 ······ 25
2.3.2　变量的命名 ······ 28
2.4　Python 中的语句 ······ 30
2.5　理解表达式 ······ 31
2.6　运算符和操作对象 ······ 32
2.6.1　运算符和操作对象的定义 ······ 32
2.6.2　算术运算符 ······ 32
2.6.3　比较运算符 ······ 34
2.6.4　赋值运算符 ······ 35
2.6.5　位运算符 ······ 36
2.6.6　逻辑运算符 ······ 37
2.6.7　成员运算符 ······ 37
2.6.8　身份运算符 ······ 38
2.6.9　运算符优先级 ······ 38
2.7　字符串操作 ······ 40
2.8　Python 中的注释 ······ 43
2.9　活学活用——九九乘法表逆实现 ······ 44
2.10　技巧点拨 ······ 45
2.11　问题探讨 ······ 46
2.12　章节回顾 ······ 46
2.13　实战演练 ······ 46

第三章　列表和元组 ······ 48
3.1　通用序列操作 ······ 48
3.1.1　索引的定义与实现 ······ 48
3.1.2　分片的定义与实现 ······ 50
3.1.3　序列的加法 ······ 54
3.1.4　序列的乘法 ······ 55
3.1.5　成员资格检测——in ······ 56
3.1.6　长度、最小值和最大值 ······ 56
3.2　操作列表 ······ 57
3.2.1　列表的更新 ······ 57
3.2.2　多维列表 ······ 63
3.2.3　列表方法 ······ 64
3.3　操作元组 ······ 73
3.3.1　tuple() 函数的定义与使用 ······ 74
3.3.2　元组的基本操作 ······ 75

- 3.3.3 元组内置函数 ……………… 76
- 3.4 列表与元组的区别 ……………… 77
- 3.5 活学活用——角色互换 ……………… 79
- 3.6 技巧点拨 ……………… 79
- 3.7 问题探讨 ……………… 80
- 3.8 章节回顾 ……………… 81
- 3.9 实战演练 ……………… 81

第四章　字符串 ……………… 82

- 4.1 字符串的简单操作 ……………… 82
- 4.2 字符串格式化 ……………… 84
  - 4.2.1 经典的字符串格式化符号——百分号（%）……………… 84
  - 4.2.2 元组的字符串格式化 ……………… 86
  - 4.2.3 format 字符串格式化 ……………… 89
  - 4.2.4 字符串格式化的新方法 ……………… 89
- 4.3 字符串方法 ……………… 90
  - 4.3.1 split()方法 ……………… 90
  - 4.3.2 strip()方法 ……………… 91
  - 4.3.3 join()方法 ……………… 92
  - 4.3.4 find()方法 ……………… 92
  - 4.3.5 lower()方法 ……………… 93
  - 4.3.6 upper()方法 ……………… 94
  - 4.3.7 replace()方法 ……………… 95
  - 4.3.8 swapcase()方法 ……………… 96
  - 4.3.9 translate()方法 ……………… 96
- 4.4 活学活用——知识拓展 ……………… 97
- 4.5 技巧点拨 ……………… 98
- 4.6 问题探讨 ……………… 99
- 4.7 章节回顾 ……………… 99
- 4.8 实战演练 ……………… 100

第五章　字典和集合 ……………… 101

- 5.1 认识字典 ……………… 101
- 5.2 字典的创建和使用 ……………… 102
  - 5.2.1 dict()函数的定义与使用 ……………… 102
  - 5.2.2 操作字典 ……………… 103
  - 5.2.3 字典和列表比较 ……………… 106
- 5.3 字典方法 ……………… 107
  - 5.3.1 get()方法 ……………… 107
  - 5.3.2 keys()方法 ……………… 107
  - 5.3.3 values()方法 ……………… 108
  - 5.3.4 key in dict 方法 ……………… 108
  - 5.3.5 update()方法 ……………… 109
  - 5.3.6 clear()方法 ……………… 109
  - 5.3.7 copy()方法 ……………… 110
  - 5.3.8 fromkeys()方法 ……………… 111
  - 5.3.9 items()方法 ……………… 112
  - 5.3.10 setdefault()方法 ……………… 112
- 5.4 集合 ……………… 113
  - 5.4.1 创建集合 ……………… 114
  - 5.4.2 集合方法 ……………… 114
- 5.5 活学活用——元素去重 ……………… 115
- 5.6 技巧点拨 ……………… 116
- 5.7 问题探讨 ……………… 116
- 5.8 章节回顾 ……………… 117
- 5.9 实战演练 ……………… 117

第六章　条件、循环和其他语句 ……… 118

- 6.1 Python 的编辑器 ……………… 118
- 6.2 import 语句 ……………… 120
  - 6.2.1 import 语句的定义与使用 ……… 120
  - 6.2.2 另一种输出——逗号输出 ……… 123
- 6.3 赋值 ……………… 123
  - 6.3.1 序列解包 ……………… 123
  - 6.3.2 链式赋值 ……………… 125
  - 6.3.3 增量赋值 ……………… 125
- 6.4 条件语句 ……………… 126
  - 6.4.1 布尔变量 ……………… 126
  - 6.4.2 if 语句的定义与使用 ……………… 127
  - 6.4.3 else 子句的理解与使用 ………… 128
  - 6.4.4 elif 子句的理解与使用 ………… 129
  - 6.4.5 代码块嵌套 ……………… 129
  - 6.4.6 更多操作 ……………… 130
- 6.5 循环 ……………… 132
  - 6.5.1 while 循环的定义与使用 ……… 132

	6.5.2 for 循环的定义与使用 ············ 133
	6.5.3 遍历字典 ···················· 135
	6.5.4 迭代工具 ···················· 135
	6.5.5 跳出循环 ···················· 136
	6.5.6 循环中的 else 子句 ············ 138
6.6	pass 语句 ························· 139
6.7	活学活用——猜数字 ················· 140
6.8	技巧点拨 ·························· 142
6.9	问题探讨 ·························· 142
6.10	章节回顾 ·························· 143
6.11	实战演练 ·························· 143

第七章　函数 ·························· 144

- 7.1 函数的定义 ························ 144
- 7.2 函数的调用 ························ 145
- 7.3 函数的参数 ························ 148
  - 7.3.1 必须参数 ···················· 149
  - 7.3.2 关键字参数 ·················· 150
  - 7.3.3 默认参数 ···················· 150
  - 7.3.4 可变参数 ···················· 153
  - 7.3.5 组合参数 ···················· 155
- 7.4 形参和实参 ························ 156
- 7.5 变量的作用域 ······················ 156
  - 7.5.1 局部变量的定义与使用 ········ 157
  - 7.5.2 全局变量的定义与使用 ········ 158
- 7.6 函数的返回值 ······················ 160
- 7.7 返回函数 ·························· 161
- 7.8 递归函数 ·························· 164
- 7.9 匿名函数 ·························· 166
- 7.10 偏函数 ··························· 168
- 7.11 活学活用——选择排序 ············ 169
- 7.12 技巧点拨 ························· 170
- 7.13 问题探讨 ························· 170
- 7.14 章节回顾 ························· 171
- 7.15 实战演练 ························· 171

第八章　类与对象 ······················ 172

- 8.1 理解面向对象 ······················ 172

  - 8.1.1 面向对象编程 ················ 172
  - 8.1.2 面向对象术语简介 ············ 172
- 8.2 类的定义与使用 ···················· 173
  - 8.2.1 类的定义 ···················· 173
  - 8.2.2 类的使用 ···················· 174
- 8.3 深入类 ···························· 175
  - 8.3.1 类的构造方法 ················ 175
  - 8.3.2 类的访问权限 ················ 179
- 8.4 继承 ······························ 183
- 8.5 多重继承 ·························· 186
- 8.6 多态 ······························ 188
- 8.7 封装 ······························ 191
- 8.8 获取对象信息 ······················ 192
- 8.9 类的专有方法 ······················ 195
- 8.10 活学活用——出行建议 ············ 200
- 8.11 技巧点拨 ························· 202
- 8.12 问题探讨 ························· 203
- 8.13 章节回顾 ························· 203
- 8.14 实战演练 ························· 204

第九章　异常处理 ······················ 205

- 9.1 异常定义 ·························· 205
- 9.2 异常化解 ·························· 206
- 9.3 抛出异常 ·························· 208
- 9.4 使用一个块捕捉多个异常 ············ 209
- 9.5 异常对象捕捉 ······················ 210
- 9.6 丰富的 else 子句 ··················· 211
- 9.7 自定义异常 ························ 212
- 9.8 try/finally 语句 ···················· 213
- 9.9 函数中的异常 ······················ 214
- 9.10 活学活用——正常数异常数 ········ 215
- 9.11 知识扩展——bug 的由来 ·········· 217
- 9.12 章节回顾 ························· 217
- 9.13 实战演练 ························· 217

第十章　日期和时间 ···················· 218

- 10.1 日期和时间 ······················· 218
  - 10.1.1 时间戳的定义 ··············· 218

10.1.2　时间格式化符号⋯⋯⋯⋯⋯⋯219
　　10.1.3　struct_time 元组⋯⋯⋯⋯⋯219
10.2　time 模块⋯⋯⋯⋯⋯⋯⋯⋯⋯⋯⋯220
　　10.2.1　time()函数⋯⋯⋯⋯⋯⋯⋯⋯220
　　10.2.2　strftime()函数⋯⋯⋯⋯⋯⋯221
　　10.2.3　strptime()函数⋯⋯⋯⋯⋯⋯222
　　10.2.4　localtime()函数⋯⋯⋯⋯⋯⋯222
　　10.2.5　sleep()函数⋯⋯⋯⋯⋯⋯⋯⋯223
　　10.2.6　gmtime()函数⋯⋯⋯⋯⋯⋯⋯223
　　10.2.7　mktime()函数⋯⋯⋯⋯⋯⋯⋯224
　　10.2.8　asctime()函数⋯⋯⋯⋯⋯⋯⋯224
　　10.2.9　ctime()函数⋯⋯⋯⋯⋯⋯⋯⋯225
　　10.2.10　clock()函数⋯⋯⋯⋯⋯⋯⋯225
　　10.2.11　3 种时间格式转化⋯⋯⋯⋯226
10.3　datetime 模块⋯⋯⋯⋯⋯⋯⋯⋯⋯227
10.4　calendar 模块⋯⋯⋯⋯⋯⋯⋯⋯⋯231
10.5　活学活用——时间大杂烩⋯⋯⋯⋯232
10.6　技巧点拨⋯⋯⋯⋯⋯⋯⋯⋯⋯⋯⋯236
10.7　章节回顾⋯⋯⋯⋯⋯⋯⋯⋯⋯⋯⋯236
10.8　实战演练⋯⋯⋯⋯⋯⋯⋯⋯⋯⋯⋯236

第十一章　正则表达式⋯⋯⋯⋯⋯⋯⋯238

11.1　正则表达式的使用⋯⋯⋯⋯⋯⋯⋯238
11.2　re 模块的方法⋯⋯⋯⋯⋯⋯⋯⋯⋯240
　　11.2.1　re.match()方法⋯⋯⋯⋯⋯⋯240
　　11.2.2　re.search()方法⋯⋯⋯⋯⋯⋯241
　　11.2.3　re.match()方法与 re.search()
　　　　　　方法的区别⋯⋯⋯⋯⋯⋯⋯241
11.3　贪婪模式和非贪婪模式⋯⋯⋯⋯⋯242
11.4　其他操作⋯⋯⋯⋯⋯⋯⋯⋯⋯⋯⋯243
11.5　活学活用——匹配比较⋯⋯⋯⋯⋯243
11.6　章节回顾⋯⋯⋯⋯⋯⋯⋯⋯⋯⋯⋯246

11.7　实战演练⋯⋯⋯⋯⋯⋯⋯⋯⋯⋯⋯246

第十二章　文件⋯⋯⋯⋯⋯⋯⋯⋯⋯⋯⋯247

12.1　操作文件⋯⋯⋯⋯⋯⋯⋯⋯⋯⋯⋯247
　　12.1.1　文件操作模式⋯⋯⋯⋯⋯⋯248
　　12.1.2　文件缓存⋯⋯⋯⋯⋯⋯⋯⋯249
12.2　文件方法⋯⋯⋯⋯⋯⋯⋯⋯⋯⋯⋯250
　　12.2.1　文件的读和写⋯⋯⋯⋯⋯⋯250
　　12.2.2　行的读写⋯⋯⋯⋯⋯⋯⋯⋯253
　　12.2.3　正确关闭文件⋯⋯⋯⋯⋯⋯254
　　12.2.4　rename()方法⋯⋯⋯⋯⋯⋯255
　　12.2.5　remove()方法⋯⋯⋯⋯⋯⋯256
12.3　文件内容的迭代⋯⋯⋯⋯⋯⋯⋯⋯257
12.4　序列化与反序列化⋯⋯⋯⋯⋯⋯⋯258
　　12.4.1　pickle 模块实现列化与
　　　　　　反序列化⋯⋯⋯⋯⋯⋯⋯⋯258
　　12.4.2　JSON 实现序列化与
　　　　　　反序列化⋯⋯⋯⋯⋯⋯⋯⋯259
12.5　活学活用——文本数据分隔⋯⋯⋯261
12.6　技巧点拨⋯⋯⋯⋯⋯⋯⋯⋯⋯⋯⋯263
12.7　问题探讨⋯⋯⋯⋯⋯⋯⋯⋯⋯⋯⋯263
12.8　章节回顾⋯⋯⋯⋯⋯⋯⋯⋯⋯⋯⋯264
12.9　实战演练⋯⋯⋯⋯⋯⋯⋯⋯⋯⋯⋯264

附录 A⋯⋯⋯⋯⋯⋯⋯⋯⋯⋯⋯⋯⋯⋯⋯265

A.1　数学函数⋯⋯⋯⋯⋯⋯⋯⋯⋯⋯⋯⋯265
A.2　随机函数⋯⋯⋯⋯⋯⋯⋯⋯⋯⋯⋯⋯265
A.3　三角函数⋯⋯⋯⋯⋯⋯⋯⋯⋯⋯⋯⋯266
A.4　Python 字符串内建函数⋯⋯⋯⋯⋯266
A.5　列表方法⋯⋯⋯⋯⋯⋯⋯⋯⋯⋯⋯⋯267
A.6　字典内置方法⋯⋯⋯⋯⋯⋯⋯⋯⋯⋯268
A.7　正则表达式模式⋯⋯⋯⋯⋯⋯⋯⋯⋯268

第一章　Python 的自我介绍

本章主要介绍 Python 的起源、应用场合、发展前景，Python 3.x 与 Python 2.x 的区别，以及 Python 最新版本的一些新特性。本章还将介绍 Python 的环境构建。作为开门篇，将介绍一个简单的编写 Hello World 小程序。

1.1　Python 的起源

任何一门语言的出现都有它对应的创始人，Python 也不例外。

Python 的创始人为 Guido van Rossum（后文简称 Guido）。1982 年，Guido 从阿姆斯特丹大学获得数学和计算机硕士学位。尽管 Guido 算得上是一位数学家，不过他更享受计算机带来的乐趣。用 Guido 的话说，尽管他拥有数学和计算机双料资质，不过他趋向于做计算机相关的工作，并热衷于做所有和编程相关的活儿。

Guido 接触并使用过 Pascal、C、Fortran 等语言。这些语言的基本设计原则是让机器运行得更快。在 20 世纪 80 年代，虽然 IBM 和苹果已经掀起了个人计算机浪潮，但是那时候个人计算机的配置很低，比如早期的 Macintosh 只有 8MHz 的 CPU 主频和 128KB 的 RAM，一个大的数组就能占满内存，因此所有编译器的核心都是做优化，以便让程序能够运行。为了提高效率，程序员不得不像计算机一样思考，以便写出更符合机器口味的程序，在那个时代，程序员恨不得榨取计算机每一寸的能力，有人甚至认为 C 语言的指针是在浪费内存。至于动态类型、内存自动管理、面向对象等就不要想了，这些只会让你的计算机陷入瘫痪。

这种编程方式让 Guido 感到苦恼。虽然 Guido 知道如何用 C 语言写出一个功能，但整个编写过程却需要耗费大量时间。Guido 还可以选择 Shell，Bourne Shell 作为 UNIX 系统的解释器已经存在很久了。UNIX 的管理员常常用 Shell 写一些简单的脚本，以进行系统维护的工作，比如定期备份、文件系统管理等。在 C 语言中，许多上百行的程序在 Shell 中只用几行就可以完成。然而，Shell 的本质是调用命令，它不是一个真正的语言，比如 Shell 没有数值型的数据类型，运用加法运算都很复杂。总之，Shell 不能全面调动计算机的功能。

Guido 希望有一种语言能够像 C 语言一样全面调用计算机的功能接口，又可以像 Shell 一样轻松编程。ABC 语言让 Guido 看到了希望，该语言是由荷兰的数学和计算机研究所开发的，Guido 曾经在该研究所工作，并参与了 ABC 语言的开发。与当时大部分语言不同，ABC 语言是以教学为目的，目标是"让用户感觉更好"，希望通过 ABC 语言让语言变得容易阅读、容易使用、容易记忆、容易学习，并以此激发人们学习编程的兴趣。

ABC 语言尽管已经具备了良好的可读性和易用性，不过始终没有流行起来。当时，ABC

语言编译器需要配置比较高的计算机才能运行，而这些计算机的使用者通常精通计算机，他们考虑更多的是程序的效率，而不是学习难度。ABC 语言不能直接操作文件系统，尽管用户可以通过文本流等方式导入数据，不过 ABC 语言无法直接读写文件，输入输出的困难对于计算机语言来说是致命的。你能想象一款打不开车门的跑车吗？

1989 年，为了打发圣诞节假期，Guido 开始写 Python 语言的编译器。Python 这个名字来自于 Guido 所挚爱的电视剧——Monty Python's Flying Circus。他希望这个新语言 Python 能够符合他的理想：创造一种介于 C 和 Shell 之间、功能全面、易学易用、可拓展的语言。Guido 作为一个语言设计爱好者，已经尝试过设计语言，这次不过是一种纯粹的 hacking 行为。

1991 年，第一个 Python 编译器诞生。该编译器是用 C 语言实现的，并且能够调用 C 语言的库文件。Python 诞生时便具有类、函数、异常处理，包含表和词典在内的核心数据类型，以及以模块为基础的拓展系统。

Python 的很多语法来自于 C，却又受 ABC 语言的强烈影响。来自 ABC 语言的一些规定至今还富有争议（比如强制缩进），不过这些语法规定让 Python 容易理解。另一方面，Guido 聪明地选择让 Python 服从一些惯例，特别是 C 语言的惯例，比如回归等号赋值。Guido 认为"常识"确定的东西没有必要过度纠结。

Python 从一开始就特别在意可拓展性。Python 可以在多个层次上拓展，在高层可以直接引入.py 文件，在底层可以引用 C 语言的库。程序员可以使用 Python 快速编写的.py 文件作为拓展模块。当性能是重点考虑的因素时，程序员可以深入底层写 C 程序，将编译的.so 文件引入 Python 中使用。Python 就像使用钢筋建房一样，要先规定好大的框架，程序员可以在此框架下相当自由地拓展或更改。

最初，Python 完全由 Guido 本人开发，后来逐渐受到 Guido 同事的欢迎，他们迅速反馈使用意见，并参与 Python 的改进。Guido 和一些同事构成了 Python 的核心团队，他们将自己大部分业余时间用于 hack Python，Python 逐渐拓展到了研究所外。Python 将许多机器层面的细节隐藏交给编译器处理，并凸显逻辑层面的编程思考，程序员使用 Python 时，可以将更多时间用于程序逻辑的思考，而不是具体细节的实现，这一特征吸引了广大程序员，Python 开始流行起来了。

1.2 Python 的发展前景与应用场合

现在,全世界有 600 多种编程语言,但流行的编程语言也就 20 多种。如果你听说过 TIOBE 排行榜，就能知道编程语言的大致流行程度。图 1-1 是 2002－2018 年最常用的 10 种编程语言的变化图。

2015 年到 2017 年，Python 基本处于第 5 位，市场占有率次于 Java、C、C++和 C#，从 2017 年开始，Python 就借着人工智能的东风，热度一路水涨船高，目前已经到第 4 位，有些排名机构甚至将其排为第一。Python 是一门比较注重效率的语言，不复杂，读和写都非常方便，所以才有"人生苦短，我用 Python"这样的调侃。人工智能、云计算和大数据方向对 Python 人才的需求也在不断加大。

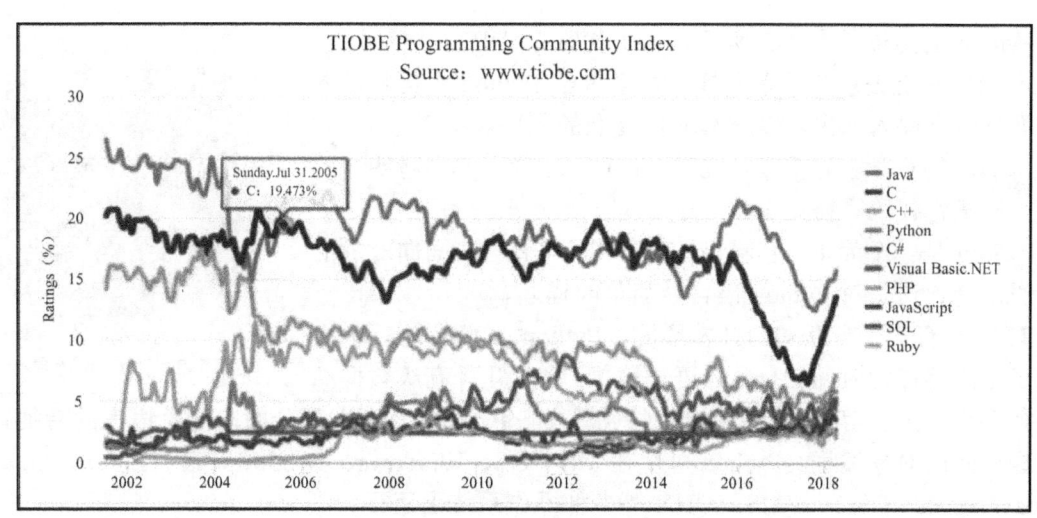

图 1-1 TIOBE 排行榜

当前 Python 使用最为广泛的领域是人工智能。在人工智能这块土地上，存在数不尽的未开垦的沃土，等待着每一位拓荒者的到来，当然，你需要先准备好足够好的"拓荒"工具——Python。

除人工智能领域外，区块链领域也有大量使用 Python 做具体实现的应用案例。

Python 在云计算方面的用途也很大，比如云计算中 IaaS（Infrastructure as a Service，基础设施即服务）层的很多软件都大量使用 Python，云计算的其他服务都建立在 IaaS 服务的基础上。

下面这些比较火热的软件中都大量使用 Python。

（1）Google 深度学习框架 TensorFlow 全由 Python 语言实现。
（2）Google 深度学习框架 Kares 全由 Python 语言实现。
（3）深度学习框架 Caffe 由 Python 语言实现。
（4）开源云计算技术（OpenStack）的源码全由 Python 语言实现。
（5）Amazon s3 命令行管理工具（s3cmd）。
（6）EC2 云计算管理工具（StarCluster）。

在大数据领域，Python 的使用也越来越广泛，Python 在数据处理方面有如下优势：

（1）异常快捷的开发速度，代码非常少。
（2）丰富的数据处理包，无论是正则，还是 HTML 解析、XML 解析，用起来都非常方便。
（3）内部类型使用成本很低，不需要许多额外操作（Java、C++用一个 Map 都很费劲）。
（4）公司中大量数据处理工作不需要面对非常大的数据。
（5）巨大的数据不是语言所能解决的，需要处理数据的框架（如 Hadoop）。Python 有处理大数据的框架，一些框架也支持 Python。
（6）编码问题处理起来非常方便。

除了在人工智能、区块链、云计算和大数据领域的应用，很多网站也是用 Python 开发的，很多大公司如 Google、Yahoo 和 NASA 都大量使用 Python。

我们熟知的 AlphaGo 就是 Google 用 TensorFlow 实现的，Facebook 也是扎克伯格用 Python 开发出来的，后来的 Twitter 也是用 Python 写的，实际上，Python 是国外很多大公司（如 Google）使用的主要语言。

Python 的定位如图 1-2 所示，为"优雅""明确""简单"。Python 程序看上去总是简单易懂，初学者学 Python 不但容易入门，而且将来深入下去可以编写非常复杂的程序。

Python 的哲学就是简单、优雅、明确，尽量写容易看明白的代码，尽量将代码写得更少。

Python 是一个简单、解释型、交互式、可移植、面向对象的超高级语言。这是对 Python 语言最简单的描述。

Python 有一个交互式的开发环境，Python 的解释运行大大节省了每次编译的时间。Python 语法简单，内置几种高级数据结构（如字典、列表等），使用起来也特别简单。Python 具有大部分面向对象语言的特征，可完全进行面向对象编程。Python 可以在 MS-DOS、Windows、Windows NT、Linux、Solaris、Amiga、BeOS、OS/2、VMS、QNX 等多种操作系统上运行。

图 1-2　Python 的定位

1.3　Python 的版本迭代

在编程语言的不断发展中，会不断有新的功能添加进来，也有一些不合理的功能做更改或被废除。对于一门编程语言，一直面临着不断迭代更新的问题。

目前，Python 有两个使用比较广泛的版本，一个是 2.x 版，一个是 3.x 版，这两个版本是不兼容的。3.x 不考虑对 2.x 代码的向后兼容。

当前有很多公司的项目还是基于 2.7 版本进行开发的，但是 3.x 版会越来越普及，特别是 Python 官方在 2018 年 6 月份宣布从 2020 年 1 月 1 日之后不再维护 Python 2.x 版本，这意味着 Python 2.x 将成为历史，所以本书将基于最新的 Python 3.x 版本进行后续内容的介绍。

在本书写作之时，Python 的最新版本是 3.7.0，本书中的所有示例和讲解内容都将基于这个版本进行。读者若想跟随书上示例一起练习，建议至少安装 3.6.1 以上的版本，对于 3.6 以下的版本，会出现一些示例的执行结果与书上描述结果不一致的情况，所以建议安装 3.7 版本，那样学习本书中的内容才会更加容易。

在 3.x 中，一些语法、内建函数和对象的行为有所调整。虽然大部分 Python 库都同时支持 Python 2.x 和 3.x 版本，无论选择哪个版本都可以成功执行，但为了在使用 Python 时避免某些版本中常见的陷阱，或者避免移植某个 Python 项目时遇到难题，依然有必要了解一下 Python 2.x 和 3.x 这两个常见版本之间的明显区别。

2.x 和 3.x 版本之间的明显区别如下：

1. 使用__future__模块

Python 3.x 引入了一些与 Python 2.x 不兼容的关键字和特性。在 Python 2.x 中，可以通过内置的__future__模块导入这些新内容。如果希望在 Python 2.x 中编写的代码也可以成功地在 Python 3.x 中执行，那么建议使用__future__模块。

2. print()函数

虽然 print 语法是 Python 3.x 中一个很小的改动，而且应该已经广为人知，但是依然值得一提：Python 2.x 中的 print 语句被 Python 3.x 中的 print()函数取代，由语句到函数的变化，意味着在 Python 3.x 中必须用括号将需要输出的对象括起来。在 Python 2.x 中使用额外的括号也可以，但是如果在 Python 3.x 中写形式如 Python 2.x 中的 print 语句，就会触发 SyntaxError（语法错误）。

3. 整数除法

人们常常会忽视 Python 3.x 在整数除法上的改动，在 Python 3.x 中，对于整数除法，即使写错了也不会触发 SyntaxError，因此在移植代码或在 Python 2.x 中执行 Python 3.x 的代码时需要特别注意这个改动。

4. Unicode

Python 2.x 有基于 ASCII 的 str() 类型，可通过单独的 unicode() 函数转成 unicode 类型，但没有 byte 类型。在 Python 3.x 中，有了 Unicode（UTF-8）字符串和两个字节类（bytes 和 bytearrays）。

5. xrange

在 Python 2.x 中，经常会用 xrange() 创建一个可迭代对象，通常出现在"for 循环"或"列表/集合/字典推导式"中。在 Python 3.x 中，range() 函数的实现方式与 xrange() 函数相同，所以 Python 3.x 中已经将 xrange() 函数废除，若强行使用 xrange() 函数，程序执行时将会触发 NameError 错误。

6. 触发异常

Python 2.x 支持带括号和不带括号的两种异常触发的语法，而 Python 3.x 只支持带括号的语法，对于不带括号的语法，执行时会触发 SyntaxError 错误。

7. 处理异常

在 Python 3.x 中，处理异常必须使用 as 关键字，而在 Python 2.x 中不需要使用 as 关键字。

8. next() 函数和 .next() 方法

在实际的应用中，next() 函数（.next() 方法）会被经常使用到，因此这里需要着重提一下 next() 的语法改动（实现方面也做了改动）：在 Python 2.x 中，next() 的函数形式和方法形式都可以使用；在 Python 3.x 中，只能使用 next() 函数，若强行调用 .next() 方法将会触发 AttributeError 的错误（此处区别在 next 前面是否加一点，不加一点的是函数，加一点的是方法）。

9. 使用 input() 解析输入内容

Python 3.x 改进了 input() 函数，改进后的函数总是将用户的输入存储为 str 对象。在 Python 2.x 中，因为会发生读取非字符串类型的一些危险行为，不得不使用 raw_input() 代替 input()。

10. 返回可迭代对象，而不是列表

某些函数和方法在 Python 3.x 中返回的是可迭代对象，而不像在 Python 2.x 中返回列表。对象只遍历一次会节省很多内存，如果通过生成器多次迭代这些对象，效率就不高了。此时如果需要列表对象，可以通过 Python 3.x 的 list() 函数简单地将可迭代对象转成列表。

当前最新的 Python 3.7 版本有如下新特性：

（1）添加了对 async for 在 list、set、dict 解析式以及 generator 表达式中的使用支持。

（2）支持 nanosecond 的时间函数，方便对 nanosecond 的操作，提供了 6 个新增的函数，分别为：clock_gettime_ns(), clock_settime_ns(), monotonic_ns(), perf_counter_ns(), process_time_ns() 和 time_ns()。

（3）在新版本中添加了@dataclass 装饰器，利用该装饰器可以减少数据类型定义的代码行数。

1.4　如何学习 Python

随着前面几本书的出版，有越来越多的同学问我 Python 如何学习，他们中有计算机专业出身的，有非计算机专业出身的，有已经开始学习 Python，但仍然感觉迷茫的，有准备进入 Python 学习的。

千里之行，始于跬步。Python 是一门编程语言，同时也是一门实践性的学科。对于实践性的学科，练习是最重要的，并且最好能跟着书中示例，一步一个脚印地进行学习。不要急于看完本书，前面先慢慢掌握基本知识点，基础知识掌握稳固后，后面就可以逐步加速，甚至按照自己的兴趣点去查阅相关书籍或网站资料。

在学习的过程中，对于遇到的例子最好能逐步形成自己先思考的习惯，思考后再看看给出的示例是怎样的，在这个过程中或许能找到比示例更好的处理方法。

在写代码时，千万不要用"复制""粘贴"，把代码从其他地方粘贴到你的代码编译器里。写程序讲究一个感觉，需要一个字母一个字母地把代码敲进去。在敲代码的过程中，初学者经常会敲错，敲错后需要通过仔细检查、对照方能把错误定位，错误查找的过程，其实是在找一种适合自己思维逻辑的过程，这种思维逻辑一旦形成，就为后面遇到的大部分问题找到了一种最便捷的路径，这样就能以最快的速度掌握如何写程序。在编写代码的过程中，宁可写得慢或多写几遍，刚开始学习或许很吃力，但随着慢慢积累和熟悉，后面会越来越快，越来越顺畅。

就是在开始的阶段，要学会面对失败、未知和不断碰壁，当遇到的失败次数多了，未知逐步变成熟悉，碰壁碰得感觉痛了，后面再遇到类似问题，就知道怎么处理、怎么解决、怎么避免。

Python 作为一门不断发展与普及的语言，还在不断更新中。如果要了解有关最新发布的版本和相关工具的内容，http://www.python.org 就是一个聚宝盆。加入一些 Python 学习社区或找到一些有共同爱好的人一起学习交流是非常好的学习 Python 的方式。正所谓集思广益，一起思考与学习的人多了，读者能接触和学到的知识就会更多。在互联网时代，更应该发挥网络的作用，通过网络学习更新颖、更与时俱进的知识。

语言的发展总是在不断变化，一门语言最好的学习方式就是持续不断地去使用，不断地去更新自己的知识库。语言本身会不断地更新，学习者也要不断学习新的知识点，时刻保持与时俱进、跟上语言的发展。

以下网址可以帮助读者更好地学习 Python：

（1）http://www.liaoxuefeng.com/。

（2）http://www.runoob.com/python3/python3-tutorial.html。

1.5　Python 安装

工欲善其事，必先利其器。在开始编程前，需要先准备好相关工具。下面简要介绍如何下载和安装 Python。

Python 的安装软件可以从 Python 官方网站下载，地址：https://www.python.org/downloads/。建议下载软件时从对应的官方网站下载，这样比较权威，而且更加安全。

1.5.1 在 Windows 系统中安装 Python

在 Windows 系统中安装 Python 可以参照以下步骤。

（1）打开 Web 浏览器（如百度浏览器、Google、火狐等），访问 https://www.python.org/downloads/，进入网页，可以看到如图 1-3 所示的页面，单击图中白色按钮，进入对应的软件下载页面，即可进行软件下载。

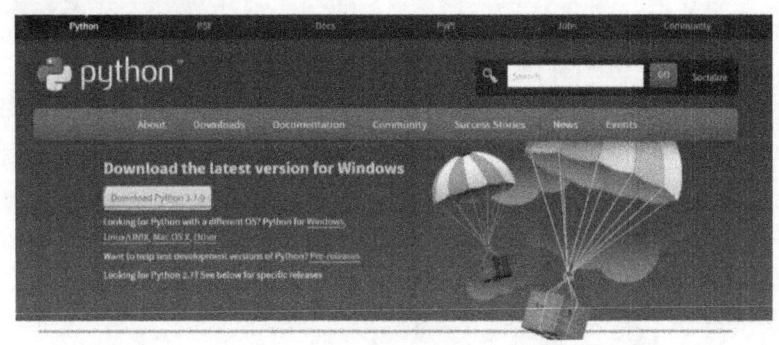

图 1-3　Python 官方网站下载页面

（2）下载安装软件后，接下来进行软件的安装。

① 双击下载好的软件，或者选中并右击下载好的软件，在弹出的对话框中选择"打开"选项，可以看到如图 1-4 所示的界面。底部的第一个复选框默认自动勾选，保持勾选状态即可，Add Python 3.7 to PATH 复选框默认不勾选，需要手动勾选，可以将 Python 的安装路径添加到环境变量中，勾选后，后面可省去该操作。如果希望将 Python 安装到指定路径下，就单击 Customize installation。如果单击 Install Now，系统就会直接开始安装 Python，并安装到默认路径下（此处建议安装到指定的目录）。

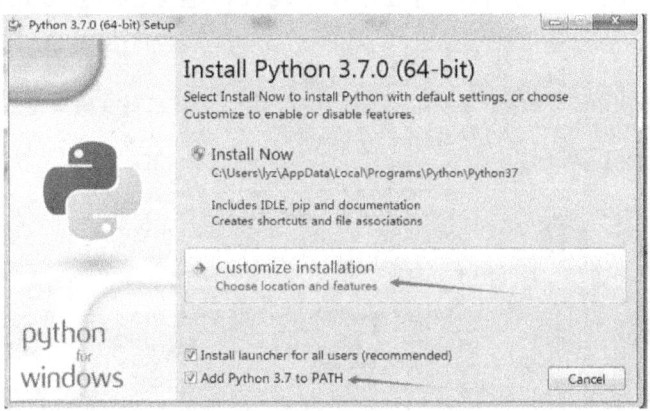

图 1-4　安装 Python

② 单击 Customize installation 后，会看到如图 1-5 所示的界面。此处直接单击 Next 按钮即可。

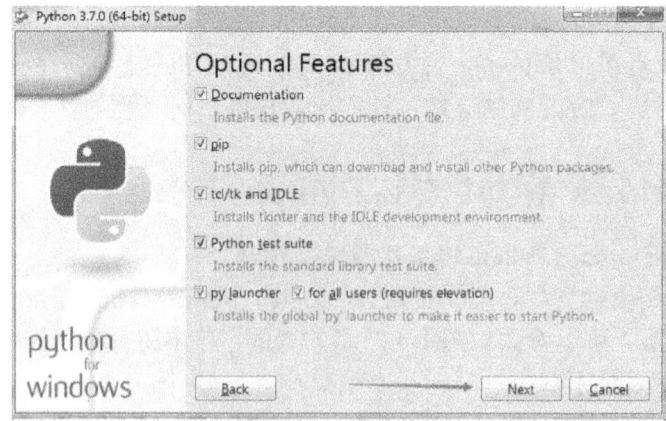

图 1-5　单击 Next 按钮

③ 在图 1-6 所示的界面中，左边箭头指向的是系统默认的 Python 安装路径，若需要更改默认安装路径，可单击右边箭头所指的 Browse 按钮。

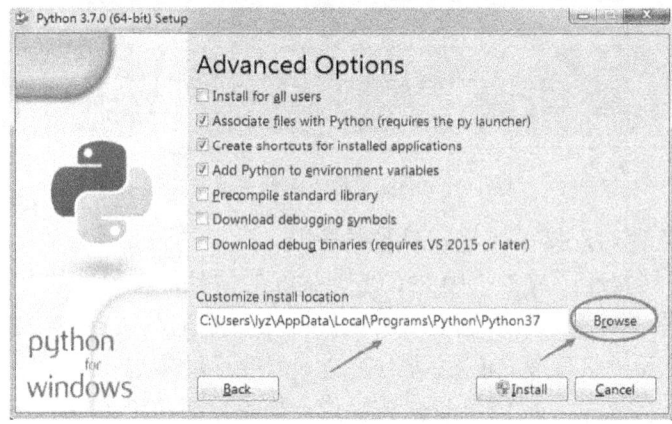

图 1-6　更改安装路径

④ 如图 1-7 所示，安装路径没有使用默认路径，笔者已将安装路径修改为 E:\python\python37。

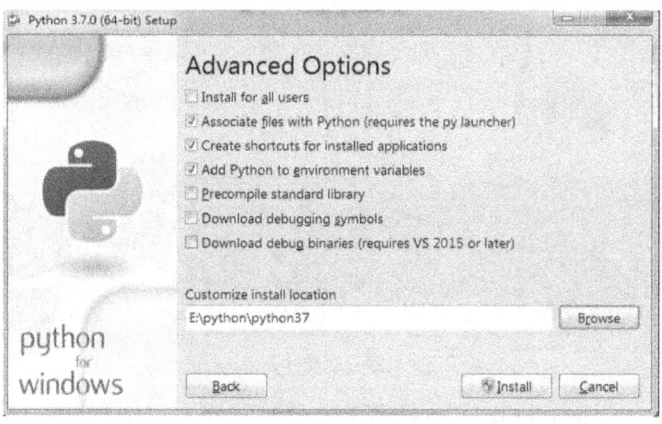

图 1-7　查看已更改的安装路径

⑤ 更改安装路径后，单击 Install 按钮，得到如图 1-8 所示的安装进行中界面。

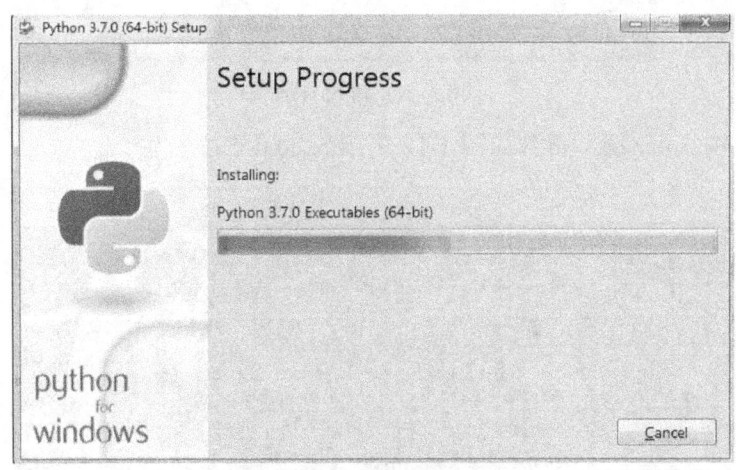

图 1-8　安装进行中

⑥ 待安装完成会得到如图 1-9 所示的安装成功界面。单击 Close 按钮，安装工作就完成了。

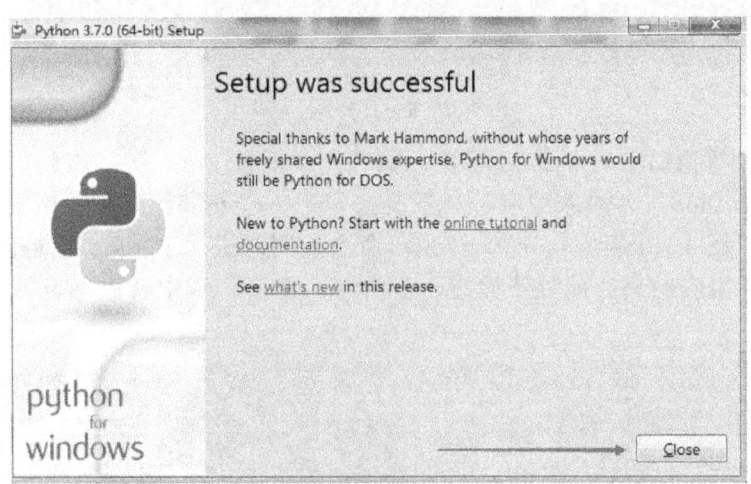

图 1-9　安装成功

（3）软件安装成功后，查看所安装的软件是否能成功运行（此处以 Windows 7 系统为例，其他相关系统可以查找对应信息进行查看）。

单击计算机的"开始"按钮，可以看到如图 1-10 所示的输入框，在输入框中输入 cmd 三个字符，如图 1-11 所示。

图 1-10　输入框

图 1-11　输入 cmd

输入 cmd 后按 Enter 键，得到如图 1-12 所示的 cmd 命令行窗口。

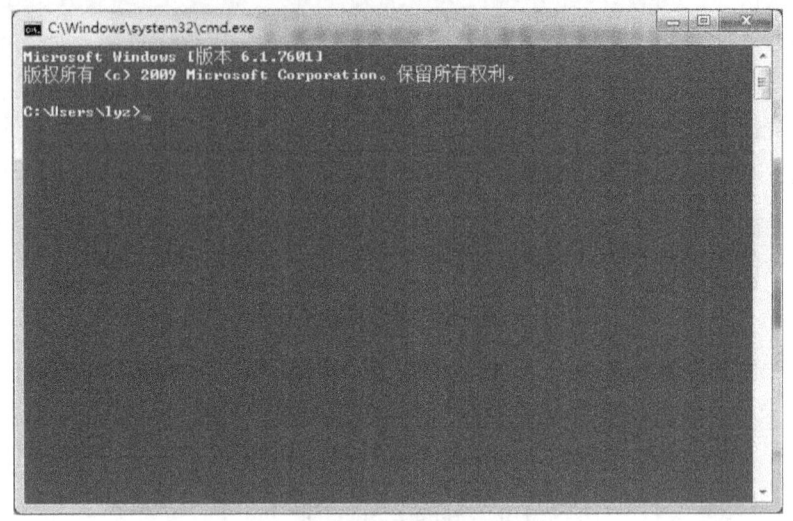

图 1-12　cmd 命令行窗口

在 cmd 命令行窗口输入 python 字符，输入完成后按 Enter 键，得到如图 1-13 所示的界面。其中，"python"为输入的字符，下面打印了一些安装信息，包括安装 Python 的版本，当前安装的是 3.7.0 版本。输入 python 命令，同时进入 Python 控制台，可以在这里输入命令并得到相应结果。此处不做进一步讲解，在下一章中会进行具体介绍。

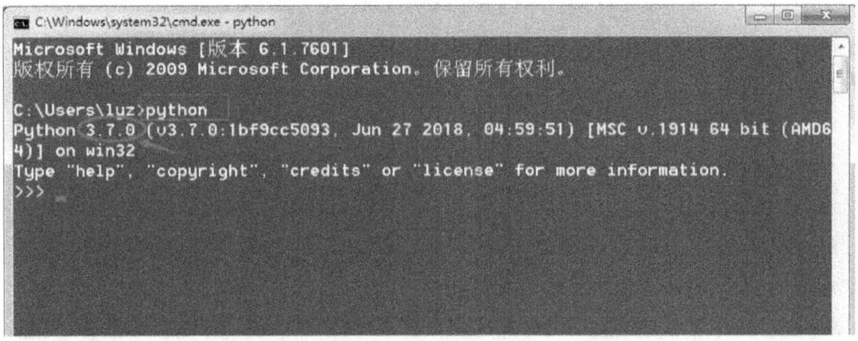

图 1-13　python 命令

此处输入 python 命令看到的信息比较多，有不少其他信息，若只想查看版本信息，可输入命令 python --version，如图 1-14 所示。由输出结果可以看到，信息非常简单明了，结果为 Python 3.7.0，和图 1-13 所示的结果是一样的，但没有图 1-13 中的其他信息。注意 version 前面有两个 "-" 符。从图 1-14 中可以看到，退出 Python 控制台的命令为 exit()。

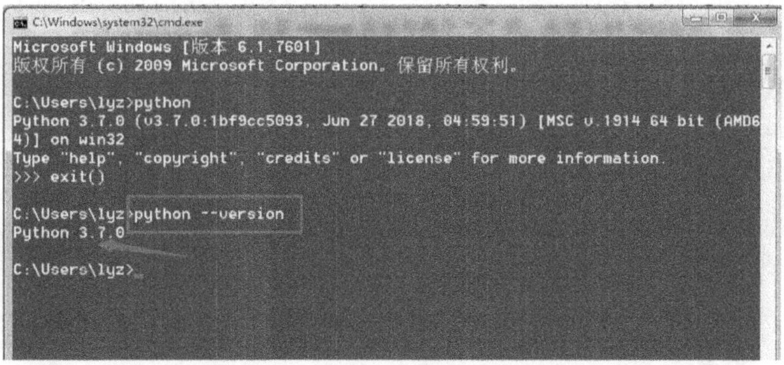

图 1-14　Python 版本查看

到此为止，Python 环境总算是搭建完成了。如果在图 1-4 中没有勾选 Add Python 3.7 to PATH 会怎么样呢？

在安装时没有勾选 Add Python 3.7 to PATH，则在图 1-13 和图 1-14 中操作时会得到图 1-15 所示的结果。

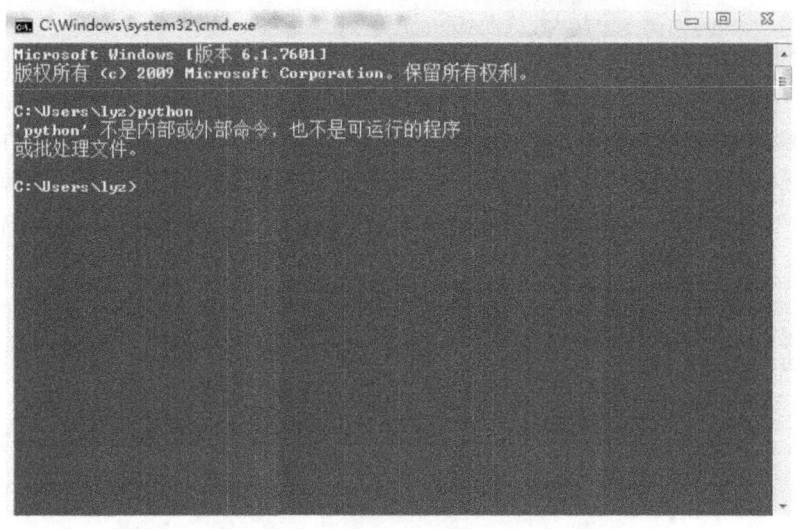

图 1-15　未勾选 Add Python 3.7 to PATH 时的显示结果

Windows 会根据 Path 环境变量设定的路径查找 python.exe，如果没找到就会报错。因此如果在安装时漏掉了勾选 Add Python 3.7 to PATH，就要手动把 python.exe 所在的路径添加到 Path 中。

如果不喜欢自己动手修改环境变量，可以把 Python 安装程序重新运行一遍，务必记得勾选 Add Python 3.7 to PATH。

如果想尝试添加环境变量，可以执行以下操作。

选择"开始"→"计算机"（找到计算机就可以），选中并右击计算机，在弹出的快捷菜单中单击"属性"，弹出如图 1-16 所示的界面。

图 1-16 计算机属性

单击"高级系统设置"(图中箭头所指),弹出如图 1-17 所示的"系统属性"界面。

该界面默认显示"高级"菜单界面,如果进入后显示的不是"高级"菜单界面,就手动选择"高级"菜单。在该界面的右下角单击"环境变量"按钮,得到如图 1-18 所示的界面。

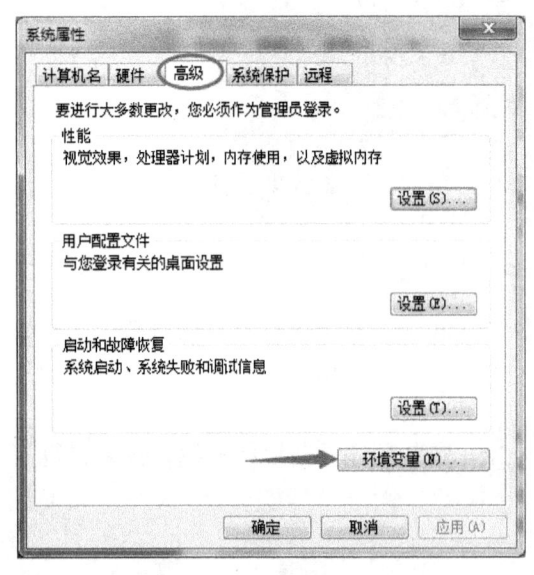

图 1-17 系统属性

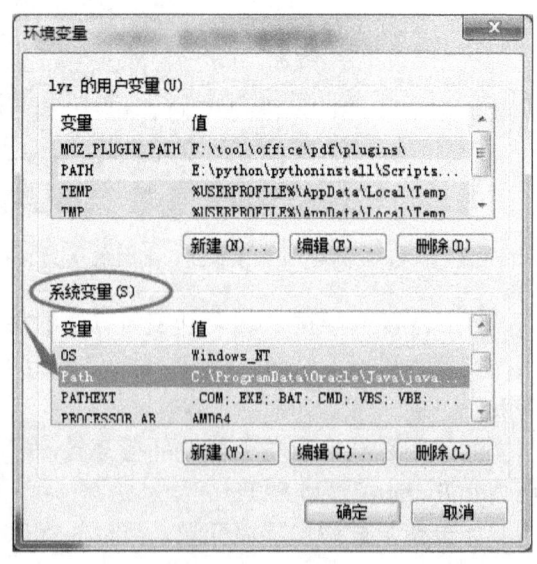

图 1-18 环境变量

双击图 1-18 中箭头所指的 Path,弹出"编辑用户变量"界面,在界面的"变量值"输入框中加入 Python 的安装路径(如 E:\python\python37),如图 1-19 所示。

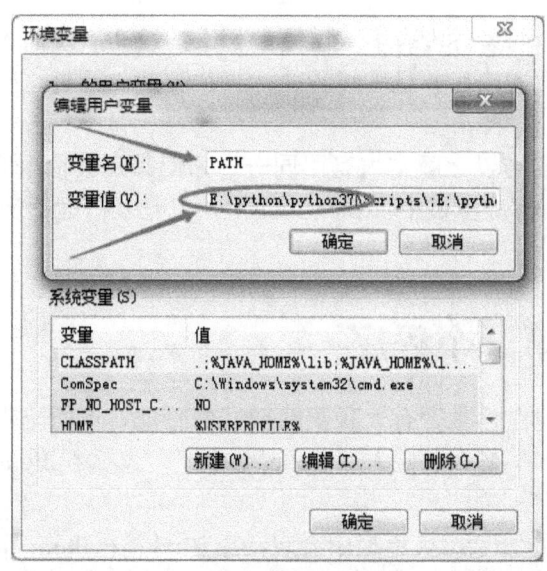

图 1-19 编辑用户变量

注意，变量值中的内容以英文分号（;）开始，前面有一个分号，并以\结尾，如;E:\python\python37\。单击"确定"按钮可回到图 1-18，在图 1-18 中单击"确定"按钮，可回到图 1-17，在图 1-17 中单击"确定"按钮，环境变量就添加成功了。接下来就可以按照图 1-10 到图 1-13 所示进行操作。

至此，在 Windows 系统上安装 Python 就结束了。

1.5.2 在 Linux、UNIX 系统和 Mac 中安装 Python

如果你正在使用 Linux，而且有 Linux 系统管理经验，自行安装 Python 3 就没有问题，否则请换回 Windows 系统。

在绝大多数 Linux 和 UNIX 系统中，Python 解释器已经存在了，但是预装的 Python 版本一般都比较低，很多 Python 的新特性都没有，必须重新安装新版本。

如果你正在使用 Mac，系统是 OS X 10.8～10.10，系统自带的 Python 版本是 2.7。

由于 Linux、UNIX 和 Mac 的版本比较多，并且在各版本下的安装有所差异，此处为不误导读者，不编写安装示例，读者根据自己所使用的版本到网上查找相关资源，在网上读者会得到更明确的安装指导和帮助。

1.5.3 其他版本

除官方版本的 Python 外，还有多个其他 Python 版本可供选择，最有名的为 ActivePython，使用于 Linux、Windows、Mac OS X 以及多个 UNIX 内核版本。ActivePython 是由 ActiveState 发布的 Python 版本。这个版本的内核与使用于 Windows 版本的标准 Python 发布版本相同，而 ActivePython 包含许多额外独立的可用工具。如果用的是 Windows，那么 ActivePython 值得尝试一下。

Stackless Python 是 Python 的重新实现版本，基于原始的代码，也包含一些重要的内部改动。对于入门用户来说，两者并没有多大区别，标准的发布版反而更好用。Stackless Python 最大的优点是允许深层次递归，并且多线程执行更加高效。不过这些都是高级特性，一般用户并不需要。

Jython 和 IronPython 与以上版本大有不同——它们都是其他语言实现的 Python。Jython 利用 Java 实现，运行在 Java 虚拟机中；IronPython 利用 C#实现，运行于公共语言运行时的.NET 和 Mono 中。

1.6 开启你的第一个程序

经过前面的介绍，现在你是否有一种跃跃欲试的感觉？下面将带你进入 Python 的实战。

英文的"你好，世界"怎么说呢？"Hello, world"。怎么在 Python 中将这个效果展现出来呢？

安装好 Python 后，在"开始"菜单栏中会自动添加一个 Python 3.7 文件夹，单击该文件夹会出现如图 1-20 所示的子目录。

可以看到，Python 目录下有 4 个子目录，从上到下依次是 IDLE、Python 3.7、Python 3.7 Manuals 和 Python 3.7 Module Docs。IDLE 是 Python 集成开发环境，也称交互模式，具备基本的 IDE 功能，是非商业 Python 开发的不错选择；Python 3.7 是 Python 的命令控制台，窗口和 Windows 下的 cmd 命令窗口一样，不过只能执行 Python 命令；第 3 个是帮助文档，单击后会弹出帮助文档，是全英文的；Python 3.7 Module Docs 是模块文档，单击后会跳转到一个网址，可以查看目前集成的模块。本书若无特别指出，示例都是在 IDLE 中执行的。

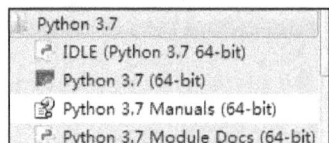

图 1-20 Python 目录

下面正式进入 hello world 的世界。打开交互模式，进入如图 1-21 所示的界面。

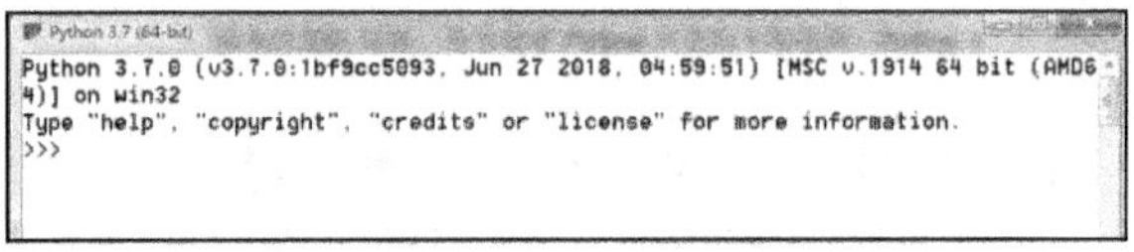

图 1-21 Python 交互模式

>>>表示正处在 Python 交互式环境下，在 Python 交互式环境下只能输入 Python 代码，并会立刻执行。

在交互式环境下输入 print ('Hello,world!')，按 Enter 键后，可以看到输出了"Hello,world!"，如图 1-22 所示。此处 print 后面带了括号，表示 print 是一个函数（函数的概念将会在后面的章节单独进行讲解），单引号里面的叫字符串。如果要让 Python 打印指定的文字，就可以用 print()函数，把要打印的文字用单引号或双引号括起来，但单引号和双引号不能混用。

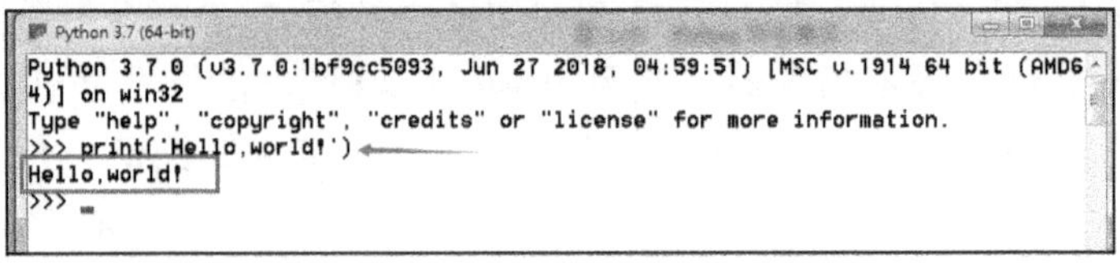

图 1-22 Python 输入输出

1.7 技巧点拨

在计算机前阅读本书并且能跟随书中的示例进行实际操作是一个非常好的选择，过程中你可以边看书边模仿书中的示例。每当学习新的语言特性时，应当尝试犯错误，在学习过程中犯的错误会让你记忆更为深刻，俗话说"吃一堑长一智"。

比如我们以 1.6 节的 "Hello,world!" 为例，如果将 print ('Hello,world!')修改为 print (Hello,world!)，不加单引号，在交互模式下测试。

输入以下语句：

```
>>> print (Hello,world!)
```

可以看到，屏幕输出结果如图 1-23 所示。

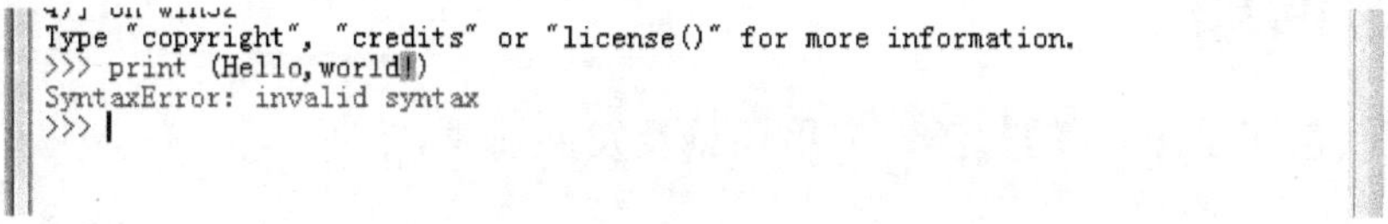

```
Type "copyright", "credits" or "license()" for more information.
>>> print (Hello,world!)
SyntaxError: invalid syntax
>>>
```

图 1-23 Python 错误尝试 1

输出了一行红色的信息，内容如下：

```
SyntaxError: invalid syntax
```

这是什么意思呢？如果不明白，可以先借助网络或其他工具查找，后面遇到就知道是什么意思了。这在本书中是第一次出现，解释一下，意思是：语法错误，无效的语法。

若把后面的感叹号去除，输出的结果又是怎样，是否会和上面报同样的错误？下面动手实践一下。

输入以下语句：

```
print (Hello,world)
```

运行结果如图 1-24 所示。

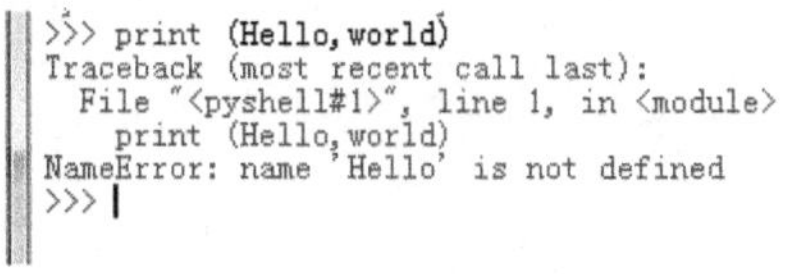

```
>>> print (Hello,world)
Traceback (most recent call last):
  File "<pyshell#1>", line 1, in <module>
    print (Hello,world)
NameError: name 'Hello' is not defined
>>>
```

图 1-24 Python 错误尝试 2

可以看到，错误信息和图 1-23 报的不一样，此次报的错误提示是：名称错误，名称 Hello 没有定义。

通过这种刻意犯错误的方式，读者会有更多的意外发现，此处就不再列举更多的例子了，读者自行尝试。

1.8 问题探讨

本章介绍了 Python 的发展历程、Python 的安装和一个简单示例的操作。虽然是入门知识，但是在操作过程中也会遇到问题。下面结合笔者的经验和其他人的分享做一些问题解答。

（1）本书讲解内容只支持 Python 最新版本吗？

答：本书很多示例是基于 Python 3.6 以上版本编写的，所以建议读者安装最新版本。而技术在不断更新，对于新手来说，学习最新版本一般是最好的切入方式。

（2）很多企业依然在用 2.x 版本，若学习 3.x 版本，到了企业还得学习 2.x 版本吗？

答：首先，Python 官网已经声明从 2020 年开始不再维护 2.x 版本，对于企业，继续使用 2.x 版本就意味着风险，所以企业后续不会再去冒这个风险。其次，Python 3.x 的应用会越来越流行，企业继续使用 2.x 版本，就会面临难以找到对应技术人员，对企业来讲，这是不划算的事情。最后，Python 3.x 版本有很多新特性，相对于 2.x 版本，有很多改进的地方，出于企业开发成本和人员学习成本上考虑，3.x 版本都是更好的选择。

1.9 章节回顾

本章主要讲解了 Python 的起源、应用场景及发展前景。

1.10 实战演练

（1）在本地安装 Python 最新版本。

（2）在"Hello world!"示例中，尝试 print()函数的错误输出，查看输出结果都是怎样的。

（3）不要用计算机测试，自己猜想 print (1+2)的输出结果。

第二章　进入 Python 世界

本章将介绍 Python 的入门基础知识，后续章节的讲解过程中都会用上本章的这些基础知识，因此，本章为一个基建章节。

2.1 初识程序

随着假期的结束，同学们迎来了一个新的学期。为了这迎接这一新学期的到来，Python 快乐学习班的 31 位同学决定来一次户外旅游以促进同学之间的友谊。当然，在户外旅游之前，需要先选定游玩地点，熟悉目的地名，知道去哪里游玩，将会经过哪里。学习编程语言也一样，在学习之前要先了解程序、调试、语法错误、运行错误、语义错误等知识。

2.1.1 何为程序

我们都知道，团体出游肯定要慎重选择交通工具，现在常用的交通工具有飞机、火车、轮船、汽车等，我们会根据团队的大小、目的地的远近、交通的便利性和交通费用等因素选择最合适的交通工具。

编程语言也一样，我们选择一门编程语言就相当于选择一种交通工具，那么，编程语言的"交通"工具是什么呢？是程序。

程序是指根据语言提供的指令按照一定逻辑顺序对获得的数据进行运算，并最终返回给我们的指令和数据的组合。在这里，运算的含义是广泛的，既包括数学计算之类的操作（如加减乘除），又包括寻找和替换字符串之类的操作。数据依据不同的需要组成不同的形式，处理后的数据也可能以另一种方式体现。

程序是用语言写成的，语言分为高级语言和低级语言。

低级语言有时叫机器语言或汇编语言。计算机真正"认识"并能够执行的代码，我们能看到的是一串 0 和 1 组成的二进制数字，这些数字代表指令和数据。早期的计算机科学家就是用 0 和 1 两个数字指令通过不同的组合与出现次数来进行编程的。低级语言的出现是计算机程序语言的一大进步，它用英文单词或单词的缩写代表计算机执行的 0 和 1 指令，使编程的效率和程序的可读性都有了很大提高，但它仍然和机器硬件关联紧密，不符合人类的语言和思维习惯，而且要想把用低级语言写的程序移植到其他平台，就必须重写。

高级语言的出现是程序语言发展的必然结果，也是计算机语言向人类的自然语言和思维方式逐步靠近和模拟的结果。由于高级语言是对人类逻辑思维的描述，用高级语言写程序会感到比较自然，读起来也比较容易，因此现在大部分程序都是用高级语言写的。

高级语言设计的目的是让程序按照人类的思维和语言习惯书写，是面向人的，而不是面向机器的。我们用着方便，机器却无法读懂，更谈不上运行。所以，用高级语言写的程序必须经过"翻译"程序的处理，将其转换成机器可执行的代码，才能运行在计算机上。如果想把高级语言写的程序移植到其他平台上，只需在它的基础上做少量更改就可以了。

高级语言翻译成机器代码有两种方法，即解释和编译。

解释型语言边读源程序边执行。高级语言就是源代码，解释器每次会读入一段源代码，并执行它，接着再读入并执行，如此重复，直到结束，图 2-1 显示了解释器的作用。这个有点类似很多学校的校车，校车开往学校的过程中，只要沿途遇到学生，就停下把学生接上，直到抵达学校。

图 2-1 解释型语言的执行方式

编译型语言是将源代码完整地编译成目标代码后才能执行，以后再执行时不需要再编译。图 2-2 显示了编译型语言的执行方式，这个有点类似一个集体出去游玩，等所有人到齐后直接开往目的地，中途不停顿。

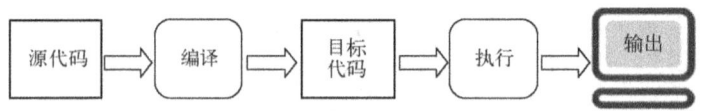

图 2-2 编译型语言的执行方式

2.1.2 程序调试

每当出游时，我们肯定要做几件事情，检查该带的装备是否带齐，是否有必需的设备没有带上。而对于司机或飞行员，肯定要做几件出发前的例行检查，如检查发动机是否正常、检查油箱、检查各项安全系统和液压系统等，为的是尽可能减少在路途中发生意外情况。

编程也是一样的，需要经常做检查。有一些问题编译器会帮助我们检查出来，问题查出后，简单的可以快速解决，对于稍微复杂的，需要通过调试来解决。

程序是很容易出错的，特别对于初学者。程序错误称为 bug，查找 bug 的过程称为调试（debugging）。如在第一章中介绍过的错误尝试示例，就是一个很简单的调试示例。

2.1.3 语法错误——南辕北辙

在生活中与人相处时，经常会碰到这样的情况，你想向某人表达某种意思，但某人听了半天都不清楚你想表达什么，或是仍然没有明白你的真正意思，等他明白后，用一种更简单明白的方式复述一下你的意思，突然就让你想表达的内容变得简单易懂了，这时你可能才恍然大悟，原来表达的方式错了。

程序编写中，这种错误的发生的次数比生活中出现的次数多很多，一般称为语法错误（syntax errors）。Python 程序在语法正确的情况下才能运行，否则解释器会显示对应错误信息。

语法指的是程序的结构和程序构造的规则。比如第一章的（'Hello,world!'），括号中的单引号开头和结尾必须是严格成对的，执行时才能正确执行。如果输入('Hello,world!)或(Hello,world!')就会报错，这就属于语法错误。

在阅读文章或听人讲话时，对于大多数的语法错误，并不会影响我们看到的或听到的信息的正确性。Python 的编译执行并不如人类这么宽容，程序执行过程中，只要出现一处语法错误，Python 就会显示错误信息并退出，从而不再继续编译。就如我们去乘坐高铁或飞机，若没有购买车票或购买的票不满足进站要求，就无法进入。

在编程生涯的开始阶段，可能每踏出一步都会碰到大量语法方面的错误，但随着经验的积累，犯错会逐步减少，很多错误遇到一两次并成功解决后，后面再遇到类似的问题就能快速定位，或是在问题出现前就规避了。

2.1.4 运行时错误——突然的停止

Python 快乐学习班的同学在奔跑的"集合号"内愉悦地欣赏着沿途的风景，同学们在愉快地聊着某个话题，但此时交通工具突然慢慢停下来了，此时司机对读者宣布说，交通工具抛锚了。例如，轮胎破损、没油了、发动机坏了等。

在 Python 中经常会遇到类似的错误，称为运行时错误（runtime errors）。

即使有时看起来编写得非常完美的程序，在运行的过程中也会有出现错误的情况。在我们的印象中，计算机是善于精确计算的，那怎么会出错？答案是计算机确实经常出错，不过出错的根源不是计算机，而是我们人类。计算机是由人类设计的，是我们人类设计出来的一种工具，它本质上和电视机、汽车等是一样的，是人类生活中的一种辅助工具。鉴于现在计算机软硬件的理论水平、工业制造水平、使用者的水平等一些内在、外在的因素，出现错误并不稀奇，且程序越复杂，出现错误的概率越大。错误的种类很多，如内存用尽、除数为零的除法等。Python 为了把错误的影响降至最低，提供了专门的异常处理语句，在后续章节中介绍。

2.1.5 语义错误——答非所问

在现实生活中，时不时会遇到这样的情况：你明明想表达 A 的意思，但与你沟通的人可能理解成 B 的意思了，或者说的是 A 意思，却被听者听成 B 意思了。这种情况多在语言表述不清楚或看问题角度不同时发生。我们经常将这种情况调侃为思想没在一个维度。

在 Python 代码的编写过程中也经常会发生类似的问题，此类问题称为语义错误（semantic errors）。

程序发生语义错误时，并不会立即给我们反馈，它会继续执行，不会发出错误信息，这种错误需要我们自己去发现，需要去比对输出的结果和我们预期是否一致才能判定，否则可能就一直错误下去，直到被发现。

这种错误的发生大多是因为我们对代码的运行机制了解得不够，自以为编写的代码是按自己预想的方式运行的，但实际上计算机编译出来的代码是按另外一种方式运行的。还有可能是你解决问题的思路本身就是错的，写出来的程序执行的结果当然会是错的。

查找语义错误并没有那么容易，它需要你根据结果进行推理，推理的过程有的简单，有的复杂，具体需要查看程序是怎么设计的，编写是否复杂，是否容易弄明白程序到底在做什么。

2.2 Python 的数据类型

计算机是可以做快速、高精度数学计算的机器，工程师们设计的计算机程序也可以处理各种数值。并且计算机能处理的不仅仅是数值，还有文本、图形、音频、视频、网页等各种各样的数据对象。在程序设计时，对于不同的对象需要定义不同的对象类型。Python 3.x 中有 6 种标准的对象类型：Number（数字）、String（字符串）、List（列表）、Tuple（元组）、Sets（集合）、Dictionary（字典）。本节将首先讲解 Number（数字）类型，其他 5 种对象类型将在后续章节介绍。

Python 3.x 支持 3 种不同的 Number（数字）类型：整数类型（int）、浮点数类型（float）、复数类型（complex）。

2.2.1 整型

整数类型（int）通常称为整型或整数，一般直接用 int 表示，是正整数、0 和负整数的集合，并且不带小数点。在 Python 3.x 中，整型没有限制大小，可以当作 long（长整型）类型使用，所以 Python 3.x 没有 Python 2.x 的 long 类型。

例如，Python 快乐学习班的同学准备去户外旅游了，同学们商讨后决定坐"集合号"大巴去往"Python 库"游玩。同学们高高兴兴坐上了大巴准备出发，现在需要统计有多少同学在车上，于是班长吩咐统计委员小萌清点一下人数，小萌花了一分钟逐个点了一遍，总计 31 人，小萌在 Python 学习群中输入 31，以告知所有同学该消息。与此同时，小萌想起在 Python 的交互窗口中也可以输入数值，于是小萌在交互模式下输入：

```
>>> 31
31
```

这里输入的 31 就是整型，对于编译器，识别到的是整型。

随着"集合号"的前行，大巴来到了"数据类型"服务区，司机 PyCharm 通知同学们将在"数据类型"服务区停留片刻后方可继续上路。同学们也感觉是时候做个内存清除了，有需要的同学纷纷下车。片刻后，同学们纷纷上车了，班长再次吩咐小萌清点一下人数。小萌苦笑一下，看来又得花一分钟清点人数了，为什么不叫一个人帮忙从车的另一头清点呢？于是小萌叫小智帮忙从另一头清点一下人数。半分钟后，小萌和小智在车中间碰上了，小智告诉小萌他的计数是 15 人，小萌自己清点的也是 15 人，小萌在交互模式下输入：

```
>>> 15+15
30
```

小萌准备把数字报告给班长，突然想到上次报告的是 31 人，这次是 30 人，数字不对啊，小萌在交互模式下输入：

```
>>> 31-30
1
```

怎么少了一人呢？小萌突然慌了，然后仔细一想，原来是忘把自己加上了，于是再次输入：

```
>>> 15+15+1
31
```

这次没问题了，人全部到齐。于是小萌在 Python 学习群发送了一条和上次一样的 31 的消息。班长看消息后，示意司机可以发车了，突然又想到了什么，叫司机先等等。看在路上走了一段路程了，到达目的地还有一段距离，读者路上可能会口渴及饥饿，于是吩咐强壮的小强和活泼的小娜去服务区的"Number"店买一大包 TensorFlow 糖，给每人配备一根 Keras 能量棒和两瓶 Caffe 水。每人两瓶 Caffe 水，一共要买多少瓶呢？小娜在交互模式下输入：

```
>>> 31*2
62
```

一共要买 62 瓶 Caffe 水，小强轻易就扛起这 62 瓶 Caffe 水。

Keras 能量棒每人一根，要购买多少根？小娜在交互模式下输入：

```
>>> 31*1
31
```

一共要购买 31 根，小娜轻轻提上。随手拿了一大包 TensorFlow 糖。

东西都买回来了，Caffe 水好分，给每人两瓶就是，Keras 能量棒也简单，每人派发一根就是。这一大包 TensorFlow 糖该怎么给读者呢？看包装袋上有总颗数，一共有 155 颗，每人多少颗呢？小娜在交互模式下输入：

```
>>> 155/31
5.0
```

结果出来了，给每人发 5 颗 TensorFlow 糖就可以了。于是小娜蹦蹦跳跳地发糖去了，此时发完 Caffe 水的小强也帮忙一起发糖，每人给 5 颗。TensorFlow 糖终于发完了，小娜感觉惬意极了，也坐下来好好补充能量了。小娜突然感觉有什么不对劲，有 155 颗糖，分给 31 人，每人 5 颗 TensorFlow 糖没错，但从 Python 交互模式下看到的结果怎么是 5.0 呢？假如有 156 颗糖，Python 交互模式下得到的计算结果会是怎样的呢？于是小娜输入如下数据：

```
>>> 156/31
5.032258064516129
```

如果按这个计算结果分发 TensorFlow 糖，就没有办法平均分了，小娜我可是没有办法弄出带这么多位小数的糖果。这种结果是怎么来的呢？

原因是：对于 Python 的整数除法，除法（/）计算结果是浮点数，即使两个整数恰好能整除，结果也是浮点数，即最终结果会带上小数位。如果只想得到整数的结果，舍弃小数部分，可以使用地板除（//），整数的地板除（//）永远是整数，除不尽时会舍弃小数部分。

更改前面输入的数据：

```
>>> 155//31
5
```

这时得到的计算结果就不带小数位了，即不是浮点数了。再看看用 156 做计算的结果：

```
>>> 156//31
5
```

155 和 156 对 31 做地板除的结果都是 5，这个也不对啊。156 除以 31 应该还要剩余一个，怎么会一点不剩？

因为地板除（//）只取结果的整数部分，对这个问题，Python 提供了一个余数运算，可以得到两个整数相除的余数，在 Python 中叫取模（%），下面看看 155 和 156 对 31 的取模：

```
>>> 155%31
0
>>> 156%31
1
```

这次的计算结果就符合自己的预期了。假如有 156 颗 TensorFlow 糖，平均分发给 31 个小伙伴，就会多出 1 颗。

2.2.2 浮点型

浮点类型（float）一般称为浮点型，由整数部分与小数部分组成，也可以使用科学计数法表示。

比如，小娜还在静静思考中，班长突然打断了她的思维，问小娜在服务区的"Number"店购物总共花了多少钱。小娜理了一下思绪，每瓶 Caffe 水 5.3 元，一共 62 瓶，Caffe 水总共多少钱呢？在交互模式下输入：

```
>>> 5.3*62
328.59999999999997
```

计算得到的结果怎么这么长？小娜有点想不明白了，不过冷静一思考，原来是这么一回事：整型和浮点型在计算机内部存储的方式不同，整型运算永远是精确的，而浮点型运算可能会有四舍五入的误差。对该结果做四舍五入，保留一位小数，结果是 328.6，就没有偏差了。

小娜："班长，328.6 元。"
班长："这么便宜，是所有的吗？"
小娜："是 Caffe 水的。"
班长："那总共多少钱？"
Keras 能量棒每根 6.5 元，一共 31 根，在交互模式输入：

```
>>> 6.5*31
201.5
```

Caffe 水加 Keras 能量棒，再加上 TensorFlow 糖的 30 元，加起来的总额如下：

```
>>> 5.3*62+6.5*31+30
560.0999999999999
```

计算结果又出现了前面浮点计算的问题，应该这么输入：

```
>>> 328.6+201.5+30
560.1
```

这个计算结果就好看多了，也符合了预期结果形式。

小娜把购物花费的总额560.1元报告给了班长。

小娜又开始思考了，浮点数相乘的结果这么奇怪，那浮点数除法计算的结果会是怎样的呢？小娜立刻进行实践，在交互模式下输入：

```
>>> 155/31.0
5.0
```

得到的计算结果和155除以31的计算结果是一样的，那156除以31.0得到的计算结果又是怎样的呢？在交互模式下输入：

```
>>> 156/31.0
5.032258064516129
```

得到计算结果和156除以31也是一样的。那做地板除和取模的结果又是怎样的呢？在交互模式下输入：

```
>>> 156//31.0
5.0
>>> 156%31.0
1.0
```

从计算结果可以看出，结果也都是浮点型的。

2.2.3 复数

复数也属于Python数字类型之一。复数由实数部分和虚数部分构成，可以用 a + bj 或 complex(a,b)表示，复数的实部 a 和虚部 b 都是浮点型。

Python 支持复数，不过 Python 的复数在我们当前阶段使用或接触得比较少，本书不展开介绍，读者若想要深入了解，可以自行查阅相关资料。

2.2.4 数据的转变——类型转换

在现实生活中，我们都经历过换零钱的操作，特别是在不支持移动支付的地区或国家，必须要随时准备好一些零钱。换零钱的操作就是将一张面额大些的钱，换成等额或不等额的面额更小的钱的过程。如将50元换成2张20元，10张1元（有一些可能要收取一些手续费，如50元需要收取2元，实际50元只能换取48元零钱）。

在编程的过程中，也有类似这样的转换过程，不过不是换零操作，而是类型转换的操作。比如将整型转换为浮点型，浮点型转换为整型。一般将浮点型转换为整型会丢失精度，在实际操作中需要注意。

对数据内置的类型进行转换，只需要将数据类型作为函数名即可。

Python 中，数据类型转换时有如下4个函数可以使用：

（1）int(x)：将 x 转换为整型。

（2）float(x)：将 x 转换为浮点型。

（3）complex(x)：将 x 转换为一个复数，实数部分为 x，虚数部分为 0。

（4）complex(x, y)：将 x 和 y 转换为一个复数，实数部分为 x，虚数部分为 y。x 和 y 是数字表达式。

比如，小娜去"Number"店购物，购物总支出金额是 560.1 元，"Number"店的老板为免除找零的麻烦，让小娜支付 560 元即可，即支付一个整数，舍弃小数部分，可以理解为将浮点型转换为整型了，表示如下：

```
>>> int(560.1)
560
```

很容易就得到了转换后的结果。

在实际生活中，金钱的操作必须用浮点型进行记账，就需要使用 float 函数。在交互模式下输入：

```
>>> float(560.1)
560.1
```

这样转换后得到的就是浮点型数据。

不过这个计算结果的小数位还是大于 0，仍然涉及找零的问题，要得到小数位为 0 的结果，该怎么办呢？把 int 函数放入 float 函数中是否可以呢？在交互模式下输入：

```
>>> float(int(352.1))
352.0
```

这里的执行过程是这样的：先把 352.1 通过 int 函数取整，得到整型 352，再通过 float 函数将 352 转换成浮点型 352.0，就得到了我们想要的结果。当然，这里虽然得到了最终想要的结果，但输入的字符看起来有点复杂。这其实是函数的嵌套，后面会进行具体介绍，此处做相关了解即可。

2.2.5 常量

所谓常量，就是不能改变现有值的变量，可以直接拿来使用，常量对应的值是固定的，不会发生变更。比如常用的数学常数 π 就是一个常量。在 Python 中，通常一般用全部大写的变量名表示常量。

Python 中有两个比较常见的常量，即 PI 和 E。

（1）PI：数学常量 pi（圆周率，一般以 π 表示）。

（2）E：数学常量 e，即自然对数。

这两个常量将会在后续章节中使用，具体的用法在使用中体现。

2.3 变量和关键字

编程语言最强大的功能之一是操纵变量。变量（variable）是一个需要熟知的概念，如果你觉得数学让你抓狂，而担心编程语言中的变量也会让你抓狂，这倒没有必要，因为 Python 中的变量其实很好理解，变量就是代表某个值的名字。

2.3.1 变量的定义与使用

把一个值赋值给一个名字，这个值会存储在内存中，这块内存就称为变量。在大多数语言中，把这种操作称为"给变量赋值"或"把值存储在变量中"。

比如，Python 快乐学习班的同学乘坐"集合号"大巴出去游玩，大巴是一个实实在在存在的物体，要占据空间，而"集合号"是我们给它的一个名字，这个名字可以更改为"空间一号"或是其他。在这里，大巴相当于值，"集合号"相当于变量。

在 Python 中，变量指向各种类型值的名字，以后再用到这个值时，直接引用名字即可，不用再写具体的值。比如对 Python 快乐学习班的同学说上"集合号"了，读者就都知道要上大巴了。

变量的使用环境非常宽松，没有明显的变量声明，而且类型不是必须固定。可以把一个整数赋值给变量，也可以把字符串、列表或字典赋给变量。比如这里"集合号"指的是一辆大巴，但我们同样可以用"集合号"指代一艘船、一架飞机或一栋建筑等。

那什么是赋值呢？

在 Python 中，赋值语句用等号（=）表示，可以把任意数据类型赋值给变量。

比如要定义一个名为 xiaomeng 的变量，对应值为 XiaoMeng，就需要操作如下：

```
>>> xiaomeng='XiaoMeng'
>>>
```

需要提醒的是：字符串必须以单引号或双引号标记开始，并以单引号或双引号标记结束，单引号开始，单引号结束；双引号开始，双引号结束。

此操作解释：xiaomeng 是我们创建的变量，=是赋值语句，XiaoMeng 是变量值，变量值需要用单引号或双引号标记。整句话的意思是：创建一个名为 xiaomeng 的变量并给变量赋值为 XiaoMeng（注意这里的大小写）。

这里读者可能会疑惑，怎么前面输入后按回车键就能输出内容，而在上面的示例中按回车键后没有任何内容输出，只是跳到输入提示状态下。

在 Python 中，对于变量，不能像数据类型那样，输入数值就立马能看到结果。对于变量，需要使用输出函数。还记得前面讲的 print() 吗？print() 是输出函数，上面的示例中没有使用输出函数，屏幕上当然不会有输出内容。要有输出应该怎么操作呢？我们尝试如下：

```
>>> print(xiaomeng)
XiaoMeng
```

成功打印出了结果。但为什么输入的是 print(xiaomeng)，结果却输出 XiaoMeng 呢？这就是变量的好处，可以只定义一个变量名，比如名为 xiaomeng 的变量，把一个实际的值赋给这个变量，比如实际值 XiaoMeng，计算机中会开辟出一块内存空间存放 XiaoMeng 这个值，当我们让计算机输出 xiaomeng 时，在计算机中，xiaomeng 这个变量实际上指向的是值为 XiaoMeng 的内存空间。就像对 Python 快乐学习班的同学说"集合号"，Python 快乐学习班的同学们就知道那指的是他们乘坐的大巴。

在使用变量前需要对其赋值。没有值的变量是没有意义的，编译器也不会编译通过。这就如你碰见一个人就对他说"集合号"，别人肯定会以为你是疯子。

例如，定义一个变量为 abc，不赋任何值，输入及结果如下：

```
>>> abc
Traceback (most recent call last):
  File "<pyshell#15>", line 1, in <module>
    abc
NameError: name 'abc' is not defined
```

输出结果解释：提示我们名称错误，名称 abc 没有定义。

同一个变量可以反复赋值，而且可以是不同类型的变量，输入如下：

```
>>> a=456
>>> a
456
>>> a='XYZ'
>>> print(a)
XYZ
```

这种变量本身类型不固定的语言称为动态语言，与动态语言对应的是静态语言。静态语言在定义变量时必须指定变量类型，对静态语言赋值时，赋值的类型与指定的类型不匹配就会报错。和静态语言相比，动态语言更灵活。

这里有提到变量类型的概念，在 2.2 节有提到 Python 3 中有 6 种标准对象类型，那对于定义的一个变量，怎么知道它的类型是什么。

在 Python 中，提供了一个内置的 type 函数帮助识别一个变量的类型。如在交互模式下输入：

```
>>> type('Hello')
<class 'str'>
```

这里的<class 'str'>指的是 Hello 这个变量值的类型是 str（字符串）类型的。

按同样方式，可以测试 50 这个值的类型是什么。在交互模式下输入：

```
>>> type(50)
<class 'int'>
```

计算机反馈的结果类型是整型（int）。再继续测试 5.0 的类型是什么：

```
>>> type(5.0)
<class 'float'>
```

计算机反馈的结果类型是浮点型（float）。

```
>>> a='test'
>>> type(a)
<class 'str'>
```

计算机反馈的结果类型是字符串类型（str）。

只要是用双引号或单引号括起来的值，都属于字符串。在交互模式下输入：

```
>>> type('use single quotes')
<class 'str'>
```

```
>>> type("use double quote")
<class 'str'>
>>> type("10")
<class 'str'>
>>> type("5.0")
<class 'str'>
>>> b='123'
>>> type(b)
<class 'str'>
>>> b='456'
>>> type(b)
<class 'str'>
>>> c='32.0'
>>> type(c)
<class 'str'>
```

计算机反馈的结果类型都是字符串类型（str）。

注意不要把赋值语句的等号等同于数学中的等号。比如对于下面的两行代码：

```
a=100
a=a + 200
```

这里同学们可能会有疑问，a=a + 200 是什么等式？这个从以前的学习经验来看是不成立的，在计算机里面怎么就成立了。这里首先要声明，计算机不是人脑，在很多事情的处理上，计算机并不遵循我们眼睛看到的那种规则，计算机有计算机的思维逻辑。

在编程语言中，a=a + 200 的计算规则是：赋值语句先计算右侧的表达式 a + 200，得到结果 300，再将结果值 300 赋给变量 a。由于 a 之前的值是 100，重新赋值后，a 的值变成 300。我们通过交互模式做验证，输入如下：

```
>>> a=100
>>> a=a+200
>>> print(a)
300
```

由输出结果看到，所得结果和前面推理结果一致。

理解变量在计算机内存中的表示也非常重要。在交互模式下输入：

```
>>> a='ABC'
```

这时，Python 解释器做了两件事情：

（1）在内存中开辟一块存储空间，这个存储空间中存放'ABC'这三个字母对应的字符串。

（2）在内存中创建了一个名为 a 的变量，并把它指向'ABC'字符串对应的内存空间。

也可以把一个变量 a 赋值给另一个变量 b，这个操作实际上是把变量 b 指向变量 a 所指向的内存空间，例如下面的代码行：

```
>>> a='ABC'
>>> b=a
>>> a='XYZ'
>>> print(b)
```

最后一行打印出变量 b 的内容到底是'ABC'还是'XYZ'呢？如果从数学逻辑推理，得到的结果应该是 b 和 a 相同，都是'XYZ'，但是实际上，继续往下走，会看到交互模式下打印出的 b 的值是'ABC'。

当然，这里我们不急于问为什么，先一行一行执行代码，看看到底是怎么回事。

首先执行 a='ABC'，解释器在内存中开辟一块空间，存放字符串'ABC'，并创建变量 a，把 a 指向'ABC'，如图 2-3 所示。

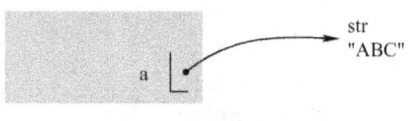

图 2-3　a 指向'ABC'

接着执行 b=a，解释器创建了变量 b，并把 b 也指向字符串'ABC'，如图 2-4 所示，此时 a 和 b 都指向了字符串'ABC'。

再接着执行 a = 'XYZ'，解释器在内存中继续开辟一块空间，开辟的新空间用于存放字符串'XYZ'，a 的指向更改为字符串'XYZ'，b 的指向不变，如图 2-5 所示。

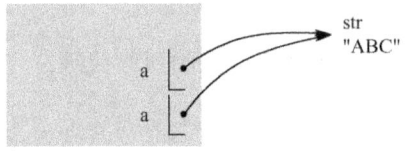

图 2-4　a、b 指向'ABC'

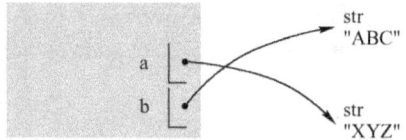

图 2-5　a 指向'XYZ'，b 不变

最后执行 print(b)，输出变量 b 的结果，由图 2-5 可见，变量 b 指向的是字符串'ABC'，所以 print(b)得到的结果是 ABC。

2.3.2　变量的命名

在程序编写时，选择有意义的名称为变量名是一个非常好的习惯，这不但便于以此标记变量的用途，还可以在有多个变量时，易于区分各个变量。就如我们每个人，都被取了一个不那么普通的名字，就是为了方便别人记忆或识别。

在 Python 中，变量名是由数字或字符组成的任意长度的字符串，且必须以字母开头。使用大写字母是合法的，在命名变量时，为避免变量的使用过程中出现一些如拼写上的低级错误，建议变量名中的字母都用小写，因为 Python 是严格区分大小写的。

举个例子来说，若用 Say 和 say 作为变量名，那 Say 和 say 就是两个不同的变量名。验证如下：

```
>>> Say='python is simple'
>>> say='The same with you'
>>> print(Say)
python is simple
>>> print(say)
The same with you
```

在 Python 中，一般用下画线"_"连接多个词组。Python 变量的标准命名规则使用的不是驼峰命名规则。所谓驼峰命名规则，就是一个变量名由多个单词组成时，除第一个单词的首字母小写外，其余单词的首字母都大写。如 say_word, just_do_it 就是 Python 中的标准变量命名方式，如果写成驼峰命名方式，则对应形式如：sayWord，justDoIt。在交互模式输入 Python 标准变量命名方式如下：

```
>>> just_do_it='just do it'
>>> print(just_do_it)
just do it
```

在 Python 的命名规则中，变量名不能以数字开头，给变量取名时，若变量的命名不符合 Python 的命名规则，解释器就会显示语法错误。在交互模式下输入：

```
>>> 5number='begin with number'
SyntaxError: invalid syntax
```

该示例提示语法错误，错误信息为无效的语法，错误原因为 5number 这个变量不是以字母开头的。再在交互模式下输入：

```
>>> xiaona@xiaozhi='have a good lunch'
SyntaxError: can't assign to operator
```

该示例提示语法错误，错误信息为不能做指定操作，错误原因是变量名 xiaona@xiaozhi 中包含了一个非法字符@。

Python 不允许使用 Python 内部的关键字作为变量名，在交互模式下输入：

```
>>> and='use and as variable name'
SyntaxError: invalid syntax
```

and 是 Python 内部的一个关键字，因此出现错误。其实读者若仔细观察，在交互模式下输入 and 时，and 这个变量的字体会变成淡红色，而正常变量的字体是黑色的，这是因为在交互模式下定义变量时，系统会自动校验变量是否是 Python 的关键字。

所谓关键字，是一门编程语言中预先保留的标识符，每个关键字都有特殊的含义。编程语言众多，但每种语言都有相应的关键字，Python 也不例外。

在 Python 中，自带了一个 keyword 模块（模块的概念在后续章节会介绍），用于检测关键字。可以通过 Python 的交互模式做如下操作，获取关键字列表：

```
>>> import keyword
>>> keyword.kwlist
['False', 'None', 'True', 'and', 'as', 'assert', 'break', 'class', 'continue',
'def', 'del', 'elif', 'else', 'except', 'finally', 'for', 'from', 'global', 'if',
'import', 'in', 'is', 'lambda', 'nonlocal', 'not', 'or', 'pass', 'raise', 'return',
'try', 'while', 'with', 'yield']
```

由上面输出结果可以看到，在 Python 3.x 中共有 33 个关键字，这些关键字都不能作为变量名来使用。整理成更直观的形式如下：

```
False       None        True        and         as          assert      break
class       continue    def         del         elif        else        except
finally     for         from        global      if          import      in
nonlocal    lambda      is          not         or          pass        raise
return      try         while       with        yield
```

💡注意：Python 是一种动态语言，根据时间在不断变化，关键字列表将来有可能更改。所以读者在使用 Python 时，若不确定某个变量名是否是 Python 的关键字，就可以通过使用 keyword 模块进行查看及校对。

2.4　Python 中的语句

　　语句是 Python 解释器可以运行的一个代码单元，也可以理解为可以执行的命令，就是我们希望计算机做出的行为动作，是我们给计算机传达的信息。如我们目前已经使用了两种语句：print 打印语句和赋值语句。

　　赋值语句有两个作用：一是建立新的变量，二是将值赋予变量。任何变量在使用时都必须赋值，否则会被视为不存在的变量。

　　文字的描述并不那么好理解什么是语句，下面通过具体的示例来辅助理解什么是语句。

　　Python 快乐学习班的同学乘坐在"集合号"上已经行驶一段时间了，没有吃早点的小萌此时已经感觉有点饿了，于是小萌在交互模式下输入：

```
>>> feel='I am hunger,I want have a lunch'
```

　　刚输入完成，小萌就停下了，仔细思考了一番，突然意识到自己输入的不就是语句嘛！建立了新的变量，给变量赋予了值。前面也已经做过不少示例了，再看看还用过什么语句。在交互模式下写的第一个程序不就是 print 语句嘛！对了，还可以知道这个语句中 feel 变量的类型是什么。于是小萌在交互模式下输入：

```
>>> type(feel)
<class 'str'>
```

　　由输出结果可以看到，这个语句中 feel 变量的类型是字符串（str）类型。那还有什么类型的赋值语句呢？前面还学习了整型和浮点型，在交互模式下输入：

```
>>> money=99999999
>>> type(money)
<class 'int'>
>>> spend=1.11111111
>>> type(spend)
<class 'float'>
```

　　不错，把之前学习的知识点都温习了一下。接着小萌又在交互模式下输入：

```
>>> study make me happy
SyntaxError: invalid syntax
```

　　对于此类错误，相信你已经能轻松找到问题所在了，变量是一定要赋值的。在交互模式下重新输入：

```
>>> print('study make me happy')
study make me happy
```

小萌突然感觉有人站在自己旁边，原来是小智。小智盯着交互模式输入界面，轻柔地说："这个用状态图展示会更直观。"说完就画出了一个变量状态图，如图2-6所示。

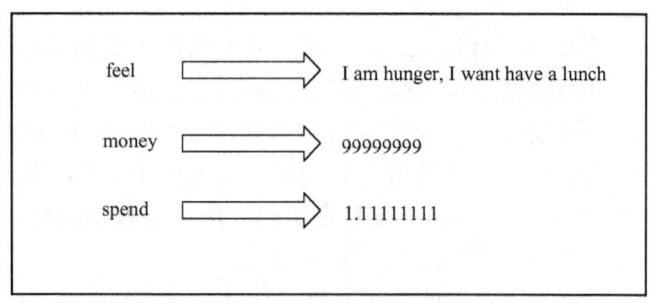

图2-6 变量的状态图

一般情况下，我们用状态图表示变量的状态。左边是变量名称，右边是变量值。状态图显示了赋值语句的最终操作结果。

计算机中的语句，就如我们生活中的信息传递，我们可以通过对话、发短信、打电话、发语音、视频、微信、发邮件等方式来传递信息，这需要信息的发起者和传递的信息内容，而接收者可能是对的，也可能是错误的，也就会出现有回应和没有回应的情况，也会出现回应错误的情况等。

2.5 理解表达式

表达式是值、变量和操作符的组合。单独一个值可以视为表达式，单独的变量也可以视为表达式。

表达式和语句一般不容易区分，很多人会将两者混在一起。那么语句和表达式之间有什么区别呢？

其实可以这么去理解：表达式是某事，只是一件事情，不涉及行为动作，而语句就是做某事，也就是告诉计算机做什么，是计算机的一种行为动作。比如3*3的结果是9，而执行语句print(3*3)输出结果也是9。但这两者的区别在哪里呢？我们先在交互模式下输入这两者如下：

```
>>> 3*3
9
>>> print(3*3)
9
```

在交互模式下，可以看到结果都是一样的。这是因为解释器总是输出所有表达式的值（内部都使用相同的函数对结果进行呈现，后面会有详细介绍）。但是一般情况下，Python不会这么做，毕竟3*3这样的表达式不能做什么有趣的事情，而写语句print(3*3)会有一个显式的输出结果9。

语句和表达式之间的区别在赋值时表现得更加明显，就是有明显的赋值的动作。因为语句不是表达式，所以没有值可供交互式解释器输出。比如在交互模式下输入：

```
>>> a=100
```

```
>>>
>>> 10*10
100
```

从输入可以看到,赋值语句输入完成后,下面立刻出现了新的提示输入符,而不是立刻输出变量的值或有什么直观结果展示出来。表达式输入完成后,下面立刻得到了结果。不过对于赋值语句,有些东西已经变了,变量 a 现在绑定了一个值 100,也就是在内存中开辟了一块存储地址,里面存放了一个 100 的值,如果后面要使用 100 这个结果,直接用 a 这个变量来代表即可。而对于 10*10,产生的结果就是我们在屏幕上看到的结果,不占据任何空间,若要使用 100 这个结果,还得继续写成 10*10 的形式。

这是语句特性的一般定义:它们改变了事物。比如,赋值语句改变了变量,print 语句改变了屏幕显示的内容。

赋值语句可能是所有计算机程序设计语言中最重要的语句类型,尽管现在还难以说清赋值语句的重要性。变量就像临时的"存储器"(就像厨房中的锅碗瓢盆一样,可以用来盛放不同的东西),其强大之处在于,在操作变量时并不需要知道存储了什么值。比如,即使不知道 x 和 y 的值到底是多少,也会知道 x*y 的结果就是 x 和 y 的乘积。所以,可以通过多种方法使用变量,而不需要知道在程序运行时,最终存储的值是什么。

2.6 运算符和操作对象

运算符和操作对象是计算机中比较常见的,也是计算机使用过程中必不可少的组成元素,所有计算都涉及运算符和操作对象。本节将介绍 Python 中的运算符和操作对象。

2.6.1 运算符和操作对象的定义

对于计算机,运算符是一些特殊符号的集合,前面学习的加(+)、减(-)、乘(*)、除(/)、地板除(//)、取模(%)等都是运算符。操作对象是由运算符连接起来的对象。加、减、乘、除 4 种运算符是我们从小学就开始接触的,不过在计算机语言中,乘除的写法和之前的写法不一样,这个要记住。读者可以快速回忆一下,在计算机中的乘除是怎么样的,自己去做一个纵向比对,看看计算机的乘除和未接触计算机之前的乘除的差异,借此加深自己的记忆。

记忆过后,接下来看看 Python 中支持哪些运算符。

Python 支持以下 8 种运算符:

(1)算术运算符。(2)比较(关系)运算符。(3)赋值运算符。(4)逻辑运算符。(5)位运算符。(6)成员运算符。(7)身份运算符。(8)运算符优先级。

接下来分别进行介绍。

2.6.2 算术运算符

表 2-1 为算术运算符的描述和实例。假设变量 a 为 10,b 为 5。

表 2-1 算术运算符

运算符	描述	实例
+	加：两个对象相加	a + b 输出结果为 15
-	减：得到负数或一个数减去另一个数	a - b 输出结果为 5
*	乘：两个数相乘或返回一个被重复若干次的字符串	a * b 输出结果为 50
/	除：x/y 表示 x 除以 y	a / b 输出结果为 2.0
%	取模：返回除法的余数	a % b 输出结果为 0
**	幂：x**y 返回 x 的 y 次幂	a**b 为 10 的 5 次方，输出结果为 100000
//	地板除（取整除）：返回商的整数部分	9//2 输出结果为 4，9.0//2.0 输出结果为 4.0

下面进行实战。在交互模式下输入：

```
>>> a=10
>>> b=5
>>> print(a+b)
15
>>> print(a-b)
5
>>> print(a*b)
50
>>> print(a/b)
2.0
>>> print(a**b)
100000
>>> print(9//2)
4
>>> print(9.0//2.0)
4.0
```

此处的加、减、乘、除、取模、地板除前面都已经做过详细介绍，较好理解。但是幂运算的计算形式，与在数学中学习的乘方运算的形式不一样，数学中是 a^2 这样的形式，幂运算是 a**2 的形式。有没有更好的方式让人更容易记住这个符号呢？

有一个很好的例子，相信读者经常会被问到你的操作系统是 32 位还是 64 位的，或是在安装某个软件时，经常会被问到是否支持 64 位操作系统等。

为什么会出现 32 位和 64 位的操作系统，并且现在读者都趋向于安装 64 位的软件？

先看交互模式下的两个输入：

```
>>> 2**32/1024/1024/1024
4.0
>>> 2**64/1024/1024/1024
17179869184.0
```

第一个输入，2**32 是 2 的 32 次方，这是 32 位操作系统最大支持内存的字节数，除以第一个 1024 是转换为 KB，1KB=1024B，除以第二个 1024 是转换为 MB，1MB=1024KB，除以第三个 1024 是转换为 GB，1GB=1024MB。这个结果告诉我们，32 位的操作系统最大只能支持 4GB 的内存，现在手机都是 4GB 内存的标配了，计算机 4GB 的内存怎么够用呢？所以读者都趋向于选择 64 位操作系统。

2.6.3 比较运算符

表 2-2 为比较运算符的描述和实例。以下假设变量 a 为 10、变量 b 为 20。所有比较运算符返回 1 表示真，返回 0 表示假，与特殊的变量 True 和 False 等价。注意大写的变量名。

表 2-2 比较运算符

运算符	描述	实例
==	等于：比较对象是否相等	(a == b) 返回 False
!=	不等于：比较两个对象是否不相等	(a != b) 返回 True
>	大于：x>y 返回 x 是否大于 y	(a > b) 返回 False
<	小于：x<y 返回 x 是否小于 y	(a < b) 返回 True
>=	大于等于：x>=y 返回 x 是否大于等于 y	(a >= b) 返回 False
<=	小于等于：x<=y 返回 x 是否小于等于 y	(a <= b) 返回 True

在交互模式下输入：

```
>>> a=10
>>> b=20
>>> a==b
False
>>> a!=b
True
>>> a>b
False
>>> a<b
True
>>> a>=b
False
>>> a<=b
True
>>> a+10>=b
True
>>> a+10>b
False
>>> a<=b-10
True
>>> a<b-10
False
>>> a==b-10
True
```

小智："小萌，注意到比较运算的特色了吗？"

小萌："比较运算只返回 True 和 False 两个值。"

小智："对的，能看出比较运算符两边的值和比较的结果有什么特色吗？特别是对于==、<、>、<=、>=这 5 个比较运算符的结果。"

小萌:"让我仔细观察观察,对于这些比较运算,只要左边和右边的操作数满足操作符的条件,结果就是 True,不满足就是 False。"

小智:"你理解得没错,其实可以通俗地理解为,若比较结果符合心理预期,结果就是 True,若不符合,结果就是 False。比如上面的例子中 a<b,即 10<20,符合预期,就返回 True;对于 a==b,即 10==20,就返回 False。"

特别提醒:在一些地方,会用 1 代表 True、0 代表 False,这是正确也是合理的表示方式。读者可以理解为开和关,就像我们在物理中所学的电源的打开和关闭一样。后面会有更多地方用 1 和 0 代表 True 和 False。

另外,在 Python 2.x 中,有时会看到<>符号。和!=表达得意思一样,<>也表示不等于,在 Python 3.x 中已去除该符号。

2.6.4 赋值运算符

表 2-3 为赋值运算符的描述和实例。假设变量 a 为 10,变量 b 为 20。

表 2-3 赋值运算符

运算符	描述	实例
=	简单的赋值运算符	c = a + b,将 a + b 的运算结果赋值给 c
+=	加法赋值运算符	c += a,等效于 c = c + a
-=	减法赋值运算符	c -= a,等效于 c = c - a
*=	乘法赋值运算符	c *= a,等效于 c = c * a
/=	除法赋值运算符	c /= a,等效于 c = c / a
%=	取模赋值运算符	c %= a,等效于 c = c % a
**=	幂赋值运算符	c **= a,等效于 c = c ** a
//=	取整(地板)除赋值运算符	c //= a,等效于 c = c // a

在交互模式下输入:

```
>>> a=10
>>> b=20
>>> c=0
>>> c=a+b
>>> print(c)
30
>>> c+=10
>>> print(c)
40
>>> c-=a
>>> print(c)
30
>>> c*=a
>>> print(c)
300
>>> c/=a
>>> print(c)
```

```
30.0
>>> c%=a
>>> print(c)
0.0
>>> c=a**5
>>> print(c)
100000
>>> c//=b
>>> print(b)
20
>>> print(c)
5000
```

2.6.5 位运算符

位运算符是把数字视为二进制进行计算的。表 2-4 为 Python 中位运算符的描述和实例。假设变量 a 为 60，变量 b 为 13。

表 2-4 位运算符

运算符	描 述	实 例
&	按位与运算符：若参与运算的两个值的两个相应位都为 1，则该位的结果为 1；否则为 0	(a & b) 输出结果 12，二进制解释：0000 1100
|	按位或运算符：只要对应的两个二进制位有一个为 1，结果位就为 1	(a|b) 输出结果 61，二进制解释：0011 1101
^	按位异或运算符：当两个对应的二进制位相异时，结果为 1	(a^b) 输出结果 49，二进制解释：0011 0001
~	按位取反运算符：对数据的每个二进制位取反，即把 1 变为 0，把 0 变为 1	(~a) 输出结果-61，二进制解释：1100 0011
<<	左移动运算符：运算数的各个二进制位全部左移若干位，由<<右边的数指定移动的位数，高位丢弃，低位补 0	a << 2 输出结果 240，二进制解释：1111 0000
>>	右移动运算符：把>>左边运算数的各个二进制位全部右移若干位，>>右边的运算数指定移动的位数	a >> 2 输出结果 15，二进制解释：0000 1111

在交互模式下输入：

```
>>> a=60
>>> b=13
>>> c=0
>>> c=a&b
>>> print(c)
12
>>> c=a|b
>>> print(c)
61
>>> c=a^b
>>> print(c)
49
>>> c=~a
>>> print(c)
-61
>>> c=a<<2
```

```
>>> print(c)
240
>>> c=a>>2
>>> print(c)
15
```

2.6.6 逻辑运算符

Python 语言支持逻辑运算符。表 2-5 为逻辑运算符的描述和实例,假设变量 a 为 10,变量 b 为 20。

表 2-5 逻辑运算符

运算符	逻辑表达式	描述	实例
and	x and y	布尔"与":如果 x 为 False,x and y 返回 False;否则返回 y 的计算值	(a and b) 返回 20
or	x or y	布尔"或":如果 x 不等于 0,返回 x 的值;否则返回 y 的计算值	(a or b) 返回 10
not	not x	布尔"非":如果 x 为 True,返回 False;如果 x 为 False,返回 True	not(a and b) 返回 False

在交互模式下输入:

```
>>> a=10
>>> b=20
>>> a and b
20
>>> a or b
10
>>> not a
False
>>> not b
False
>>> not -1
False
>>> not False
True
>>> not True
False
```

2.6.7 成员运算符

除之前介绍的运算符外,Python 还支持成员运算符,表 2-6 为成员运算符的描述和实例。

表 2-6 成员运算符

运算符	描述	实例
in	如果在指定的序列中找到值,就返回 True;否则返回 False	如果 x 在 y 序列中,就返回 True
not in	如果在指定的序列中没有找到值,就返回 True;否则返回 False	如果 x 不在 y 序列中,就返回 True

在交互模式下输入：

```
>>> a=10
>>> b=5
>>> list=[1,2,3,4,5]
>>> print(a in list)
False
>>> print(a not in list)
True
>>> print(b in list)
True
>>> print(b not in list)
False
```

读者可能会疑惑 list 是什么，list 是一个集合，此处不做具体讲解，后面章节会有详细介绍。

2.6.8 身份运算符

身份运算符用于比较两个对象的存储单元，表 2-7 为身份运算符的描述和实例。

表 2-7 身份运算符

运算符	描述	实例
is	判断两个标识符是否引用自一个对象	x is y，如果 id(x)等于 id(y)，is 返回结果 1
is not	判断两个标识符是否引用自不同对象	x is not y，如果 id(x)不等于 id(y)，is not 就返回结果 1

在交互模式下输入：

```
>>> a=10
>>> b=10
>>> print(a is b)
True
>>> print(a is not b)
False
>>> b=20
>>> print(a is b)
False
>>> print(a is not b)
True
```

特别提醒：后面已对变量 b 重新赋值，因此输出结果与前面不一致。

2.6.9 运算符优先级

表 2-8 列出了从最高到最低优先级的所有运算符。

表 2-8 运算符优先级

运算符	描述
**	指数（最高优先级）
~、+、-	按位反转，一元加号和减号（最后两个的方法名为 +@ 和 -@）
*、/、%、//	乘、除、取模和地板除
+、-	加法、减法
>>、<<	右移、左移运算符
&	位与
^、|	位运算符
<=、<、>、>=	比较运算符
<> == !=	等于运算符
= %= /= //= -= += *= **=	赋值运算符
is is not	身份运算符
in not in	成员运算符
not or and	逻辑运算符

当一个表达式中出现多个运算符时，求值的顺序依赖于优先级规则。Python 中运算符的优先级规则遵守数学运算符的传统规则。

小智："小萌，你还记得以前所学的数学里面运算符的优先级规则是怎样的吗？"

小萌："还记得，就是有括号先算括号里的，无论是括号里还是括号外的，都是先乘除、后加减。"

在 Python 中有更多运算符，可以使用缩略词 PEMDAS 帮助记忆部分规则。

（1）括号（Parentheses，P）拥有最高优先级，可以强制表达式按照需要的顺序求值，括号中的表达式会优先执行，也可以利用括号使表达式更加易读。

例如，对于一个表达式，想要执行完加减后再做乘除运算，在交互模式下输入：

```
>>> a=20
>>> b=15
>>> c=10
>>> d=5
>>> e=0
>>> e=(a-b)*c/d
>>> print('(a-b)*c/d=',e)
(a-b)*c/d=10.0
```

顺利达到了我们想要的结果，如果不加括号会怎样呢？

```
>>> e=a-b*c/d
>>> print('a-b*c/d=',e)
a-b*c/d=-10.0
```

结果与前面完全不同了，这里根据先乘除后加减进行运算。如果表达式比较长，加上括号就可以使得表达式更易读。

```
>>> e=a+b+c-c*d
>>> print('a+b+c-c*d=',e)
```

```
a+b+c-c*d=-5
```

以上输入没有加括号，表达式本身没有问题，但看起来不太直观。如果输入：

```
>>> e=(a+b+c)-(c*d)
>>> print('(a+b+c)-(c*d)=',e)
(a+b+c)-(c*d)=-5
```

这样看起来就非常直观。运算结果还是一样的，但我们一看就能明白该表达式的执行顺序是怎样的。

（2）乘方（Exponentiation，E）运算拥有次高的优先级，例如：

```
>>> 2**1+2
4
>>> 2**(1+2)
8
>>> 2**2*3
12
>>> 2*2**3
16
>>> 2**(2*3)
64
```

以上结果解释：2 的一次方为 2，加 2 后结果为 4；1 加 2 等于 3，2 的 3 次方结果为 8；2 的 2 次方为 4，4 乘以 3 等于 12；2 的 3 次方为 8，2 乘以 8 等于 16；2 乘以 3 等于 6，2 的 6 次方为 64。

（3）乘法（Multiplication，M）和除法（Division，D）优先级相同，并且高于有相同优先级的加法（Addition，A）和减法（Subtraction，S），例如：

```
>>> a+b*c-d
165
>>> a*b/c+d
35.0
```

（4）优先级相同的操作按照自左向右的顺序求值（除了乘方外），例如：

```
>>> a+b-c+d
30
>>> a+b-c-d
20
```

其他运算符的优先级在实际使用时可以自行尝试判断。若通过观察判断不了，则可以在交互模式下通过实验进行判断。

2.7 字符串操作

字符串是 Python 中最常用的数据类型。我们可以使用引号（'或"）创建字符串。

通常，对字符串不能像进行数学运算那样操作，即使看起来像数字的字符串也不行。字符串不能进行除法、减法和字符串之间的乘法运算。如下面的操作都是非法的：

```
>>> 'hello'/3
Traceback (most recent call last):
  File "<pyshell#19>", line 1, in <module>
    'hello'/3
TypeError: unsupported operand type(s) for /: 'str' and 'int'
>>> 'world'-1
Traceback (most recent call last):
  File "<pyshell#20>", line 1, in <module>
    'world'-1
TypeError: unsupported operand type(s) for -: 'str' and 'int'
>>> 'hello'*world
Traceback (most recent call last):
  File "<pyshell#21>", line 1, in <module>
    'hello'*world
NameError: name 'world' is not defined
>>> 'hello'-'world'
Traceback (most recent call last):
  File "<pyshell#22>", line 1, in <module>
    'hello'-'world'
TypeError: unsupported operand type(s) for -: 'str' and 'str'
```

但是字符串可以使用操作符"+",不过功能和数学中不一样,在字符串操作中,"+"指的是字符串的拼接(concatenation)操作,即将前后两个字符首尾连接起来。

例如:

```
>>> string1='hello'
>>> string2='world'
>>> print(string1+string2)
helloworld
```

由输出结果看到,输出结果把对应字符串首尾连接成一个新的字符串。不过输出的字符紧紧挨着,看起来不怎么好看,能不能在两个单词间加一个空格,使输出结果更美观一些呢?

如果想让字符串之间有空格,就可以建一个空字符变量插入相应的字符串之间,让本紧紧挨着的字符串隔开,或者在字符串对应位置加上空格。在交互模式下输入:

```
>>> string1='hello'
>>> string2='world'
>>> space=' '
>>> print(string1+space+string2)
hello world
```

或者

```
>>> string1='hello'
>>> string2=' world'
>>> print(string1+string2)
hello world
```

这些是字符串的一些简单操作,在后续章节中会介绍更多、更实用的字符串操作。

小智："小萌，你有没有发现进行了这么多操作，操作中都没有出现中文，这是怎么回事呢？"

小萌："是啊，虽说一直用英文操作，在编码时可以学习英文，但很多时候我还是喜欢用中文表达。我们目前没有操作中文，是因为Python不支持中文吗？"

Python是支持中文的。正如我们前面所说，字符串也是一种数据类型，但是对于字符串而言，比较特殊的一点是有编码的问题。

因为计算机只能处理数字，其实只认识0和1，即二进制数。如果要处理文本，就必须先把文本转换为数字才能处理。最早的计算机在设计时采用8比特（bit）为1字节（byte），所以1字节（8位）能表示的最大整数是255（二进制数11111111等于十进制数255，简单表示为2**8-1=255）。如果要表示更大的整数，就必须用更多字节。比如2字节（16位）可以表示的最大整数是65535（2**16-1），4字节（32位）可以表示的最大整数是4294967295（2**32-1）。

由于计算机是美国人发明的，因此最早只有127个字母被编码到计算机里，也就是大小写英文字母、数字和一些符号，这个编码表被称为ASCII编码。例如，大写字母A的编码是65，小写字母z的编码是122。

要处理中文，显然一个字节是不够的，至少需要两个字节，而且不能和ASCII编码冲突，所以中国制定了GB2312编码，用来把中文编进去。

可以想象，全世界有上百种语言，日本把日文编到Shift_JIS里，韩国把韩文编到Euc-kr里，各国有各国的标准，就不可避免地出现冲突。结果就是，在多语言混合的文本中就会显示乱码。

从而Unicode应运而生。Unicode把所有语言都统一到一套编码里，这样就不会有乱码问题了。Unicode标准在不断发展，最常用的是用2字节表示一个字符（如果要用到非常生僻的字符，就需要4字节）。现代操作系统和大多数编程语言都直接支持Unicode。

下面我们来看ASCII编码和Unicode编码的区别：ASCII编码是1字节，而Unicode编码通常是2字节。

字母A用ASCII编码是十进制数65，二进制数01000001。

字符0用ASCII编码是十进制数48，二进制数00110000。注意字符0和整数0是不同的。

汉字"中"已经超出了ASCII编码的范围，用Unicode编码是十进制数20013，二进制数01001110 00101101。

如果把ASCII编码的A用Unicode编码，只需要在前面补0就可以，因此A的Unicode编码是00000000 01000001。

新的问题又出现了：如果统一成Unicode编码，乱码问题从此消失了。但是写的文本基本上全部是英文时，用Unicode编码比ASCII编码多一倍存储空间，在存储和传输上十分不划算。

本着节约的精神，又出现了把Unicode编码转换为"可变长编码"的UTF-8编码。UTF-8编码把一个Unicode字符根据不同的数字大小编码成1～6字节，常用的英文字母被编码成1字节，汉字通常是3字节，只有很生僻的字符才会被编码成4～6字节。如果要传输的文本包含大量英文字符，用UTF-8编码就能节省空间，如表2-9所示。

表 2-9 各种编码方式比较

字符	ASCII	Unicode	UTF-8
A	01000001	00000000 01000001	01000001
中	×	01001110 00101101	11100100 10111000 10101101

从表 2-9 可以发现，UTF-8 编码有一个额外的好处，就是 ASCII 编码实际上可以看成是 UTF-8 编码的一部分，所以只支持 ASCII 编码的大量历史遗留软件可以在 UTF-8 编码下继续工作。

搞清楚 ASCII、Unicode 和 UTF-8 的关系后，我们可以总结一下现在计算机系统通用的字符编码工作方式：在计算机内存中，统一使用 Unicode 编码，当需要保存到硬盘或需要传输时，可以转换为 UTF-8 编码。

例如，用记事本编辑时，从文件读取的 UTF-8 编码被转换为 Unicode 编码到内存；编辑完成后，保存时再把 Unicode 转换为 UTF-8 保存到文件，如图 2-7 所示。

浏览网页时，服务器会把动态生成的 Unicode 编码转换为 UTF-8 再传输到浏览器中，如图 2-8 所示。

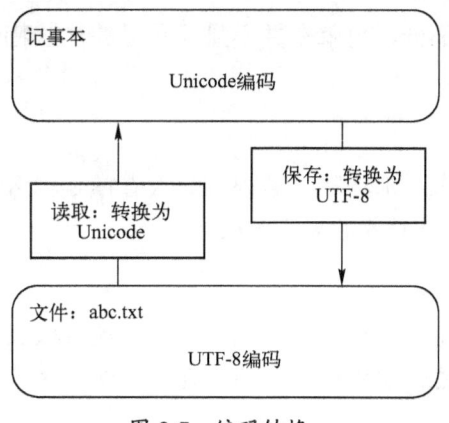

图 2-7 编码转换

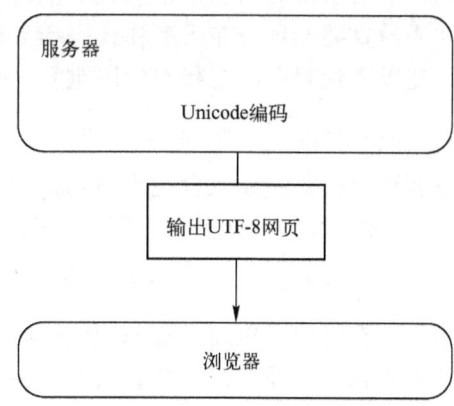

图 2-8 服务器、浏览器中的编码转换

我们经常看到很多网页的源码上有类似<meta charset="UTF-8" />的信息，表示该网页用的是 UTF-8 编码。

在最新的 Python 3 版本中，字符串是用 UTF-8 编码的。也就是说，Python 3 的字符串支持多语言。比如在交互模式下输入：

```
>>> print('你好，世界！')
你好，世界！
>>> print('饕餮')
饕餮
```

可以看到，在 Python 3 中，简单和复杂的中文字符都可以正确输出。

特别提醒：Python 2 中默认的编码格式是 ASCII，在没修改编码格式时无法正确输出中文，读取中文时会报错。Python 2 使用中文的语法是在字符串前面加上前缀 u。

2.8 Python 中的注释

注释是代码的辅助部分，是帮助代码阅读者更好地理解代码的辅助工具。

当程序在逐步变得更大、更复杂时，程序阅读的困难性也在逐步增加。程序的各部分之间紧密衔接，想依靠部分代码了解整个程序的功能变得更困难。在现实中，要快速弄清楚一段代码在做什么、为什么那么做并不容易，经常需要仔细研究一段时间。

因此，在程序中加入描述性的语言记录并解释程序在做什么是一个不错的主意。这种语言记录称为注释（comments），注释一般以"#"符号开始。

注释可以单独占一行，也可以放在语句行的末尾。比如在交互模式下输入：

```
>>> #打印1+1的结果
>>> print(1+1)
2
>>> print(1+1) #打印1+1的结果
2
```

从符号"#"开始到这一行末尾，之间所有内容都被忽略，这部分对程序没有影响。注释信息主要是方便程序员能够更快地了解程序的功能。程序员在经过一段时间后，可能对自己的程序不了解了，利用注释信息能够很快熟悉起来。

注释最重要的用途在于解释代码容易被误解的部分，也就是并不显而易见的一些特性。比如，在以下代码中，注释与代码重复，毫无用处。

```
>>> r=10    #将10赋值给r
```

下面这段代码注释包含代码中隐藏的信息，如果不加注释，就很难让人看懂是什么意思（虽然在实际中可以根据上下文判定，但是需要浪费不必要的思考时间）。

```
>>> r=10    #半径，单位是米
```

当然，有时为了更加直观地阅读代码，会给变量取一个比较长的变量名，通过取长变量名或许可以减少注释，但长变量名或许会让复杂表达式更难阅读，所以在取长变量名或增加注释这两者之间需要权衡取舍。

一般在编码时，注释不是必需的，但是好的注释可以为编写的代码增添不少色彩。能把注释写得漂亮的程序员，一定是一个优秀的程序员。

2.9 活学活用——九九乘法表逆实现

借助网络工具，用 Python 实现打印九九乘法表，打印结果从大到小输出。

思考点拨：

从简单方向思考，要实现九九乘法表，需要用到如下知识点：

（1）数字相乘，如何实现反序遍历输出。

（2）赋值，数字相乘后的结果怎么赋值。

（3）最终得到的结果怎么以更美观的方式打印出来。

💡**提示**：需要使用到后续章节的内容，本章代码用于示例使用，不做更具体的实现介绍，有兴趣的读者可以先自行做相关研究。

实现代码如下：

```
>>> for i in range(9,0,-1):
...     for j in range(1,i+1):
...         print("%d*%d=%2d" % (j,i,i*j),end=" ")
...     print (" ")
```

交互模式下执行,得到输出结果如下:

```
1*9=9  2*9=18  3*9=27  4*9=36  5*9=45  6*9=54  7*9=63  8*9=72  9*9=81
1*8=8  2*8=16  3*8=24  4*8=32  5*8=40  6*8=48  7*8=56  8*8=64
1*7=7  2*7=14  3*7=21  4*7=28  5*7=35  6*7=42  7*7=49
1*6=6  2*6=12  3*6=18  4*6=24  5*6=30  6*6=36
1*5=5  2*5=10  3*5=15  4*5=20  5*5=25
1*4=4  2*4=8   3*4=12  4*4=16
1*3=3  2*3=6   3*3=9
1*2=2  2*2=4
1*1=1
```

2.10 技巧点拨

本节对本章学习过程中比较经常遇到的一些问题进行单独的分析与讲解,以方便读者从中学习一些技巧。

(1) 在数学的学习过程中,自从学习了除法以后,几乎每个数学老师都会叮嘱我们的就是注意除法中的那个定时炸弹——除数为 0 时的情况。在 Python 的学习过程中,这也是要非常小心的。在 Python 中,若除数为 0,会得到怎样的结果?在交互模式下输入:

```
>>> 5/0
Traceback (most recent call last):
  File "<pyshell#26>", line 1, in <module>
    5/0
ZeroDivisionError: division by zero
```

由结果可知,输出结果毫不客气地给了我们一个大大的错误返回。对于这种错误,读者今后代码编写过程中,只要碰到,需要能立刻知道问题根源,因为这是一类非常特殊的错误。

(2) 本章介绍了字符串,在数据类型转换中也介绍了将 int 转换为 float 或 float 转换为 int 的方法。在 Python 中,还可以将数字字符串转换为数据类型,但是不能将非数字字符串转换为数据类型。如在交互模式下输入:

```
>>> a='123'
>>> b=int(a)
>>> print(b)
123
>>> print(type(a))
<class 'str'>
>>> print(type(b))
<class 'int'>
```

由结果可知,可以将字符串 123 转换为 int 型,读者也可以尝试将字符串 123 转换为 float

型，将 int 型 123 转换为字符串类型等。

接着在交互模式下输入：

```
>>> c='35e'
>>> d=int(c)
Traceback (most recent call last):
  File "<pyshell#16>", line 1, in <module>
    d=int(c)
ValueError: invalid literal for int() with base 10: '35e'
```

在该示例中，给变量 c 赋值为 35e，变量值包含数字和字母 e，d=int(c)这条语句尝试将 35e 这个字符串转换为 int 型，最终程序反馈给我们的结果是这么做是行不通的。读者可以自行多做一些尝试，看看哪些操作也会有类似问题。

2.11 问题探讨

（1）Python 数据类型的转换在实际项目中应用得多吗？

答：这个还是需要看具体是做什么项目的，若是和数据打交道比较多的项目，如数据分析、数据统计等的项目，那是需要涉及非常多的数据的转换的，而若是一些文本处理的项目，就不怎么多了。

（2）Python 中的关键字目前有 33 个，这些需要全部记熟吗？

答：可以不用刻意记忆，大概有一个印象即可。对于 Python 中的关键字，当在定义变量时误用了，在交互模式下变量的字体会变成淡红色，当看见变量的字体颜色有异样时，可以通过 keyword 模块进行查看确认。

（3）Python 中有这么多运算符，都要能熟练使用吗？

答：熟不熟练都没有关系，有一些大概了解即可，但在实际解决问题时需要知道应该使用什么运算符。当在项目中使用多了时，对于经常使用的运算符，就自然而然地熟练了。

2.12 章节回顾

（1）Python 中有哪些基本数据类型？各数据类型是怎么使用的？

（2）Python 中有多少关键字？怎么查看 Python 中的关键字？

（3）Python 中的运算符和操作对象？

（4）Python 中的字符串的操作是怎样的？编码方式有什么特点？

2.13 实战演练

（1）自定义两个数字类型变量，对这两个变量做数字的加、减、乘、除、地板除等操作。

（2）结合本章所学的各种运算符，自定义若干变量，对定义的变量进行各种运算符的操作，观察结果与各运算符的联系。

（3）小智和小萌今天做了这么一个约定：从明天开始，小智送一颗糖给小萌，并从后天起，小智每天送给小萌的糖是前一天的 2 倍。那么到第 16 天（包含这天），小萌一共可以收到多少颗糖？

（4）结合本章所学，用 4 个 2 与各种运算符进行运算，能得到的最大数是多少？

（5）结合本章所学，并查阅相关资料，看看下面的代码输出结果是什么，并对结果进行解释。

```
>>> habit='Python是一门简单易用的编程语言\n我需要学好它'
>>> print(habit)
#你认为的结果是
>>> len(habit)
#你认为的结果是
```

第三章 列表和元组

本章将引入一个新概念——数据结构。数据结构是通过某种方式（如对元素进行编号）组织在一起的数据元素的集合，这些元素可以是数字或字符。在 Python 中，最基本的数据结构是序列（Sequence）。Python 包含 6 种内建序列，即列表、元组、字符串、Unicode 字符串、buffer 对象和 range 对象。本章重点讨论最常用的两种，列表和元组。

随着"集合号"的不断前行，我们来到了今天的旅游目的地——Python 库。"集合号"在指定地方停止，Python 快乐学习班的所有同学需要转乘景区的"序列号"旅游大巴通往目标景点。并由专门的导游带领他们进行参观。

导游为便于带领 Python 快乐学习班的同学游玩，给每个人一个号码牌，编号从 0 开始，一直到 30 号。

为了便于导游尽早大概熟悉同学们的面孔，导游安排同学们根据编号对号入座，并从 0 号开始排队上"序列号"大巴，同学们根据序号排队上车并在对应座位号上坐下。

导游为便于同学们相互照应，将 31 名同学根据序号分成六组，前五组每组 5 名同学，最后一组 6 名同学。即第一组 0 至 4 号，第二组 5 至 9 号，第三组 10 至 14 号，第四组 15 至 19 号，第五组 20 至 24 号，第六组 25 至 30 号。

Python 快乐学习班的所有同学都上车了，同学们也都清楚自己所在组别了，"序列号"大巴启动向景点出发了。

看到这里你可能有疑问了，说了这么多，是想干什么呢？别急，这里我们将引出本章的第一个知识点——通用序列操作。

3.1 通用序列操作

在开始讲解列表和元组之前，本节先介绍 Python 3.x 中序列的通用操作，这些操作在列表和元组中都会用到。

Python 3.x 中所有序列都可以进行一些特定操作，这些特定操作包括索引（index）、分片（slicing）、加法（addtion）、乘法（multiplication）、成员资格、序列长度、序列的最小值和最大值。

3.1.1 索引的定义与实现

序列是 Python 中最基本的数据结构。序列中的每个元素都有一个数字下标，代表它在序列中的位置，这个位置就是索引。

在序列中，第一个元素的索引下标是 0，第二个元素的索引下标是 1，以此类推，直到最后一个元素。

比如上面"序列号"大巴中的所有同学，就已经被分配了从 0 到 30 的索引下标。我们也可以称 Python 快乐学习班的所有同学已经组成了一个序列，每个同学的序号代表了他在序列中的位置。

序列中所有元素都是有编号的，从 0 开始递增。可以通过编号分别对序列中的元素进行访问。

比如对于"序列号"大巴上的第二组的成员，他们的序号分别是 5、6、7、8、9，将这 5 个序号放在一个字符串中，将该字符串赋给变量 group_2，意为第二组。

对 group_2 做如下操作：

```
>>> group_2='56789'#定义变量 group_2，并赋值 56789
>>> group_2 [0] #根据编号取元素，使用格式为：在方括号中输入所取元素的编号值
'5'
>>> group_2 [1]
'6'
>>> group_2 [2]
'7'
```

由输出结果可以看到，序列中的元素下标是从 0 开始的，从左向右，从 0 开始按照自然顺序编号，元素可以通过编号访问。获取元素的方式为：在定义的变量名后加方括号，在方括号中输入所取元素下标的编号值。

就如"序列号"大巴上的所有同学，目前已经从 0 编号到 30，每个序号对应一位同学。程序中的序列也是如此。

这里的编号就是索引，可以通过索引获取元素。所有序列都可以通过这种方式进行索引。

特别提醒：字符串本质是由字符组成的序列。索引值为 0 指向字符串中的第一个元素。比如在上面的示例中，索引值为 0 指向字符串 56789 中的第一个字符 5，索引值为 1 指向字符 6，索引值为 2 指向字符 7。

上面的示例是从左往右顺序通过下标编号获取序列中元素的，也可以通过从右往左的逆序方式获取序列中的元素，其操作方式如下：

```
>>> group_2[-1]
'9'
>>> group_2[-2]
'8'
>>> group_2[-3]
'7'
>>> group_2[-4]
'6'
```

由输出结果可以看到，Python 的序列也可以从右开始索引，并且最右边的元素的索引下标值为-1，从右向左逐步递减。

在 Python 中，从左向右索引称为正数索引，从右向左索引称为负数索引。使用正数索引时，Python 从索引下标为 0 的元素开始计数，往后按照正数自然数顺序递增，直到最后一个元素。使用负数索引时，Python 会从最后一个元素开始计数，从-1 开始按照负数自然数顺序递减，最后一个元素的索引编号是-1。

特别提醒：在 Python 中，做负数索引时，最后一个元素的编号不是-0，与数学中的概念

一样，-0=0、-0 和 0 都指向序列中下标为 0 的元素，即序列中的第一个元素。

从上面的几个示例可以看到，进行字符串序列的索引时都定义了一个变量（其实不定义变量也可以）。下面来看一个例子，在交互模式下输入：

```
>>> '56789'[0]
'5'
>>> '56789'[1]
'6'
>>> '56789'[-1]
'9'
>>> '56789'[-2]
'8'
```

由输出结果可以看到，对序列可以不定义变量，直接使用索引。直接使用索引操作序列的效果和定义变量的效果是一样的。

读者在实际使用时可以依照个人的习惯操作，但更建议定义变量，因为定义变量只需要赋一次值，后续直接操作变量即可。

如果函数返回一个序列，是否可以直接对结果进行索引操作呢？在此以 input 输入函数为例，在交互模式下输入：

```
>>> try_fun=input()[0]
test
>>> try_fun
't'
```

这里直接对函数的返回结果进行了索引操作，提前引入了函数和 input 输入函数的概念，稍做了解即可。

索引既可以进行变量的引用操作，也可以直接操作序列，还可以操作函数的返回序列。

3.1.2 分片的定义与实现

序列的索引用来对单个元素进行访问，但若需要对一个范围内的元素进行访问，使用序列的索引进行操作就相对麻烦了，这时我们就需要有一个可以快速访问指定范围元素的索引实现。

Python 中提供了分片的实现方式，所谓分片，就是通过冒号相隔的两个索引下标指定索引范围。

比如"序列号"大巴上的同学被分成了 6 组，若把所有同学的序号放在一个字符串中，并想要取得第二组所有同学的序号，根据前面的做法，就需要从头开始一个一个下标去取，这样做起来不但麻烦，也耗时。若使用分片的方式，则可以快速获取所有同学的序号。

把所有同学的序号放在一个字符串中，各个序号使用逗号分隔，现要取得第二组所有同学的序号并打印出来。在交互模式下输入：

```
>>> student='0,1,2,3,4,5,6,7,8,9,10,11,12,13,14,15,16,17,18,19,20,21,22,23,24,25, 26,27,28,29,30'
>>> student[10:19]    #取得第二组所有同学的序号，加上逗号分隔符，需要取得10个字符
```

```
'5,6,7,8,9'
>>> student[-17:-1]   #负数表明从右开始计数,取得最后一组所有6名同学的序号
'25,26,27,28,29,3'
```

由操作结果可以看到,分片操作既支持正数索引,也支持负数索引,并且对于从序列中获取指定部分元素非常方便。

分片操作的实现需要提供两个索引作为边界,第一个索引下标所指的元素会被包含在分片内,第二个索引下标的元素不被包含在分片内。这个操作有点像数学里的 $a \leqslant x < b$,x 是我们需要得到的元素,a 是分片操作中的第一个索引下标,b 是第二个索引下标,b 不包含在 x 的取值范围内。

接着上面的示例,假设需要得到最后一组所有6名同学的序号,使用正数索引可以这样操作:

```
>>> student='0,1,2,3,4,5,6,7,8,9,10,11,12,13,14,15,16,17,18,19,20,21,22,23,24,25,26,27,28,29,30'
>>> student[65:82]   #取得最后一组所有6名同学的序号
'25,26,27,28,29,30 '
```

由输出结果可以看到,很方便地得到了最后一组所有6名同学的序号。

观察得到的结果,使用正数索引得到的最后一组所有6名同学的序号跟使用负数索引得到的最后一组所有6名同学的序号有一些差异。使用正数索引得到的结果中,最后的两个字符是30,而使用负数索引得到的结果中,最后一个字符是3,没有30这个字符串的存在。为什么结果会不一致?我们观察结果,是使用负数索引的结果不对。

使用负数索引得到的结果没有输出最后一个元素。那尝试使用索引下标0作为最后一个元素的下一个元素,输入如下:

```
>>> student[-17:0]
''
```

输出结果有点奇怪,返回的是一个空字符串。这是为什么?

在 Python 中,只要在分片中最左边的索引下标对应的元素比它右边的索引下标对应的元素晚出现在序列中,分片结果返回的就会是一个空序列。比如在上面的示例中,索引下标-17代表字符串序列中倒数第17个元素,而索引下标0代表第1个元素,倒数第17个元素比第1个元素晚出现,即排在第1个元素后面,所以得到的结果是空序列。

怎么通过负数索引的方式取得最后一个元素呢?

Python 提供了一条捷径,使用负数分片时,若要使得到的分片结果包括序列结尾的元素,只需将第二个索引值设置为空即可。在交互模式下输入:

```
>>> student[-17:]   #取得最后一组所有6名同学的序号
'25,26,27,28,29,30'
```

由输出结果可以看到,此时使用负数索引得到的结果和使用正数索引得到的结果已经一致了。

正数索引是否可以将第2个索引值设置为空呢?会得到怎样的结果?在交互模式下输入:

```
>>> student[65:]   #取得最后一组所有6名同学的序号
```

```
'25,26,27,28,29,30'
```

由输出结果可以看到，正数索引也可以将第 2 个索引值设置为空，结果是会取得第 1 个索引下标之后的所有元素。

那如果将分片中的两个索引值都设置为空，所得的结果又是怎样的呢？在交互模式下输入：

```
>>> student[:]
'0,1,2,3,4,5,6,7,8,9,10,11,12,13,14,15,16,17,18,19,20,21,22,23,24,25,26,27,28,29,30'
```

由输出结果可以看到，将分片中的两个索引都设置为空，得到的结果是整个序列值，这种操作其实等价于直接打印出该变量。

进行分片时，分片的开始和结束点都需要指定（无论是直接还是间接），用这种方式取连续的元素没有问题，但若要取序列中不连续的元素就比较麻烦，不能操作。

比如要取一个整数序列中的所有奇数，以一个序列的形式展示出来，用前面当前所学的方法就不能实现了。

这里我们先引入列表的概念，首先介绍创建列表，关于列表的更多内容会在下一节中展开介绍。

创建列表和创建普通变量一样，用一对方括号括起来就创建了一个列表，列表里面可以存放数据或字符串，数据或字符串之间用逗号隔开，逗号隔开的各个对象就是列表的元素，列表中的元素下标从 0 开始。在交互模式下输入如下，就创建了一个列表：

```
>>> student=[0,1,2,3,4,5,6,7,8,9,10,11,12,13,14,15,16,17,18,19,20,21,22,23,24,25,26,27,28,29,30]
```

对 student 列表做如下操作，在交互模式下输入：

```
>>> student
[0, 1, 2, 3, 4, 5, 6, 7, 8, 9, 10, 11, 12, 13, 14, 15, 16, 17, 18, 19, 20, 21, 22, 23, 24, 25, 26, 27, 28, 29, 30]
>>> student[0]
0
>>> student[1:4]
[1,2, 3]
>>> student[-3:-1]
[28, 29]
>>> student[-3:]
[28, 29, 30]
>>> student[:]
[0, 1, 2, 3, 4, 5, 6, 7, 8, 9, 10, 11, 12, 13, 14, 15, 16, 17, 18, 19, 20, 21, 22, 23, 24, 25, 26, 27, 28, 29, 30]
```

接下来我们看看如何从 student 中取得所有的奇数。

对于上面描述的情况，Python 为我们提供了另一个参数——步长（step length），该参数通常是隐式设置的。在普通分片中，步长默认是 1。分片操作就是按照这个步长逐个遍历序列的元素，遍历后返回开始和结束点之间的所有元素。也可以理解为默认步长是 1，在交互模式下输入：

```
>>> student[0:10:1]
[0, 1, 2, 3, 4, 5, 6, 7, 8, 9]
```

由输出结果可以看到，分片包含另一个数字。这种方式就是步长的显式设置。将步长设置为 1 时得到的结果和不设置步长时得到的结果是一致的。但若将步长设置为比 1 大的数，得到的结果会怎样呢？在交互模式下输入：

```
>>> student[0:10:2]
[0, 2, 4, 6, 8]
```

由输出结果可以看到，将步长设置为 2 时，所得到的是偶数序列，若想要得到奇数序列该怎么办呢？在交互模式下尝试如下：

```
>>> student[1:10:2]
[1, 3, 5, 7, 9]
```

由输出结果可以看到，所得到的结果就是我们想要的奇数序列。

步长设置为大于 1 的数时，会得到一个跳过某些元素的序列。例如，我们上面设置的步长为 2，得到的结果序列是从开始到结束，每个元素之间隔 1 个元素的结果序列。还可以这样使用：

```
>>> student[:10:3]
[0, 3, 6, 9]
>>> student[2:6:3]
[2, 5]
>>> student[2:5:3]
[2]
>>> student[1:5:3]
[1, 4]
```

步长的使用方式是非常很灵活的，可以根据自己的需要，非常便利地从列表序列中得到自己想要的结果序列。

除了上面的使用方式，还可以设置前面两个索引为空。操作如下：

```
>>> student[::3]
[0, 3, 6, 9, 12, 15, 18, 21, 24, 27, 30]
```

上面的操作将序列中每 3 个元素的第 1 个提取出来，前面两个索引都设置为空。如果将步长设置为 0，会得到什么结果呢？在交互模式下输入：

```
>>> student[::0]
Traceback (most recent call last):
  File "<pyshell#79>", line 1, in <module>
    student[::0]
ValueError: slice step cannot be zero
```

由输出结果可以看到，程序执行出错，错误原因是步长不能为 0。

既然步长不能为 0，那步长是否可以为负数呢？输入如下：

```
>>> student[10:0:-2]
[10, 8, 6, 4, 2]
```

```
>>> student[0:10:-2]
[]
>>> student[::-2]
[30, 28, 26, 24, 22, 20, 18, 16, 14, 12, 10, 8, 6, 4, 2, 0]
>>> student[5::-2]
[5, 3, 1]
>>> student[:5:-2]
[30, 28, 26, 24, 22, 20, 18, 16, 14, 12, 10, 8, 6]
>>> student[::-1]
[30, 29, 28, 27, 26, 25, 24, 23, 22, 21, 20, 19, 18, 17, 16, 15, 14, 13, 12, 11, 10, 9, 8, 7, 6, 5, 4, 3, 2, 1, 0]
>>> student[10:0:-1]        #第二个索引为0，取不到序列中的第一个元素
[10, 9, 8, 7, 6, 5, 4, 3, 2,1]
>>> student[10::-1]         #设置第二个索引为空，可以取到序列的第一个元素
[10, 9, 8, 7, 6, 5, 4, 3, 2, 1,0]
>>> student[2::-1]          #设置第二个索引为空，可以取到序列的第一个元素
[2, 1, 0]
>>> student[2:0:-1]         #第二个索引为0，取不到序列中的第一个元素
[2,1]
```

查看上面的输出结果，使用负数步长时的结果与使用正数步长的结果是相反的。

这就是 Python 中正数步长和负数步长的不同之处。对于正数步长，Python 会从序列的头部开始从左向右提取元素，直到序列中的最后一个元素；而对于负数步长，则是从序列的尾部开始从右向左提取元素，直到序列的第一个元素。正数步长必须让开始点小于结束点，否则得到的结果序列是空的；而负数步长必须让开始点大于结束点，否则得到的结果序列也是空的。

特别提醒：使用负数步长时，要取得序列的第一个元素，即索引下标为 0 的元素，需要设置第二个索引为空。

3.1.3 序列的加法

序列支持加法操作，使用加号可以进行序列的连接操作，在交互模式下输入：

```
>>> [1,2,3]+[4,5,6]
[1, 2, 3, 4, 5, 6]
>>> a=[1,2]
>>> b=[5,6]
>>> a+b
[1, 2, 5, 6]
>>> s='hello,'
>>> w='world'
>>> s+w
'hello,world'
```

由输出结果可以看到，数字序列可以和数字序列通过加号连接，连接后的结果还是数字序列；字符串序列之间也可以通过加号连接，连接后的结果还是字符串序列。

那数字序列是否可以和字符串序列相加呢，相加的结果又是怎样的呢？在交互模式下输入：

```
>>> [1,2]+'hello'
Traceback (most recent call last):
  File "<pyshell#89>", line 1, in <module>
    [1,2]+'hello'
TypeError: can only concatenate list (not "str") to list
>>> type([1,2])            #[1,2]的类型为 list
<class 'list'>
>>> type('hello')          #hello 的类型为字符串
<class 'str'>
```

由输出结果可以看到，数字序列和字符串序列不能通过加号连接。错误提示的信息是：列表只能和列表相连。

特别提醒：只有类型相同的序列才能通过加号进行连接操作，不同类型的序列不能通过加号进行连接操作。

3.1.4 序列的乘法

在 Python 中，序列的乘法和我们以前数学中学习的乘法需要分开理解。

在 Python 中，用一个数字 n 乘以一个序列会生成新的序列。在新的序列中，会将原来的序列将首尾相连重复 n 次，得到一个新的变量值，赋给新的序列，这就是序列的乘法。在交互模式下输入：

```
>>> 'hello'*5
'hellohellohellohellohello'
>>> [7]*10
[7, 7, 7, 7, 7, 7, 7, 7, 7, 7]
```

由输出结果可以看到，序列被重复了对应的次数首尾相连，而不是做了数学中的乘法运算。

在 Python 中，序列的乘法有什么特殊之处呢？

如果要创建一个重复序列，或是要重复打印某个字符串 n 次，就可以像上面的示例一样乘以一个想要得到的序列长度的数字，这样可以快速得到需要的列表，非常方便。

空列表可以简单通过两个方括号（[]）表示，表示里面什么东西都没有。如果想创建一个占用 10 个或更多元素的空间，却不包括任何有用内容的列表，该怎么办呢？可以像上面的示例一样乘以 10 或对应的数字，得到需要的空列表，也很方便。

如果要初始化一个长度为 n 的序列，就需要让每个编码位置上都是空值，此时需要一个值代表空值，即里面没有任何元素，可以使用 None。None 是 Python 的内建值，确切含义是"这里什么也没有"。例如，在交互模式下输入：

```
>>> sq=[None]*5   #初始化 sq 为含有 5 个 None 的序列
>>> sq
[None, None, None, None, None]
```

由输出可以看到，Python 中的序列乘法可以帮助我们快速做一些初始化操作。通过序列的乘法做重复操作、空列表和 None 初始化的操作十分方便。

3.1.5 成员资格检测——in

所谓成员资格，是指某个序列是否是另一个序列的子集，该序列是否满足成为另一个序列的成员的资格。

为了检查一个值是否在序列中，Python 为我们提供了 in 这个特殊的运算符。in 运算符和前面讨论过的运算符有些不同。in 运算符用于检验某个条件是否为真，并返回检验结果，若检验结果为真，则返回 True；若为假，则返回 False。这种返回运算结果为 True 或 False 的运算符称为布尔运算符，返回的真值称为布尔值。关于布尔运算符的更多内容会在后续章节中进行介绍。

下面看看 in 运算符的使用示例，在交互模式下输入：

```
>>> greeting='hello,world'
>>> 'w' in greeting          #检测w是否在字符串中
True
>>> 'a' in greeting          #hello world 字符串中不存在字符a
False
>>> users=['xiaomeng','xiaozhi','xiaoxiao']
>>> 'xiaomeng' in users      #检测字符串是否在字符串列表中
True
>>> 'xiaohuai' in users
False
>>> numbers=[1,2,3,4,5]
>>> 1 in numbers             #检测数字是否在数字列表中
True
>>> 6 in numbers
False
>>> eng='** Study python is so happy!**'
>>> '**' in eng              #检测一些特殊字符是否在字符串中
True
>>> '$' in eng
False
>>> 'a' in numbers
False
>>> 3 in greeting
Traceback (most recent call last):
  File "<pyshell#91>", line 1, in <module>
    3 in greeting
TypeError: 'in <string>' requires string as left operand, not int
```

由输出结果可以看到，使用 in 可以很好地检测字符或数字是否在对应的列表中。

通过代码示例同时也可以看出，数字类型不能在字符串类型中使用 in 进行成员资格检测，检测时会报错误；字符串类型可以在数字列表中使用 in 进行成员资格检测，检测时不会报错误。

3.1.6 长度、最小值和最大值

Python 为我们提供了快速获取序列长度、最大值和最小值的内建函数，对应的内建函数

分别为 len、max 和 min。

这 3 个函数该怎么使用呢？在交互模式下输入：

```
>>> numbers=[300,200,100,800,500]
>>> len(numbers)
5
>>> numbers[5]
Traceback (most recent call last):
  File "<pyshell#154>", line 1, in <module>
    numbers[5]
IndexError: list index out of range
>>> numbers[4]
500
>>> max(numbers)
800
>>> min(numbers)
100
>>> max(5,3,10,7)
10
>>> min(7,0,3,-1)
-1
```

由输出结果可以看到，len 函数返回序列中所包含元素的个数，也称为序列长度。个数统计是从 1 开始的，要注意和索引下标区分开，如果用最大元素个数的数值作为索引下标去获取最后一个元素，结果会报错，是因为索引下标是从 0 开始的，最大元素个数减去 1 后得到的数值才是最大的索引下标。

max 函数和 min 函数分别返回序列中值最大和值最小的元素。

在上面的示例中，前面几个函数的输入参数都是序列，可以理解为直接对序列做计算操作。而后面的两个 max 和 min 函数中，传入的参数不是一个序列，而是多个数字，在这种情况下，max 函数的操作方式是直接求取多个数字中的最大值，min 函数的操作方式是直接求取多个数字中的最小值。

3.2 操作列表

通过前面的介绍，可以看出列表的功能是比较强大的。列表有很多比较好用、比较独特的方法，本节将一一进行介绍。

创建列表的正确方式如下：

```
a=list()
```

以这种方式创建的是一个空列表，也称为列表的初始化。如何向空列表中增加元素？

3.2.1 列表的更新

序列所拥有的特性，列表都有。在 3.1 节中所介绍的有关序列的操作，如索引、分片、加法、乘法等操作都适用于列表。本节将介绍一些序列中没有而列表中有的方法，这些方法的作用都是更新列表，如元素赋值、增加元素、删除元素、分片赋值和列表方法等。

1. 元素赋值

前面的章节已经大量使用赋值语句，赋值语句是最简单的改变列表的方式，如 a=2 就属于一种改变列表的方式。

创建一个列表，列表名为 group，group 中存放"序列号"上第一组所有 5 名同学的序号，通过编号标记某个特定位置的元素，对该位置的元素重新赋值，如 group[1]=9，就可以实现元素赋值。

就拿"序列号"上所有同学的序号来举例，第一组 5 位同学的序号分别是 0、1、2、3、4。由于某种需要，需要序号为 1 的同学与序号为 9 的同学交换一下位置及所在的组，对于 1 号和 9 号同学，各自交换一下座位即可，而导游则将序号为 9 的同学纳入第一组，序号为 1 的同学纳入第二组。

这个生活场景读者应该不难理解。而对于计算机来说，比这个生活场景更简单。创建列表 group，赋值[0,1,2,3,4]后，计算机就在内存中为 group 变量开辟了一块内存空间，内存空间中存放数据的形式如图 3-1 所示。

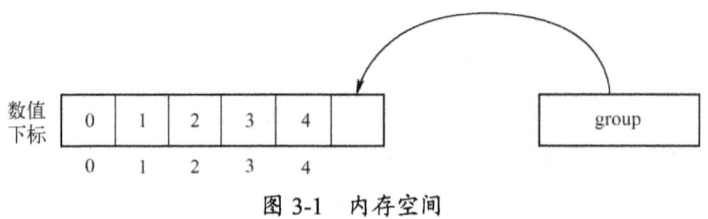

图 3-1　内存空间

当执行 group[1]=9 后，计算机会找到 group 变量，并找到索引下标为 1 的内存地址，将内存为 1 的地址空间的值擦除，再更改上 9 这个值，就完成了赋值操作，如图 3-2 所示。

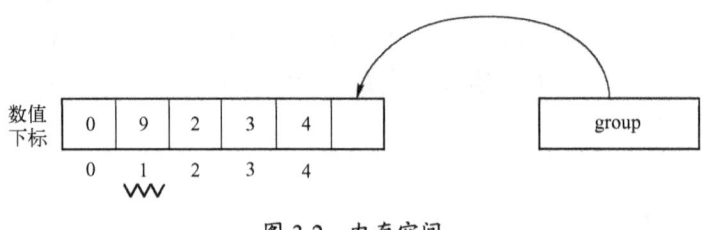

图 3-2　内存空间

在图 3-2 中可以看到，下标为 1 对应的数值已经更改为 9 了，此处为便于读者观察，在下标为 1 处用了一个波浪线作为特别提示。从此时开始，group 列表中的值就变更为 0、9、2、3、4 了，后续再对 group 操作，就是在这个列表值的基础上进行操作了。

用代码实现上述操作如下：

```
>>> group=[0,1,2,3,4]
>>> group[1]=9       #索引下标为 1 的元素重新赋值为 9
>>> group
[0, 9, 2, 3, 4]
>>> group[3]=30      #同理，可以将索引下标为 3 的元素重新赋值为 30
>>> group
[0, 9, 2, 30, 4]
```

这里不要忘记索引下标的编号是从 0 开始的。

由输出结果可以看到，可以根据索引下标编号对列表中某个元素重新赋值。

既然可以重新赋值，是否可以对列表中的元素赋不同类型的值呢？对上面得到的 group 列表，在交互模式下做如下尝试：

```
>>> group[2]='xiaomeng'    #对编号为 2 的元素赋值，赋一个字符串
>>> group
[0, 9, 'xiaomeng', 30, 4]
>>> type(group)
<class 'list'>
>>> type(group[1])         #别忘了查看类型函数的使用
<class 'int'>
>>> type(group[2])
<class 'str'>
```

由输出结果可以看到，可以对一个列表中的元素赋不同类型的值。在上面的示例中，列表 group 中既有 int 类型的值，也有 str 类型的值。

假如对列表赋值时，使用的索引下标编号超过了列表中的最大索引下标编号，是否可以赋值成功？得到结果会是怎样的？继续对 group 列表操作，group 列表中当前有 5 个元素，最大索引下标是 4，即 group[4]，这里尝试对 group[5]赋值，在交互模式下输入：

```
>>> group
[0, 9, 'xiaomeng', 30, 4]
>>> group[5]='try'
Traceback (most recent call last):
  File "<pyshell#134>", line 1, in <module>
    group[5]='try'
IndexError: list assignment index out of range
```

在上面的示例中，group 列表的最大索引下标编号是 4，当给索引下标编号为 5 的元素赋值时出错，错误提示的信息是：列表索引超出范围。

特别提醒：不能为一个不存在元素的位置赋值，若强行赋值，程序会报错。

2. 增加元素

由上面元素赋值的示例可以看到，不能为一个不存在的元素位置赋值，列表一旦创建，就不能再向这个列表中增加元素了。

不能向列表中增加元素这种情况可能会让我们比较难堪，毕竟在实际项目应用中，一个列表到底要创建为多大，经常是不能预先知道的。

那这种问题该怎么处理呢？列表增加元素的操作在实际应用中会有比较多的应用场景，也是一个高频次的操作，Python 中是否提供了对应的方法帮助我们做这件事情呢？

答案是肯定的。接着上面是示例，下面尝试将字符串 try 添加到 group 列表中。在交互模式下输入：

```
>>> group
[0, 9, 'xiaomeng', 30, 4]
>>> group.append('try')
```

```
>>> group
[0, 9, 'xiaomeng', 30, 4, 'try']
```

由输出结果可以看到，在 Python 中提供了一个 append()方法，该方法可以帮助我们解决前面遇到的困惑。

append()方法是一个用于在列表末尾添加新对象的方法。append()方法的语法格式如下：

```
list.append(obj)
```

此语法中，list 代表列表，obj 代表需要添加到 list 列表末尾的对象。

特别提醒：append()方法的使用方式是 list.append(obj)，list 要为已经创建的列表，obj 不能为空。

对于 append()方法的使用，需要补充说明：append()方法操作列表时，返回的列表不是一个新列表，而是直接在原来的列表上做修改，然后将修改过的列表直接返回。如果是创建新列表，就会多出一倍的存储空间。以 group 列表为例，未使用 append()方法之前，group 列表中的内容是[0, 9, 'xiaomeng', 30, 4]，这是已经占用了一块存储空间的值。使用 append()方法后，若创建了新列表，就会在内存中再开辟一块新的存储空间，新开辟的存储空间中存放的内容是[0, 9, 'xiaomeng', 30, 4, 'try']，和原列表比起来，就相当于增加了一倍的存储空间。而直接修改列表的情形会是这样的：内容是[0, 9, 'xiaomeng', 30, 4]的存储空间继续被占有，使用 append()方法后，会在现有的存储空间中增加一小块内存，用来存放新增加的 try 字符串，相对于原列表，仅仅增加了 try 字符串所占据的存储，而不是增加一倍的存储空间。

使用 append()方法，可以向列表中增加各种类型的值。

继续操作 group 列表，append()方法的使用示例如下：

```
>>> group
[0, 9, 'xiaomeng', 30, 4, 'try']
>>> group.append('test')       #向列表添加字符串
>>> group
[0, 9, 'xiaomeng', 30, 4, 'try', 'test']
>>> group.append(3)            #向列表添加数字
>>> group
[0, 9, 'xiaomeng', 30, 4, 'try', 'test',3]
```

3. 删除元素

由上面的示例输出接口可以得知：可以向数字序列中添加字符串，也可以向字符串序列中添加数字。

前面学习了向列表中增加元素，可以使用 append()方法来实现。列表中既然可以增加元素，那是否可以删除元素呢？

继续操作 group 列表，示例如下：

```
>>> group
[0, 9, 'xiaomeng', 30, 4, 'try', 'test']
>>> len(group)          #使用序列中获取长度的函数
7
>>> del group[6]        #删除最后一个元素，注意索引下标与序列长度的关系
```

```
>>> print('删除最后一个元素后的结果: ',group)
删除最后一个元素后的结果:  [0, 9, 'xiaomeng', 30, 4, 'try']
>>> len(group)
6
>>> group
[0, 9, 'xiaomeng', 30, 4, 'try']
>>> del group[2]      #删除索引下标为2的元素
>>> print('删除索引下标为2的元素后的结果: ',group)
删除索引下标为2的元素后的结果:  [0, 9, 30, 4, 'try']
>>> len(group)
5
```

由输出结果可以看到,使用 del 可以删除列表中的元素。

上面的示例中使用 del 删除了 group 列表中的第 7 个元素,删除元素后,原来有 7 个元素的列表会变成有 6 个元素的列表。

使用 del 除了可以删除列表中的字符串,也可以删除列表中的数字。

继续操作 group 列表,在交互模式下输入:

```
>>> group
[0, 9, 30, 4, 'try']
>>> len(group)
5
>>> del group[3]
>>> print('删除索引下标为3的元素后的结果: ',group)
删除索引下标为3的元素后的结果:  [0, 9, 30, 'try']
>>> len(group)
4
```

由输出结果可以看到,已经从 group 列表中删除了对应的数字。

除了删除列表中的元素,del 还能用于删除其他元素,具体将在后续章节做详细介绍。

4. 分片赋值

分片赋值是列表一个强大的特性,已经在 3.1 节讲解过分片的定义与实现。

在继续往下之前需要补充一点:如前面所说,通过 a=list() 的方式可以初始化一个空的列表。但若写成如下形式:

list(str)或 a=list(str)

则 list() 方法会将字符串 str 转换为对应的列表,str 中的每个字符将被转换为一个列表元素,包括空格字符。list() 方法可以直接将字符串转换为列表。该方法的一个功能就是根据字符串创建列表,有时这么操作会很方便。list() 方法不仅适用于字符串,所有类型的序列它都适用。

```
>>> list('北京将举办2022年的冬奥会')
['北', '京', '将', '举', '办', '2', '0', '2', '2', '年', '的', '冬', '奥', '会']
>>> greeting=list('welcome to beijing')
>>> greeting
['w', 'e', 'l', 'c', 'o', 'm', 'e', ' ', 't', 'o', ' ', 'b', 'e', 'i', 'j', 'i',
```

```
'n', 'g']
>>> greeting[11:18]
['b', 'e', 'i', 'j', 'i', 'n', 'g']
>>> greeting[11:18]=list('china')
>>> greeting
['w', 'e', 'l', 'c', 'o', 'm', 'e', ' ', 't', 'o', ' ', 'c', 'h', 'i', 'n', 'a']
```

由输出结果可以看到，可以直接使用 list() 将字符串变换为列表，也可以通过分片赋值直接对列表进行变更。

示例中我们首先将字符串"北京将举办 2022 年的冬奥会"使用 list() 方法转变为列表，接着将字符串"welcome to beijing"也使用 list() 方法转变为列表，并将结果赋值给 greeting 列表。最后通过分片操作变更 greeting 列表中索引下标编号为 11 到 18 之间的元素，即将 beijing 替换为 china。

除了上面展示的功能，分片赋值还有什么强大的功能呢？先看下面的示例：

```
>>> greeting=list('hi')
>>> greeting
['h', 'i']
>>> greeting[1:]=list('ello')
>>> greeting
['h', 'e', 'l', 'l', 'o']
```

分析如下：首先给 greeting 列表赋值 ['h', 'i']，后面通过列表的分片赋值操作将编号 1 之后的元素变更，即将编号 1 位置的元素替换为 e，但是编号 2 之后没有元素，怎么能操作成功呢？并且一直操作到编号为 4 的位置呢？

这就是列表的分片赋值的另一个强大的功能：可以使用与原列表不等长的列表将分片进行替换。

除了分片替换，列表的分片赋值还有哪些新功能呢？接着看下面的示例：

```
>>> field=list('ae')
>>> field
['a', 'e']
>>> field [1:1]=list('bcd')
>>> field
['a', 'b', 'c', 'd', 'e']
>>> goodnews=list('北京将举办冬奥会')
>>> goodnews
['北', '京', '将', '举', '办', '冬', '奥', '会']
>>> goodnews [5:5]=list('2022年的')
>>> goodnews
['北', '京', '将', '举', '办', '2', '0', '2', '2', '年', '的', '冬', '奥', '会']
```

由输出结果可以看到，使用列表的分片赋值功能，可以在不替换任何原有元素的情况下在任意位置插入新元素。读者可自行尝试在上面示例的其他位置进行操作。

当然，上面的示例程序的实质是"替换"了一个空分片，实际发生的操作是在列表中插入了一个列表。

该示例的使用是否让你想起了前面使用过的 append() 方法，不过分片赋值比 append()

方法的功能强大很多，append()方法只能在列表尾部增加元素，不能指定元素的插入位置，并且一次只能插入一个元素；而分片赋值可以在任意位置增加元素，并且支持一次插入多个元素。

看到这里，是否同时想起了前面删除元素的操作，分片赋值是否支持类似删除的功能呢？分片赋值中也提供了类似删除的功能。示例如下：

```
>>> field=list('abcde')
>>> field
['a', 'b', 'c', 'd', 'e']
>>> field[1:4]=[]
>>> field
['a', 'e']
>>> field=list('abcde')
>>> del field[1:4]
>>> field
['a', 'e']
>>> goodnews=list('北京将举办2022年的冬奥会')
>>> goodnews
['北', '京', '将', '举', '办', '2', '0', '2', '2', '年', '的', '冬', '奥', '会']
>>> goodnews[5:11]=[]
>>> goodnews
['北', '京', '将', '举', '办', '冬', '奥', '会']
```

从输出结果可以看到，通过分片赋值的方式，将想要删除的元素赋值为空列表，可以达到删除对应元素的效果。并且列表中的分片删除和分片赋值一样，可以对列表中任意位置的元素进行删除。

3.2.2 多维列表

目前，我们接触到的列表都是一维的，也就是一个列表里面有多个元素，每个元素对应一个数值或一个字符串。那列表中是否可以有列表呢，这里就引入了多维列表的概念。

所谓多维列表，就是列表中的元素也是列表。

就如"序列号"大巴上的同学，目前分成了6个小组，对于"序列号"大巴，我们可以看成是一个列表，6个小组也可以看成在"序列号"大巴里的6个列表，每个列表中又分别存放了各个同学的序号。

在交互模式下表示如下：

```
>>> bus=[[0,1,2,3,4],[5,6,7,8,9],[10,11,12,13,14],[15,16,17,18,19],[20,21,22,23,24],[25,26,27,28,29,30]]
>>> bus
[[0, 1, 2, 3, 4], [5, 6, 7, 8, 9], [10, 11, 12, 13, 14], [15, 16, 17, 18, 19], [20, 21, 22, 23, 24], [25, 26, 27, 28, 29, 30]]
>>> group1=bus[0]
>>> group1    #取得第一组所有同学的序号
[0, 1, 2, 3, 4]
>>> type(group1)
<class 'list'>
```

```
>>> group2=bus[1]    #取得第二组所有同学的序号
>>> group2
[5, 6, 7, 8, 9]
>>> type(group2)
<class 'list'>
>>> group6=bus[5]    #取得第三组所有同学的序号
>>> group6
[25, 26, 27, 28, 29, 30]
>>> type(group6)
<class 'list'>
>>> number0=group1[0]    #取得0号同学的序号
>>> number0
0
>>> number30=group6[5]    #取得30号同学的序号
>>> number30
30
```

由操作结果可知，在列表中可以嵌套列表，嵌套的列表取出后还是列表。多维列表的操作和一维列表差不多，只不过操作多维列表时，需要先逐步得到多维列表中的一维列表元素，拿到一维列表元素后，其操作方式就如同一维列表了。当然，也可以对多维列表做分片操作，本书不做具体示例演示。

3.2.3 列表方法

方法是与对象有紧密联系的函数，对象可能是列表、数字，也可能是字符串或其他类型的对象。调用语法格式如下：

```
对象.方法(参数)
```

比如前面有用到的 append()方法就是这种形式的，由列表方法的语法和前面 append()方法的示例可知，方法的定义方式是将对象放到方法名之前，两者之间用一个点号隔开，方法后面的括号中可以根据需要带上参数。除了语法上有一些不同，方法调用和函数调用很相似。

列表中有 append()、extend()、index()、sort()等常用的方法，下面逐一进行介绍。

1. append()方法

append()方法的语法格式如下：

```
list.append(obj)
```

此语法中，list 代表列表，obj 代表待添加的对象。

append()方法在前面已经介绍过，该方法的功能是在列表的末尾添加新对象。

在实际项目应用中，列表中的 append()方法是使用频率最高的一个方法，涉及列表操作的，都或多或少需要用上 append()方法进行元素的添加。

2. extend()方法

extend()方法的语法格式如下：

```
list.extend(seq)
```

此语法中，list 代表被扩展列表，seq 代表需要追加到 list 中的元素列表。

extend()方法用于在列表末尾一次性追加另一个列表中的多个值（用新列表扩展原来的列表），也就是列表的扩展。

在 extend()方法的使用过程中，list 列表会被更改，但不会生成新的列表。

使用该方法的示例如下：

```
>>> a=['hello','world']
>>> b=['python','is','funny']
>>> a.extend(b)
>>> a
['hello', 'world', 'python', 'is', 'funny']
```

由操作结果可知，extend()方法很像序列连接的操作。

那为什么要有 extend()方法，extend()方法和序列相加有什么不同之处？先看看下面的示例：

```
>>> a=['hello','world']
>>> b=['python','is','funny']
>>> a+b
['hello', 'world', 'python', 'is', 'funny']
>>> a
['hello', 'world']
>>> a.extend(b)
>>> a
['hello', 'world', 'python', 'is', 'funny']
```

由输出结果可以看到，使用序列相加和使用 extend()得到的结果是相同的，但使用序列相加时，并不改变任何变量的值，而使用 extend()方法时，会更改变量的值。

由此我们得出，extend()方法和序列相加的主要区别是：extend()方法修改了被扩展的列表，如这里的 a，执行 a.extend(b)后，a 的值变更了；原始的连接操作会返回一个全新的列表，如上面的示例中，a 与 b 的连接操作返回的是一个包含 a 和 b 副本的新列表，而不会修改原始的变量。

上述示例也可以使用前面学习的分片赋值来实现，在交互模式下输入：

```
>>> a=['hello','world']
>>> b=['python','is','funny']
>>> a[len(a):]=b
>>> a
['hello', 'world', 'python', 'is', 'funny']
```

可以看到，最终得到的结果和使用 extend()方法一样，不过看起来没有 extend()方法易懂，这里只是作为一个演示示例，在实际项目开发过程中，不建议使用该方式。

在实际项目应用中，extend()方法也是一个使用频率较高的方法，特别在涉及多个列表合并时，使用 extend()方法非常便捷。

3. index()方法

index()方法的语法格式如下：

```
list.index(obj)
```

此语法中，list 代表列表，obj 代表待查找的对象。

index()方法用于从列表中搜索某个值，返回列表中找到的第一个与给定参数匹配的元素的索引下标位置。

使用该方法的示例如下：

```
>>> field=['hello', 'world', 'python', 'is', 'funny']
>>> print('hello 的索引位置为: ',field.index('hello'))
hello 的索引位置为:  0
>>> print('python 的索引位置为: ',field.index('python'))
python 的索引位置为:  2
>>> print('abc 的索引位置为: ',field.index('abc'))
Traceback (most recent call last):
  File "<pyshell#221>", line 1, in <module>
    print('abc 的索引位置为: ',field.index('abc'))
ValueError: 'abc' is not in list
```

由输出结果可以看到，当使用 index()方法搜索字符串 hello 时，index()方法返回字符串 hello 在列表中的索引位置 0；当使用 index()方法搜索字符串 python 时，index()方法返回字符串 python 在序列中的索引位置 2，索引得到的位置与元素在序列中的索引下标编号一样。如果搜索列表中不存在的字符串，就会出错，所以对于不在列表中的元素，用 index()方法操作会报错。

在实际项目应用中，index()方法的使用不是很多，在功能上，使用 in 可以达到和 index() 相同的功能，除非要返回搜索对象的具体索引位置时，才考虑使用 index()方法，其他情形使用 in 会更高效和便捷。

4. insert()方法

insert()方法的语法格式如下：

```
list.insert(index,obj)
```

此语法中，list 代表列表，index 代表对象 obj 需要插入的索引位置，obj 代表要插入列表中的对象。

insert()方法用于将对象插入列表。

使用该方法的示例如下：

```
>>> num=[1,2,3]
>>> print('插入之前的 num: ',num)
插入之前的 num:  [1, 2, 3]
>>> num.insert(2,'插入位置在 2 之后，3 之前')
>>> print('插入之后的 num: ',num)
插入之后的 num:  [1, 2, '插入位置在 2 之后，3 之前', 3]
```

由上面的操作过程及输出结果可以看到，insert()方法操作列表是非常方便的。

与extend()方法一样，insert()方法的操作也可以使用分片赋值实现。

```
>>> num=[1,2,3]
>>> print('插入之前的num: ',num)
插入之前的num: [1, 2, 3]
>>> num[2:2]=['插入位置在2之后，3之前']
>>> print('插入之后的num: ',num)
插入之后的num: [1, 2, '插入位置在2之后，3之前', 3]
```

输出结果和insert()操作的结果一样，但看起来没有使用insert()容易理解。

在实际项目应用中，insert()方法较多地用于在列表指定位置插入指定元素，多用于单个元素的插入，当涉及大量元素插入时，使用分片赋值要更好一些。

5. sort()方法

sort()方法的语法格式如下：

```
list.sort(func)
```

此语法中，list代表列表，func为可选参数。

sort()方法用于对原列表进行排序，如果指定fun()参数，就使用参数指定的比较方法进行排序。

使用该方法的示例如下：

```
>>> num=[5,8,1,3,6]
>>> num.sort()
>>> print('num调用sort方法后: ',num)
num调用sort方法后: [1, 3, 5, 6, 8]
```

由上面输出的结果可知，sort()方法改变了原来的列表，即sort()方法是直接在原来列表上做修改的，而不是返回一个已排序的新的列表。

我们前面学习过几个改变列表却不返回值的方法（如append()方法），不能将操作结果赋给一个变量，这样的行为方式在一些情况下是非常合常理并且很有用的。如果用户只是需要一个排好序的列表的副本，同时又需要保留列表原本结构不变时，使用不修改列表结构的方法就很有必要了。操作示例如下：

```
>>> num=[5,8,1,3,6]
>>> n=num.sort()
>>> print('变量n的结果是:',n)
变量n的结果是: None
>>> print('列表num排序后的结果是:',num)
列表num排序后的结果是: [1, 3, 5, 6, 8]
```

由输出结果可以看到，输出结果和我们预期的不一样。这是因为sort()方法修改了列表num，但sort()方法是没有返回值的，或是返回的就是一个None，所以我们最后看到的是已排序的num和sort()方法返回的None。

要想实现结构不改变的num变量，又要使num变量值排序，正确的实现方式是先把num

的值赋给变量 n，然后使用 sort()方法对 n 进行排序，在交互模式下输入：

```
>>> num=[5,8,1,3,6]
>>> n=num                              #将列表 num 赋值给 n
>>> n.sort()
>>> print('变量 n 的结果是:',n)
变量 n 的结果是: [1, 3, 5, 6, 8]
>>> print('num 的结果是:',num)         #num 也被排序了
num 的结果是: [1, 3, 5, 6, 8]
>>> num=[5,8,1,3,6]
>>> n=num[:]                           #将列表 num 切片后赋值给 n
>>> n.sort()
>>> print('变量 n 的结果是:',n)
变量 n 的结果是: [1, 3, 5, 6, 8]
>>> print('num 的结果是:',num)         #num 保持原样
num 的结果是: [5, 8, 1, 3, 6]
```

由上面的输出结果可以看到，通过直接将变量 num 的值赋给变量 n，对 n 使用 sort()方法排序后，原来的 num 变量也被排序了，这是为什么呢？

是因为在内存的分配中，num 变量创建时，计算机为 num 变量分配了一块内存，用于存放 num 指向的变量值，当执行 n=num 时，计算机并没有再开辟一块新的内存用于存放变量 n 所指向的变量值，而是将 n 指向了与 num 相同的一块内存地址，也就是这时变量 num 和 n 都是指向同一块内存地址。所以当使用 sort()方法对 n 做排序后，内存中的值发生变化，所以最后打印出来的 num 变量值也是排序后的变量值。

同时也可以看到，将 num 分片后的值赋给变量 n 后，对 n 进行排序的结果不影响 num 的变量值。这是因为对 num 分片后赋值给变量 n 时，变量 n 开辟的是一块新的内存空间，也就是变量 n 指向的内存与变量 num 不是同一块了，所有对变量 n 的操作不会影响变量 num。

在项目实战时，要注意该类问题的处理，若不想更改原列表的数据结构，又想对变量值做排序，可以对原列表分片后赋给一个新变量，对新变量进行排序即可。

在 Python 中，sort()方法有一个有同样功能的函数——sorted()函数。该函数可以直接获取列表的副本进行排序，sorted()函数使用方式如下：

```
>>> num=[5,8,1,3,6]
>>> n=sorted(num)
>>> print('变量 n 的操作结果是:',n)
变量 n 的操作结果是: [1, 3, 5, 6, 8]
>>> print('num 的结果是:',num)          #num 保持原样
num 的结果是: [5, 8, 1, 3, 6]
```

执行结果和前面操作的一样。sorted()函数可以用于任何序列，返回结果都是一个列表。例如下面的操作：

```
>>> sorted('python')
['h', 'n', 'o', 'p', 't', 'y']
>>> sorted('321')
['1', '2', '3']
```

在实际项目应用中，sort()方法应用频率不是很高，在需要涉及一些稍微简单的排序时会使用sort()方法，很多时候可能需要开发者自己实现有针对性的排序方法。

6. copy()方法

copy()方法的语法格式如下：

```
list.copy()
```

此语法中，list代表列表，不需要传入参数。

copy()方法用于复制列表，类似于a[:]。

使用该方法的示例如下：

```
>>> field=['study','python','is','happy']
>>> copyfield=field.copy()
>>> print('复制操作结果:',copyfield)
复制操作结果: ['study', 'python', 'is', 'happy']
```

操作结果和该方法的意思一样，是原原本本的复制操作。

对于前面遇到的sort()方法中的困惑，可以通过copy()方法来解决，具体实现如下：

```
>>> num=[5,8,1,3,6]
>>> num
[5, 8, 1, 3, 6]
>>> n=num.copy()
>>> n
[5, 8, 1, 3, 6]
>>> n.sort()
>>> n
[1, 3, 5, 6, 8]
>>> num
[5, 8, 1, 3, 6]
```

由输出结果可以看到，调用copy()方法后，对n进行排序，并不影响num变量的值。

在实际项目应用中，copy()方法的使用频率不是很高，但copy()方法是一个比较有用的方法，在列表的结构复制上很有用，效率也比较高。

7. remove()方法

remove()方法的语法格式如下：

```
list.remove(obj)
```

此语法中，list代表列表，obj为列表中要移除的对象。

remove()方法用于移除列表中某个值的第一个匹配项。

使用该方法的示例如下：

```
>>> good=['女排','精神','中国','精神','学习','精神']
>>> >>> print('移除前列表good: ',good)
移除前列表good:  ['女排', '精神', '中国', '精神', '学习', '精神']
>>> good.remove('精神')
```

```
>>> print('移除后列表good: ',good)
移除后列表good:  ['女排', '中国', '精神', '学习', '精神']
>>> good.remove('happy')   #删除列表中不存在的元素
Traceback (most recent call last):
  File "<pyshell#238>", line 1, in <module>
    good.remove('happy')
ValueError: list.remove(x): x not in list
```

由输出结果可以看到，remove()只移除列表中找到的第一个匹配值，找到的第二个之后的匹配值不会被移除。

通过查看上面定义的列表，通过计数，可以知道列表中有 3 个"精神"，调用移除方法 remove()后，删除了第一个，后面两个仍然在列表中。

同时，不能移除列表中不存在的值，系统会告知移除的对象不在列表中。

此处需要补充一点：remove()方法没有返回值，是一个直接对元素所在位置变更的方法，它修改了列表却没有返回值。

在实际项目应用中，remove()方法的使用频率不高。

8. pop()方法

pop()方法的语法格式如下：

```
list.pop(obj=list[-1])
```

此语法中，list 代表列表，obj 为可选择的参数，代表要移除的列表元素对象。

pop()方法用于移除列表中的一个元素，并且返回该元素的值。

在使用 pop()方法时，若没有指定需要移除的元素，则默认移除列表中的最后一个元素。

pop()方法的使用示例如下：

```
>>> field=['hello', 'world', 'python', 'is', 'funny']
>>> field.pop()   #不传参数，默认移除最后一个元素
'funny'
>>> print('移除元素后的field: ',field)
移除元素后的field:  ['hello', 'world', 'python', 'is']
>>> field.pop(3)   #移除编号为 3 的元素
'is'
>>> print('移除元素后的field: ',field)
移除元素后的field:  ['hello', 'world', 'python']
>>> field.pop(0)
'hello'
>>> print('移除元素后的field: ',field)
移除元素后的field:  ['world', 'python']
```

由输出结果可以看到，调用 pop()方法移除元素时，在交互模式下会告知我们此次操作移除了哪个元素，如上面示例中的 funny、is。在对 field 变量使用 pop()方法的过程中，有一处没有指定要移除哪个元素，结果默认移除了 funny 这个元素，即列表的最后一个元素；is 的移除则是根据传入的索引下标编号 3 进行的。

特别提醒：在 Python 中，pop()方法是唯一一个既能修改列表又能返回元素值（除了 None

的列表方法。

使用 pop()方法可以实现一种常见的数据结构——栈。

栈的原理就像堆放盘子一样，一次操作一个盘子，要将若干盘子堆成一堆，只能在一个盘子的上面放另一个盘子；要拿盘子时，只能从顶部一个一个地往下拿，最后放入的盘子是最先被拿的。栈也是这样，最后放入栈的元素最先被移除，称为 LIFO（Last In First Out），即后进先出。

栈中的放入和移除操作有统一的称谓——入栈（push）和出栈（pop）。Python 没有入栈方法，但可以使用 append()方法代替。pop()方法和 append()方法的操作结果恰好相反，如果入栈（或追加）刚刚出栈的值，最后得到的结果就不会变，例如：

```
>>> num=[1,2,3]
>>> num.append(num.pop())        #追加默认出栈的值
>>> print('num追加默认出栈值的操作结果: ',num)
num追加默认出栈值的操作结果:  [1, 2, 3]
```

由操作结果可以看到，通过追加默认出栈的值得到的列表和原来的一样。

在实际项目应用中，pop()方法的使用频率并不高，但不能以此否认 pop()方法的使用价值，pop()是一个非常有使用价值的方法，在一些问题的处理上它有独特的功能特性，读者在使用时可以多加留意。

9. reverse()方法

reverse()方法的语法格式如下：

```
list.reverse()
```

此语法中，list 代表列表，该方法不需要传入参数。

reverse()方法用于反向列表中的元素。

使用该方法的示例如下：

```
>>> num=[1,2,3]
>>> print('列表反转前num: ',num)
列表反转前num:  [1, 2, 3]
>>> num.reverse()
>>> print('列表反转后: ',num)
列表反转后:  [3, 2, 1]
```

由输出结果可以看到，该方法改变了列表但不返回值（和前面的 remove()方法一样）。

知识扩展：如果需要对一个序列进行反向迭代，那么可以使用 reversed()方法。这个函数并不返回列表，而是返回一个迭代器（Iterator）对象（该对象在后面会详细介绍），可以通过 list()把返回的对象转换为列表。

例如：

```
>>> num=[1,2,3]
>>> print('使用reversed翻转结果: ',list(reversed(num)))
使用reversed翻转结果:  [3, 2, 1]
```

由输出结果可以看到，输出结果将原序列翻转了。

在实际项目应用中，reverse()方法一般会配合 sort()方法一起使用，目的是更方便于排序，为排序节省时间或内存开销，对于不同业务场景会有不同的节省方式。

10. clear()方法

clear()方法的语法格式如下：

```
list.clear()
```

此语法中，list 代表列表，不需要传入参数。

clear()方法用于清空列表，类似于 del a[:]。使用该方法的示例如下：

```
>>> field=['study','python','is','happy']
>>> field.clear()
>>> print('field 调用 clear 方法后的结果:',field)
field 调用 clear 方法后的结果: []
```

由操作结果可以看到，clear()方法会清空整个列表，调用该方法进行清空操作很简单，但也要小心，因为一不小心就可能把整个列表都清空了。

在实际项目应用中，clear()方法一般应用在涉及大量列表操作，且类别元素比较多的场景中。在列表元素比较多时，一般会涉及分批次的操作，每个批次操作时，为减少对内存的占用，一般会使用 clear()方法先清空列表，高效且快速。

11. count()方法

count()方法的语法格式如下：

```
list.count(obj)
```

此语法中，list 代表列表，obj 代表列表中统计的对象。

count()方法用于统计某个元素在列表中出现的次数。

使用该方法的示例如下：

```
>>> field=list('hello,world')
>>> field
['h', 'e', 'l', 'l', 'o', ',', 'w', 'o', 'r', 'l', 'd']
>>> print('列表 field 中, 字母 o 的个数: ',field.count('o'))   #统计列表中的字符个数
列表 field 中, 字母 o 的个数:  2
>>> print('列表 field 中, 字母 l 的个数: ',field.count('l'))
列表 field 中, 字母 l 的个数:  3
>>> print('列表 field 中, 字母 a 的个数: ',field.count('a'))
列表 field 中, 字母 a 的个数:  0
>>> listobj=[123, 'hello', 'world', 123]
>>> listobj=[26, 'hello', 'world', 26]
>>> print('数字 26 的个数: ',listobj.count(26))
数字 26 的个数:  2
>>> print('hello 的个数: ',listobj.count('hello'))#统计字符串个数
hello 的个数:  1
>>> ['a','c','a','f','a'].count('a')
3
>>> mix=[[1,3],5,6,[1,3],2,]
```

```
>>> print('嵌套列表 mix 中列表[1,3]的个数为: ',mix.count([1,3]))
嵌套列表 mix 中列表[1,3]的个数为:  2
```

在实际项目应用中，count()方法用得比较少，是一个低频使用的方法。

12. 高级排序

如果希望元素能按特定方式进行排序（不是 sort()方法默认的按升序排列元素），就可以自定义比较方法。

sort()方法有两个可选参数，key 和 reverse。要使用它们，就要通过名字指定，称为关键字参数。例如：

```
>>> field=['study','python','is','happy']
>>> field.sort(key=len)                    #按字符串由短到长排序
>>> field
>>> field.sort(key=len,reverse=True)   #按字符串由长到短排序，传递两个参数
>>> field
['python', 'study', 'happy', 'is']
['is', 'study', 'happy', 'python']
>>> num=[5,8,1,3,6]
>>> num.sort(reverse=True)                 #排序后逆序
>>> num
[8, 6, 5, 3, 1]
```

由输出结果可知，sort()方法带上参数后的操作是很灵活的，可以根据自己的需要灵活使用该方法。

在实际项目应用中，高级排序应用的场景比较多，也各有特色，不同的项目会有不同的需求场景，需要视具体项目而定。

3.3 操作元组

在 Python 中，元组是一个很特殊的序列，特殊在元组的元素是不能修改的。除元素不能修改外，元组的基本特性与列表类似。元组的创建很简单：如果读者使用逗号分隔了一些值，就会自动创建元组。

例如，在交互模式下输入：

```
>>> 6,7,8
(6, 7, 8)
>>> 'hi','python'
('hi', 'python')
```

上面的操作中使用逗号分隔了一些值，得到的输出结果就是元组。

在实际应用中，元组定义的标准形式是：用一对圆括号括起来，括号中各个值之间通过逗号分隔。

在交互模式下输入：

```
>>> 5,6,7
(5, 6, 7)
```

```
>>> (5,6,7)
(5, 6, 7)
>>> 'hi','python'
('hi', 'python')
>>> ('hi','python')
('hi', 'python')
```

通过以上这些方式都可以创建元组，不过为了统一规范，建议读者在创建元组时加上圆括号，这样更便于理解。

在 Python 中，还可以创建空元组，在交互模式下输入：

```
>>> ()
()
```

如果圆括号中不包含任何内容，就是一个空元组。

如果要创建包含一个值的元组，实现方式是怎样的呢？在交互模式下尝试如下：

```
>>> (1)
1
```

由输出结果可以看到，这不是元组。

在 Python 中，创建只包含一个值的元组的方式有一些奇特，那就是必须在括号中的元素后加一个逗号或者直接在元素后面加一个逗号，在交互模式下输入：

```
>>> 1,
(1,)
>>> (1,)
(1,)
```

由输出结果可以看到，逗号的添加是很重要的，只使用圆括号括起来并不能表明所声明的内容是元组。

接下来介绍元组的一些相关操作。

3.3.1　tuple()函数的定义与使用

在 Python 中，tuple()函数是针对元组操作的，功能是把传入的序列转换为元组并返回得到的元组，若传入的参数序列是元组，则会将传入参数原样返回。

tuple()函数作用在元组上的功能，与 list()函数作用在列表上的功能类似，都是以一个序列作为参数。tuple()函数把参数序列转换为元组，list()函数把参数序列转换为列表。在交互模式下输入：

```
>>> tuple('hi')
('h', 'i')
>>> tuple(('hi','python'))     #参数是元组
('hi', 'python')
```

由输出结果可以看到，tuple()函数传入元组参数后，得到的返回值就是传入的参数。

在 Python 中，可以使用 tuple()函数将列表转换为元组，也可以使用 list()函数将元组转换

为列表，即可以通过tuple()函数和list()函数实现元组和列表的相互转换。在交互模式下输入：

```
>>> tuple(['hi','python'])    #列表转元组
('hi', 'python')
>>> list(('hi','python'))     #元组转列表
['hi', 'python']
```

由输出结果可以看到，列表和元组是可以相互转换的。

在实际项目应用中，列表和元组的相互转换非常多，属于Python学习中基本必须掌握的技能之一。

3.3.2 元组的基本操作

元组也有一些属于自己的基本操作，如访问元组、元组组合、删除元组、索引和截取等操作。修改元组、删除元组和截取元组等操作和列表中的操作有一些不同。

1. 访问元组

元组的访问比较简单，直接通过索引下标即可访问元组中的值，在交互模式下输入：

```
>>> strnum=('hi','python',2017,2018)
>>> print('strnum[1] is:',strnum[1])
strnum[1] is: python
>>> print('strnum[3] is:',strnum[3])
strnum[3] is: 2018
>>> numbers=(1,2,3,4,5,6)
>>> print('numbers[5] is:',numbers[5])
numbers[5] is: 6
>>> print('numbers[1:3] is:',numbers[1:3])
numbers[1:3] is: (2, 3)
```

由输出结果可以看到，元组的访问是比较简单的，和列表的访问类似。

访问元组是比较普通的应用，也是元组必备的功能。

2. 元组组合

在前面已经明确指出，元组中的元素不允许修改，但是可以对元组进行连接组合，在交互模式下输入：

```
>>> greeting=('hi','python')
>>> yearnum=(2018,)
>>> print ("合并结果为: ", greeting+yearnum)
合并结果为: ('hi', 'python', 2018)
```

由输出结果可以看到，可以对元组进行连接组合操作。

这里读者可能会奇怪元组怎么可以进行组合，其实元组连接组合的实质是生成了一个新的元组，并非是修改了原本的某一个元组。

3. 删除元组

在前面已经明确指出，元组中的元素不允许修改，删除也属于修改的一种，也就是说，

元组中的元素是不允许删除的，但可以使用del语句删除整个元组，在交互模式下输入：

```
>>> greeting=('hi','python')
>>> greeting
('hi', 'python')
>>> print('删除元组greeting前: ',greeting)
删除元组greeting前:  ('hi', 'python')
>>> del greeting
>>> print('删除元组greeting后: ',greeting)
Traceback (most recent call last):
  File "<pyshell#281>", line 1, in <module>
    print('删除元组greeting后: ',greeting)
NameError: name 'greeting' is not defined
>>> greeting
Traceback (most recent call last):
  File "<pyshell#282>", line 1, in <module>
    greeting
NameError: name 'greeting' is not defined
```

由输出结果可以看到，可以删除元组，元组被删除后，若继续访问元组，程序会报错，报错信息告诉我们greeting没有定义，即前面定义的变量在这个时候已经不存在了。所以元组虽然不可以修改，但是整个元组可以被删除。

4. 元组索引、截取

元组也是一个序列，可以通过索引下标访问元组中指定位置的元素，也可以使用分片的方式得到指定的元素。元组通过分片的方式得到的序列结果也是元组，在交互模式下输入：

```
>>> field=('hello','world','welcome')
>>> field[2]
'welcome'
>>> field[-2]
'world'
>>> field[1:]
('world', 'welcome')
```

3.3.3 元组内置函数

在Python中，为元组提供了一些内置函数，如计算元素个数、返回最大值、返回最小值、列表转换等函数。

len(tuple)函数用于计算元组中元素的个数。len(tuple)函数的使用方式如下：

```
>>> greeting=('hello','world','welcome')
>>> len(greeting)
3
>>> greeting=('hello',)
>>> len(greeting)
```

```
1
>>> greeting=()
>>> len(greeting)
0
```

由以上操作可以看到，元组中计算元素个数的函数和序列是相同的，都是通过len()函数实现的。

max(tuple)函数用于返回元组中元素的最大值，使用方式如下：

```
>>> number=(39,28,99,88,56)
>>> max(number)
99
>>> tup=('6','3','8')
>>> max(tup)
'8'
>>> mix=(38,26,'77')
>>> mix
(38, 26, '77')
>>> max(mix)
Traceback (most recent call last):
  File "<pyshell#296>", line 1, in <module>
    max(mix)
TypeError: '>' not supported between instances of 'str' and 'int'
```

由输出结果可以看到，max(tuple)函数既可以应用于数值元组，也可以应用于字符串元组，但是不能应用于数值和字符串混合的元组中。

min(tuple)函数用于返回元组中元素的最小值，使用方式如下：

```
>>> number=(39,28,99,88,56)
>>> min(number)
28
>>> tup=('6','3','8')
>>> min(tup)
'3'
>>> mix=(38,26,'77')
>>> mix
(38, 26, '77')
>>> min(mix)
Traceback (most recent call last):
  File "<pyshell#298>", line 1, in <module>
    min(mix)
TypeError: '<' not supported between instances of 'str' and 'int'
```

由输出结果可以看到，min(tuple)函数既可以应用于数值元组，也可以应用于字符串元组，但是同样不能应用于数值和字符串混合的元组中。

3.4 列表与元组的区别

通过3.2节及3.3节的学习，相信读者已经对列表和元组有了比较深的理解，那在Python

中为什么要分开列表与元组，列表与元组有什么区别呢？

列表与元组的区别在于元组的元素不能修改。元组一旦初始化就不能修改，而列表则不同，想要修改哪里就可以修改哪里。

那么问题来了，不可变的元组有什么意义？

从程序的安全性角度考虑，因为元组不可变，所以代码更安全。在程序开发中，对于一些不希望被改变的变量会被恶意或不留意地修改的问题，使用元组就可以解决。所以在项目中，如果能用元组代替列表，就尽量使用元组。看下面的示例：

```
>>> t=('a', 'b', ['A', 'B'])
>>> t[2][0]='X'
>>> t[2][1]='Y'
>>> t
('a', 'b', ['X', 'Y'])
```

此处使用了嵌套列表，一个列表中包含另一个列表，也可以称为二维数组。一个单一的列表称为一维数组，还有三维、四维等多维数组，不过一般一维和二维数组用得最多，三维以上的数组基本很少用到。

取二维数组中元素的方式为：先取得二维数组里嵌套的数组，如上例中的 t[2]，取得的是['A', 'B']，t[2]是一个一维数组，从一维数组中获取元素是通过 a[0]的方式，因而从 t[2]中取得编号为 0 的元素的方式是 t[2][0]。

上面的元组定义时有 3 个元素，分别是'a'、'b'和一个 list 列表。不是说元组一旦定义就不可变了吗？怎么后来又变了？

别急，我们先看看定义时元组包含的 3 个元素，如图 3-3 所示。

当我们把 list 列表的元素'A'和'B'修改为'X'和'Y'后，元组如图 3-4 所示。

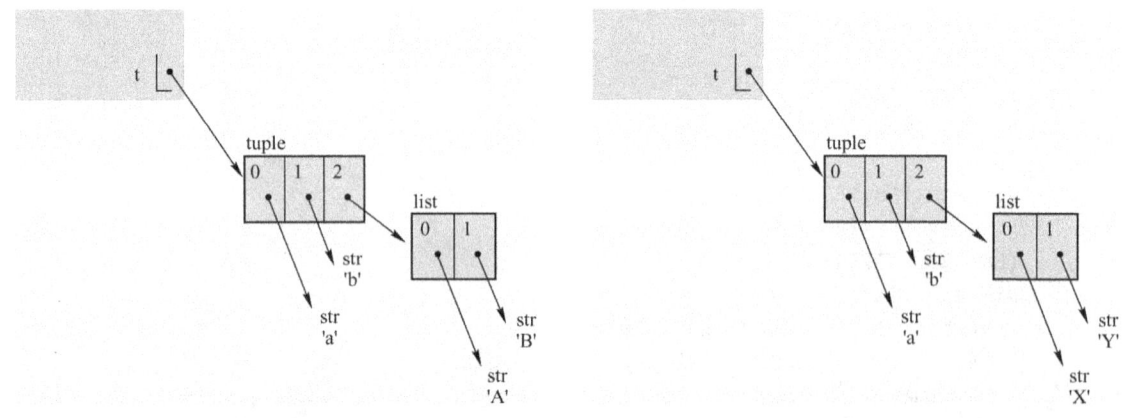

图 3-3 元组定义　　　　　　　　图 3-4 元组"修改"

表面上看，元组的元素确实变了，其实变的不是元组的元素，而是 list 列表的元素。元组一开始指向的 list 列表并没有改成别的 list 列表，所以元组的"不变"是指每个元素的指向永远不变，如指向'a'就不能改成指向'b'，指向一个 list 就不能改成指向其他对象，但指向的 list 列表本身是可变的。

理解了"指向不变"后，创建一个内容不变的 tuple 要怎么做？这时必须保证 tuple 的每个元素本身也不能改变。

3.5 活学活用——角色互换

通过前面几节的学习,我们知道了列表和元组是可以相互转化的,但对于在元组中有列表的情况,元组转换为列表时,得到的是什么结果?对于在列表中有元组的情况,列表转换为元组时,又会得到什么结果?在交互模式下输入:

```
>>> #tuple---------------->list
...
>>> tup_str_list=(123,'hello',[2018,'中国'],('python',3.7))
>>> tup_str_list
(123, 'hello', [2018, '中国'], ('python', 3.7))
>>> tup_2_list=list(tup_str_list)
>>> print('tuple 转为 list 的结果: ',tup_2_list)
tuple 转为 list 的结果:  [123, 'hello', [2018, '中国'], ('python', 3.7)]
>>> print('tup_2_list 得到的结果的类型为: ',type(tup_2_list))
tup_2_list 得到的结果的类型为:  <class 'list'>

>>> #list------------------>tuple
...
>>> list_2_tup=tuple(tup_2_list)
>>> print('list 转为 tuple 的结果: ',list_2_tup)
list 转为 tuple 的结果:  (123, 'hello', [2018, '中国'], ('python', 3.7))
>>> print('list_2_tup 得到的结果的类型为: ',type(list_2_tup))
list_2_tup 得到的结果的类型为:  <class 'tuple'>
```

由输出结果可知,对于在元组中有列表的情况,元组转换为列表时,元组内部的元组元素或列表元素继续保持原来形式,不会发生任何变更,即元组内部的元素的本质不会变化。同理,对于列表中有元组的情况,列表转换为元组时,列表内部的列表元素或元组元素也仍然保持原样。

3.6 技巧点拨

(1)对序列中的元素进行访问时,尝试输入序列中不存在的编号,如在 greeting='hello' 示例中输入 greeting[10],看看会得到什么结果,执行 greeting[-10]又会得到什么结果。在交互模式下进行这些尝试,并分析这些结果:

```
>>> greeting='hello'
>>> len(greeting)   #获取字符串长度
5
>>> greeting[10]    #编号超过最大长度编号
Traceback (most recent call last):
  File "<pyshell#300>", line 1, in <module>
    greeting[10]
IndexError: string index out of range
>>> greeting[5]    #字符串长度为5,但最大编号不是5
Traceback (most recent call last):
```

```
        File "<pyshell#301>", line 1, in <module>
            greeting[5]
IndexError: string index out of range
>>> greeting[len(greeting)-1]    #最大编号是字符串长度减1
'o'
>>> greeting[-10]
Traceback (most recent call last):
    File "<pyshell#303>", line 1, in <module>
        greeting[-10]
IndexError: string index out of range
>>> greeting[-1]
'o'
>>> greeting[-5]
'h'
```

由输出结果可以看到，用正数索引时，索引下标编号从 0 开始，最后一个元素的索引下标编号是 len(str)-1，当使用超过最大的索引下标进行索引时，执行报错。用负数索引时，从-1 开始，可以取到第-len(str)的元素，第-len(str)个元素对应整数索引的第 0 个元素。

当索引下标编号超出范围时，Python 会报一个 IndexError 错误，即索引越界错误。要确保索引不越界，记得最后一个元素的索引下标编号应为 len(str)-1。

（2）观察以下输入，思考会得到什么结果，并想想为什么会是这个结果。

```
>>> max(ab,abc,abcd)
Traceback (most recent call last):
    File "<pyshell#308>", line 1, in <module>
        max(ab,abc,abcd)
NameError: name 'ab' is not defined
>>> max('ab','abc','abcd')
'abcd'
```

max(ab,abc,abcd)执行出错，这是毋庸置疑的，在 Python 中，以 ab、abc、abcd 这种形式出现时，表明这是变量名，变量名不赋值就没有任何意义，程序执行时也无法识别这是什么，就只能报错了。

对于 max('ab','abc','abcd')，输出结果是 abcd。先补充一点：对于 max()函数的使用，隐含了 ASCII 码的比较。先看 ab 和 abc 的比较，ab 和 abc 都有 ab 这两个字符，这部分是属于相等的部分，相对于 abc，ab 后面是空的，根据 ASCII 码的比较规则，字符 c 的 ASCII 码大于空字符的 ASCII 码，所以 abc 会比 ab 大。接着比较 abc 和 abcd，两个字符串都有 abc，要比较的是字符 d 和空字符的大小，同样得到 d 的 ASCII 码大于空字符的 ASCII 码，所以 abcd 要大于 abc。最后得到最大的是字符串 abcd。

3.7 问题探讨

（1）通用序列操作中所介绍的方法对列表和元组都通用吗？

答：通用序列操作中介绍的方法，就是从列表、元组等的使用过程中抽取出来的公用的方法，是具有普遍通用性的方法。

（2）在实际项目应用中，根据什么来选择使用列表还是元组？

答：list 和 tuple 是 Python 内置的序列，list 是可变的，tuple 是不可变的。在实际项目应用中，若序列是需要经常变更的，使用列表更好，列表的本质是很容易更改的；若序列几乎不会发生变更，那就选择使用元组，使用元组可以帮助避免不经意的序列的更改，因为更改元组会报错，可以及早发现一些本不应该发生的错误。

3.8 章节回顾

（1）回顾通用序列的基本操作，索引、分片、序列加法、乘法等分别是怎样实现的。
（2）回顾列表的基本操作，如何更新列表，列表的基本方法有哪些，各自怎样使用。
（3）回顾元组的基本操作，元组的内置函数有哪些。
（4）回顾列表与元组的区别。

3.9 实战演练

（1）自定义一个数字列表，对列表进行重新赋值、分片取值、增加元素、删除元素、分片赋值等操作。
（2）自定义几个不同的列表和元组，分别使用 len、max 和 min 函数取得各列表和元组的长度、最大值和最小值。
（3）自定义一个列表，统计各个元素在列表中的出现次数。
（4）自定义一个字符串序列，打印出序列中各个字符在序列中的索引下标编码的数值。
（5）自定义一个列表变量，初始化后，对列表重新排序后复制给另一个列表变量，再对原列表先删除元素，再增加元素，接着反转列表，最后清空列表。
（6）自定义一个字符与数字混合的元组，对该元组进行访问、索引和截取指定元素的操作。
（7）使用本章所学知识，从下面的二维数组中，取出指定元素，并尝试使用多种方法实现。

```
field=[
    ['hello', 'world', 'welcome'],
    ['study', 'Python', 'is', 'funny'],
    ['good', 'better', 'best']
]

#输出 hello:
print(?)
#输出 Python:
print(?)
#输出 best:
print(?)
```

第四章 字 符 串

前面的章节已经介绍过字符串的部分内容,如字符串的创建、索引和分片。本章将进一步讲解字符串,主要介绍字符串的格式化、分割、搜索等方法。

Python 快乐学习班的同学乘坐"序列号"大巴来到了今天的第一个景点——字符串主题游乐园。在这里他们将看到字符串魔幻般的变化,以及字符串的各种好玩的技巧。下面就让我们和 Python 快乐学习班的全体同学开始进入字符串主题游乐园进行"观赏"学习。

4.1 字符串的简单操作

字符串是 Python 中最常用的类型之一。在 Python 中,可以使用单引号(')或双引号(")创建字符串。只使用一对单引号或一对双引号创建的字符串一般称为空字符串。一般要赋给字符串一个值,那样才比较完整的创建字符串。例如:

```
>>> ''           #创建单引号引起的空字符串
''
>>> ""           #创建双引号引起的空字符串
''
>>> 'hello'      #创建单引号引起的非空字符串
'hello'
>>> "python"     #创建双引号引起的非空字符串
'python'
>>> empy=''      #创建空字符串,将字符串赋给变量 empy
>>> say='hello,world'  #创建非空字符串,并将字符串赋给变量 say
```

由输出结果可以看到,字符串的创建非常灵活,可以使用各种方式进行创建。

在 Python 中,标准序列的所有操作(如索引、分片、成员资格、求长度、取最小值和最大值等)对字符串都适用,在第三章中,这些操作的使用示例就是直接用字符串做演示的。不过字符串是不可变的,所以字符串做不了分片赋值。在交互模式下输入:

```
>>> say='just do it'
>>> say
'just do it'
>>> say[-2:]
'it'
>>> say[-2:]='now'
Traceback (most recent call last):
  File "<pyshell#12>", line 1, in <module>
    say[-2:]='now'
```

```
TypeError: 'str' object does not support item assignment
```

由输出结果可以看到，字符串不能通过分片赋值更改，若更改会报错，错误提示我们 str 对象不支持局部更改。这就是因为字符串是一个整体，通过分片赋值方式赋值会破坏这个整体，因而引发异常，同时也验证了字符串是不可变的。

在前面所讲解的示例中，对字符串的输出，都是在一个输出语句中只输出一行，若想要在一个输出语句中将输出的字符串内容自动换行，该怎么实现？先看如下示例：

```
>>> print('读万卷书，\n行万里路。')
读万卷书，
行万里路。
```

由输出结果可以看到，输入的一行内容，最终打印的结果变为两行了。当然，也可以发现输入的字符串中使用了一个之前的操作中没有使用过的\n。\n 在这里有什么特殊含义呢？

在 Python 的语法中，\n 表示的是换行，是 Python 中指定的转义字符。在任何字符串中，遇到\n 就代表换行的意思。Python 中有很多转义字符，表 4-1 列出了一些常用的转义字符。

表 4-1　Python 中的转义字符

转义字符	描述	转义字符	描述
\（在行尾时）	续行符	\n	换行
\\	反斜杠符号	\v	纵向制表符
\'	单引号	\t	横向制表符
\"	双引号	\r	回车
\a	响铃	\f	换页
\b	退格（Backspace）	\oyy	八进制数，yy 代表字符，如\o12 代表换行
\e	转义	\xyy	十六进制数，yy 代表字符，如\x0a 代表换行
\000	空	\other	其他字符以普通格式输出

例如，对于前面的示例，虽然输入的字符串是用引号引起的，但输出的结果却不带引号了。假如要输出的结果也是被引号引起的，如需要输入的结果形式如下，需要怎样操作？

```
'读万卷书'
'行万里路'
```

操作示例如下：

```
>>> print(''读万卷书'\n'行万里路'')        #不使用转义字符，全用单引号
SyntaxError: invalid syntax
>>> print(""读万卷书"\n"行万里路"")        #不使用转义字符，全用单引号
SyntaxError: invalid syntax
>>> print("'读万卷书'\n'行万里路'")        #不使用转义字符，字符串用双引号引起，里面
                                          都用单引号
'读万卷书'
'行万里路'
>>> print('"读万卷书"\n"行万里路"')        #不使用转义字符，字符串用单引号引起，里面
                                          都用双引号
"读万卷书"
```

```
"行万里路"
>>> print('\'读万卷书\'\n\'行万里路\'')#使用\'转义字符
'读万卷书'
'行万里路'
```

由输出结果可以看到,都使用单引号或都使用双引号,执行都会报错;在单引号中使用双引号或双引号中使用单引号都可以得到我们预期的结果,但不便于阅读和代码的理解,也容易出错;使用\'转义字符也可以得到我们预期的结果,看起来也相对直观,相对于前面的方式,使用转义字符更好一些。

在 Python 中进行字符串的操作时,如果涉及需要做转义的操作,建议使用转义字符。

对于表 4-1 中的这些转义字符无须刻意记忆,了解即可,对于一些比较常用的转义字符,在实际使用中用多了就自然而然地熟悉了,而对于不常用的,遇到的时候查找相关资料即可。

4.2 字符串格式化

在实际项目应用中,字符串的格式化操作应用得非常广,特别在项目的调试及项目日志的打印中,都需要通过字符串的格式化方式来得到更精美的打印结果。本节将介绍 Python 中字符串格式化的方式。

4.2.1 经典的字符串格式化符号——百分号(%)

当你第一眼看到百分号(%)这个符号时,可能会想到运算符中的取模操作。在做运算时,这么理解是没有问题的,但在字符串操作中,百分号(%)还有一个更大的用途,就是字符串格式化。百分号(%)是 Python 中最经典的字符串格式化符号,也是 Python 中最古老的字符串格式化符号,这是 Python 格式化的 OG(Original Generation),伴随着 Python 语言的诞生。

先看看百分号(%)做字符串格式化的一些示例:

```
>>> print('hi,%s' % 'python')
hi,python
>>> print('一年有%s 个月' % 12)
一年有 12 个月
```

由上面输出结果可以看到,在做字符串的格式化时,百分号(%)左边和右边分别对应了一个字符串,左边放置的是一个待格式化的字符串,右边放置的是要被格式化的值。

为便于美观,一般的书写方式是在%的左边和右边各加一个空格,以便于指明这是在做格式化,当然,不加空格也可以,执行时并不会报错。

被格式化的值可以是一个字符串或数字。

待格式化字符串中的%s 部分称为转换说明符,表示该位置需要放置被格式化的对象,通用术语为占位符。可以想象成在学校上自习,有的同学为避免自己的位置被其他同学占据,当离开座位时,通常会放一个物品在这个位置上,其他人过来时,若看到有物品在这个位置上,就知道这个位置已经有人了。这里就可以把%s 当作我们使用的物品,作为一个占位的声明，放物品在位置上的同学就相当于百分号（%）右边的值。

在前面列举的示例中，%s 也是有具体含义的，%s 表示的意思是百分号（%）右边要被格式化的值会被格式化为字符串，%s 中的 s 指的是 str，即字符串。如果百分号（%）右边要被格式化的值不是字符串，就会使用字符串中的 str()方法将非字符串转换为字符串。如示例中就将整数值 12 转换为字符串了，这种方式对大多数数值都有效。

若需要将数据转换为其他格式，该用怎样的方式处理？Python 为我们提供了多种格式化符号，如表 4-2 所示。

表 4-2 格式化符号

符号	描述	符号	描述
%c	格式化字符及其 ASCII 码	%f	格式化浮点数，可指定精度值
%s	格式化字符串	%e	用科学计数法格式化浮点数
%d	格式化整数	%E	作用同%e，用科学计数法格式化浮点数
%u	格式化无符号整型	%g	%f 和%e 的简写
%o	格式化无符号八进制数	%G	%f 和%E 的简写
%x	格式化无符号十六进制数	%p	用十六进制数格式化变量的地址
%X	格式化无符号十六进制数（大写）		

根据表 4-2，"一年有 12 个月"这个示例可以使用以下两种方式来表示：

```
>>> print('一年有%s 个月' % 12)         #使用%s 作为 12 的占位符
一年有 12 个月
>>> print('一年有%d 个月' % 12)         #使用%d 作为 12 的占位符
一年有 12 个月
```

由输出结果可以看到，对于整数类型，可以使用%s 将整数类型格式化为字符串类型，也可以使用%d 将变量直接格式化为整数类型。

上面讲解了整型的格式化，那浮点型的格式化是怎样的呢？

在 Python 中，浮点型的格式化使用字符%f 进行，例如：

```
>>> print('圆周率 PI 的值为: %f' % 3.14)
圆周率 PI 的值为: 3.140000
```

由输出结果可以看到，结果中有很多位小数，但指定的被格式化的值只有两位小数。这里怎么让格式化的输出和指定的被格式化的值一致呢？

仔细查看表 4-2 可知，%f 在使用时，可以指定精度值。在 Python 中，使用%f 时，若不指定精度，则默认输出 6 位小数。若需要以指定的精度输出，比如上面想要得到输出 2 位小数的结果，那就要指定精度为 2，指定精度为 2 的格式如下：

%.2f

指定精度输出的基本格式为：在百分号（%）后面跟上一个英文格式下的句号，接着加上希望输出的小数位数，最后加上浮点数格式化字符 f。

例如，上面圆周率输出的示例可以更改为如下的格式化输出：

```
>>> print('圆周率 PI 的值为: %.2f' % 3.14)
```

圆周率 PI 的值为：3.14

由输出结果可以看到，输出的结果已经符合预期要求了。

对于表 4-2 中所列举的字符串格式化符号，并不是所有的都常用，其中比较常用的只有%s、%d、%f 三个，%e 和%E 在科学计算中使用得比较多，对于其他字符串格式化符号，大概了解即可，有兴趣也可以自行研究。

假如要输出类似 1.23%这样格式的结果，通过格式化的方式该怎么处理？直接使用加号连接符连接一个百分号可以吗？在交互模式下尝试如下：

```
>>> print('今天的空气质量比昨天提升了：%.2f' % 1.23+'%')
今天的空气质量比昨天提升了：1.23%
```

由输出结果可以看到，使用加号连接符连接百分号的方式可以得到最终结果，但编写的代码看起来怪怪的，也不太美观，有没有更美观的编写方式？在交互模式下尝试如下：

```
>>> print('今天的空气质量比昨天提升了：%.2f%%' % 1.23)
今天的空气质量比昨天提升了：1.23%
```

由输出结果可以看到，用上面这种方式也得到了想要的结果。不过从输入代码中可以看到，字符 f 后面使用了两个百分号（%），打印出来的结果只有一个百分号（%），这是怎么回事？

在 Python 中，字符串格式转化时，遇到的第一个百分号（%）指的是转换说明符，如果要输出百分号这个字符，就需要使用%%的形式才能得到百分号字符（%）。使用%%这种方式的效果如下：

```
>>> print('输出百分号:%s' % '%')
输出百分号:%
```

4.2.2 元组的字符串格式化

格式化操作符的右操作数可以是任何元素，但如果右操作数是元组或映射类型（如字典，下一章进行讲解），那么字符串格式化的方式将会有所不同。目前尚未涉及映射（字典），这里先了解元组的字符串格式化。

如果右操作数是元组，那元组中的每个元素都会被单独格式化，每个值都需要对应的一个占位符。例如：

```
>>> print('%s 年的冬奥会将在%s 举行，预测中国至少赢取%d 枚金牌' % ('2022','北京',5))
2022 年的冬奥会将在北京举行，预测中国至少赢取 5 枚金牌
>>> print('%s 年的冬奥会将在%s 举行，预测中国至少赢取%d 枚金牌' % ('2022','北京'))
#少一个值
Traceback(most recent call last):
  File "<pyshell#11>", line 1, in <module>
    print('%s 年的冬奥会将在%s 举行，预测中国至少赢取%d 枚金牌' % ('2022','北京'))
TypeError: not enough arguments for format string
>>> print('%s 年的冬奥会将在%s 举行，预测中国至少赢取枚金牌' % ('2022','北京',5)) #少一个占位符
Traceback(most recent call last):
  File "<pyshell#5>", line 1, in <module>
```

```
        print('%s 年的冬奥会将在%s 举行，预测中国至少赢取枚金牌' % ('2022','北京',5))
TypeError: not enough arguments for format string
>>> print('%s 年的冬奥会将在%s 举行，预测中国至少赢取%d 枚金牌'%['2022','北京',5])
Traceback(most recent call last):
  File "<pyshell#7>", line 1, in <module>
    print('%s 年的冬奥会将在%s 举行，预测中国至少赢取%d 枚金牌'%['2022','北京',5])
TypeError: not enough arguments for format string
>>> print('%s 年的冬奥会将在北京举行' % ['2022'])
['2022']年的冬奥会将在北京举行
>>> print('%s 年的冬奥会将在北京举行' % '2022')
2022 年的冬奥会将在北京举行
>>> print('%s 年的冬奥会将在北京举行' % ['2022','北京'])
['2022', '北京']年的冬奥会将在北京举行
```

由输出结果可以看到，在有多个占位符的字符串中，可以通过元组传入多个待格式化的值。若字符串中有多个占位符，但给出的待格式化的值的格式不对或数量不对，执行报错。若字符串中占位符的个数少于给定元组中元素的个数，执行报错。若使用列表代替元组，列表仅代表一个值。

在前面一些示例的演示后，接下来介绍占位符的一些基本使用说明。注意，占位符中各项的顺序是至关重要的。

（1）%字符：标记占位符开始。

（2）最小字段宽度（可选）：转换后的字符串至少应该具有该值指定的宽度。如果是*，宽度就会从元组中读出。

（3）转换标志（可选）：-表示对齐；+表示在转换值之前要加上正负号；" "（空白字符）表示正数之前保留空格；0表示转换值位数不够时用0填充。

（4）点（.）后跟精度值（可选）：如果转换的是实数，精度值表示出现在小数点后的位数；如果转换的是字符串，该数字就表示最大宽度；如果是*，精度就会从元组中读出。

（5）转换类型：参见表4-2。

下面将分别讨论。

1. 简单字符串格式化

在交互模式下输入：

```
>>> print('圆周率 PI 的值为: %.2f' % 3.14)
圆周率 PI 的值为: 3.14
>>> print('石油价格为每桶: $%d' % 96)
石油价格为每桶: $96
```

由输出结果可以看到，简单的字符串格式化只需要在占位符中标识转换类型。

2. 格式化时指定字段宽度和精度

占位符包括对字段格式化时字段宽度和精度的指定。字段宽度是转换后的值所保留的最小字符个数，字符精度是数字转换结果中应该包含的小数位数或字符串转换后的值所能包含的最大字符个数。

在交互模式下输入：

```
>>> print('圆周率 PI 的值为: %10f' % 3.141593)     #字段宽度为 10
圆周率 PI 的值为:   3.141593 #字符串宽度为 10，被字符串占据 8 个空格，剩余两个空格
>>> print('保留 2 位小数，圆周率 PI 的值为: %10.2f' % 3.141593)    #字段宽度为 10
保留 2 位小数，圆周率 PI 的值为:       3.14      #字符串宽度为 10，字符串占据 4 个，剩 6 个
>>> print('保留 2 位小数，圆周率 PI 的值为: %.2f' % 3.141593)      #输出，没有字段宽度
参数
保留 2 位小数，圆周率 PI 的值为: 3.14
>>> print('字符串精度获取: %.5s' % ('hello world')) #打印字符串前 5 个字符
字符串精度获取: hello
```

由输出结果可知，占位符中的字段宽度和精度值都是整数，宽度和精度之间通过点号（.）分隔。字段宽度和精度两个参数都是可选参数，如果给出精度，在精度值前就必须包含点号。

接着看以下代码：

```
>>> print('从元组中获取字符串精度: %*.*s' % (10,5,'hello world'))
从元组中获取字符串精度:      hello          #输出字符串宽度为 10、精度为 5
>>> print('从元组中获取字符串精度: %.*s' % (5,'hello world'))
从元组中获取字符串精度: hello   #输出精度为 5
```

由输出结果可以看到，可以使用*作为字段宽度或精度（或两者都用*），数值会从元组中读出。

3. 符号、对齐和 0 填充

先看一个示例：

```
>>> print ('圆周率 PI 的值为: %010.2f' % 3.141593)
圆周率 PI 的值为: 0000003.14
```

输出结果是不是怪怪的？这个我们称之为"标表"。在字段宽度和精度之前可以放置一个"标表"，可以是零、加号、减号或空格。零表示用 0 进行填充。

减号（-）用来左对齐数值，例如：

```
>>> print('圆周率 PI 的值为: %10.2f' % 3.14)
圆周率 PI 的值为:       3.14
>>> print('圆周率 PI 的值为: %-10.2f' % 3.14)
圆周率 PI 的值为: 3.14       #此处右侧为多出的空格
```

由输出结果可以看到，使用减号时，数字右侧多出了额外的空格。

空白（" "）表示在正数前加上空格，例如：

```
>>> print(('% 5d' % 10)+'\n'+('% 5d' % -10))
   10
  -10
```

由输出结果可以看到，该操作可以用于对齐正负数。

加号（+）表示无论是正数还是负数都显示出符号，例如：

```
>>> print(('宽度前加加号: %+5d'%10)+'\n'+('宽度前加加号: %+5d'%-10))
宽度前加加号:   +10
宽度前加加号:   -10
```

该操作也可以用于数值的对齐。

4.2.3 format 字符串格式化

从 Python 2.6 开始，引入了另外一种字符串格式化的方式，形式为 str.format()。str.format() 是对百分号（%）格式化的改进。使用 str.format() 时，替换字段部分使用花括号表示。在交互模式下输入：

```
>>> 'hello,{}'.format('world')
'hello,world'
>>> print('圆周率 PI 的值为: {0}'.format(3.141593))
圆周率 PI 的值为: 3.141593
>>> print('圆周率 PI 的值为: {0:.2f}'.format(3.141593))
圆周率 PI 的值为: 3.14
>>> print('圆周率 PI 的值为: {pi}'.format(pi=3.141593))
圆周率 PI 的值为: 3.141593
>>> print('{}年的冬奥会将在{}举行，预测中国至少赢取{}枚金牌'.format('2022','北京',5))
2022 年的冬奥会将在北京举行，预测中国至少赢取 5 枚金牌
>>> print('{0}年的冬奥会将在{1}举行，预测中国至少赢取{2}枚金牌'.format('2022','北京',5))
2022 年的冬奥会将在北京举行，预测中国至少赢取 5 枚金牌
>>> print('{0}年的冬奥会将在 {2}举行，预测中国至少赢取 {1}枚金牌'.format('2022',5,'北京'))
2022 年的冬奥会将在北京举行，预测中国至少赢取 5 枚金牌
>>> print('{year}年的冬奥会将在{address}举行'.format(year='2020',address='北京'))
2022 年的冬奥会将在北京举行
```

由输出结果可以看到，str.format() 的使用形式为：用一个点号连接字符串和格式化值，多于一个的格式化值需要用元组表示。字符串中，带格式化的占位符用花括号表示。

花括号中可以没有任何内容，没有任何内容时，若有多个占位符，则元组中元素的个数需要和占位符的个数一致。

花括号中可以使用数字，数字指的是元组中元素的索引下标，字符串中花括号中的索引下标不能超过元组中最大的索引下标，元组中的元素值可以不全部使用。如以下示例：

```
>>> print('{0}年的冬奥会将在{2}举行'.format('2022',5,'beijing','sh'))
2022 年的冬奥会将在 beijing 举行
```

花括号中可以使用变量名，在元组中对变量名赋值。花括号中的所有变量名，在元组中必须要有对应的变量定义并被赋值。元组中定义的变量可以不出现在字符串的花括号中。如下面的示例所示：

```
>>> print('{year}年的冬奥会将在{address}举行'.format(year='2022',address='北京',num=5))
2022 年的冬奥会将在北京举行
```

4.2.4 字符串格式化的新方法

从 Python 3.6 开始，引入了一种新的字符串格式化字符：_f-strings_，用于格式化字符串。

使用 f 字符串做格式化可以节省很多的时间,使格式化更容易。f 字符串格式化也称为"格式化字符串文字",因为 f 字符串格式化是开头有一个 f 的字符串文字,即使用 f 格式化字符串时,需在字符串前加一个 f 前缀。

f 字符串格式化包含了由花括号括起来的替换字段,替换字段是表达式,它们会在运行时计算,然后使用 format()协议进行格式化。

_f-strings_使用方式如下:

```
>>> f'hello,{world}'
'hello,world'
>>> f'{2*10}'
'20'
>>> year=2022
>>> address='北京'
>>> gold=5
>>> f'{year}年的冬奥会将在{address}举行,预测中国至少赢取{gold}枚金牌'
'2022年的冬奥会将在北京举行,预测中国至少赢取5枚金牌'
>>> print(f'{year}年的冬奥会将在{address}举行,预测中国至少赢取{gold}枚金牌')
2022年的冬奥会将在北京举行,预测中国至少赢取5枚金牌
```

由输出结果可以看到,使用 f 做字符串格式化也是非常方便的。

在 Python 中,使用百分号(%)、str.format()形式可以格式化的字符串,都可以使用 f 字符串格式化实现。

提示: 在后续章节中,会更多地使用 str.format()和 f 的形式做格式化,百分号(%)格式化的方式能不用就不用。

4.3 字符串方法

本节将介绍字符串方法,字符串的方法非常多,因为字符串从 string 模块中"继承"了很多方法。本节只介绍一些常用的字符串方法,全部的字符串方法可以参见附录 A。

4.3.1 split()方法

split()方法通过指定分割符对字符串进行切片。split()方法的语法格式如下:

```
str.split(st="", num=string.count(str))
```

此语法中,str 代表指定检索的字符串;st 代表分割符,默认为空格;num 代表分割次数。返回结果为分割后的字符串列表。

如果参数 num 有指定值,就只分割 num 个子字符串。这是一个非常重要的字符串方法,用来将字符串分割成序列。

该方法的使用示例如下:

```
>>> say='stay hungry stay foolish'
>>> print('不提供任何分割符分割后的字符串: ',say.split())
不提供任何分割符分割后的字符串:  ['stay', 'hungry', 'stay', 'foolish']
```

```
>>> print('根据字母t分割后的字符串: ',say.split('t'))
根据字母t分割后的字符串:  ['s', 'ay hungry s', 'ay foolish']
>>> print('根据字母s分割后的字符串: ',say.split('s'))
根据字母s分割后的字符串:  ['', 'tay hungry ', 'tay fooli', 'h']
>>> print('根据字母s分割2次后的字符串: ',say.split('s',2))
根据字母s分割2次后的字符串:  ['', 'tay hungry ', 'tay foolish']
```

由输出结果可以看到，split()方法支持各种方式的字符串分割。如果不提供分割符，程序就默认把所有空格作为分割符。split()方法中可以指定分割符和分割次数，若指定分割次数，则从左往右检索和分割符匹配的字符，分割次数不超过指定分割符被匹配的次数；若不指定分割次数，则所有匹配的字符都会被分割。

在实际项目应用中，split()方法应用的频率比较高，特别在文本处理或字符串处理的业务中，经常需要使用该方法做一些字符串的分割操作，以得到某个值。

4.3.2 strip()方法

strip()方法用于移除字符串头尾指定的字符，strip()方法的语法格式如下：

```
str.strip([chars])
```

此语法中，str 代表指定检索的字符串，chars 代表移除字符串头尾指定的字符，chars 可以为空。strip()方法有返回结果，返回结果是字符串移除头尾指定的字符后所生成的新字符串。若不指定字符，则默认为空格。

该方法的使用示例如下：

```
>>>say=' stay hungry stay foolish '   #字符串前后都带有空格
>>> print(f'原字符串: {say},字符串长度为:{len(say)}')
原字符串:  stay hungry stay foolish ,字符串长度为:26
>>> print(f'新字符串: {say.strip()},新字符串长度为: {len(say.strip())}')
新字符串: stay hungry stay foolish,新字符串长度为: 24
>>> say='--stay hungry stay foolish--'
>>> print(f'原字符串: {say},字符串长度为:{len(say)}')
原字符串: --stay hungry stay foolish--,字符串长度为:28
>>> print(f'新字符串: {say.strip("-")},新字符串长度为: {len(say.strip("-"))}')
新字符串: stay hungry stay foolish,新字符串长度为: 24
>>> say='--stay-hungry-stay-foolish--'
>>> print(f'原字符串: {say},字符串长度为:{len(say)}')
原字符串: --stay-hungry-stay-foolish--,字符串长度为:28
>>> print(f'新字符串: {say.strip("-")},新字符串长度为: {len(say.strip("-"))}')
新字符串: stay-hungry-stay-foolish,新字符串长度为: 24
```

由输出结果可以看到，strip()方法只移除字符串头部和尾部能匹配到的字符，中间的字符不会移除。

在实际项目应用中，strip()方法使用得比较多，特别在对字符串进行合法性校验时，一般都会先做一个移除首尾空格的操作。当字符串不确定在首尾是否有空格时，一般也会先用strip()方法操作一遍。

4.3.3 join()方法

join()方法用于将序列中的元素以指定字符串连接成一个新字符串。join()方法的语法格式如下：

  str.join(sequence)

此语法中，str 代表指定的字符串，sequence 代表要连接的元素序列。返回结果为指定字符串连接序列中元素后生成的新字符串。

该方法的使用示例如下：

```
>>> say=('stay hungry','stay foolish')
>>> new_say=','.join(say)
>>> print(f'连接后的字符串列表: {new_say}')
连接后的字符串列表: stay hungry,stay foolish
>>> path_str='d:','python','study'
>>> path='/'.join(path_str)
>>> print(f'python file path:{path}')
python file path:d:/python/study
>>> num=['1','2','3','4','a','b']
>>> plus_num='+'.join(num)
>>> plus_num
'1+2+3+4+a+b'
>>> num=[1,2,3,4]
>>> mark='+'
>>> mark.join(num)
Traceback (most recent call last):
  File "<pyshell#39>", line 1, in <module>
    mark.join(num)
TypeError: sequence item 0: expected str instance, int found
>>> num.join(mark)
Traceback (most recent call last):
  File "<pyshell#40>", line 1, in <module>
    num.join(mark)
AttributeError: 'list' object has no attribute 'join'
```

由输出结果可以看到，join()方法只能对字符串元素进行连接，用 join()方法进行操作时，调用和被调用的对象必须都是字符串，任意一方不是字符串，最终操作结果都会报错。

在实际项目应用中，join()方法应用得也比较多，特别是在做字符串的连接时，使用 join()方法的效率比较高，占用的内存空间也小。在路径拼接时，使用 join()是个不错的选择。

4.3.4 find()方法

find()方法用于检测字符串中是否包含指定的子字符串。find()方法的语法格式如下：

  str.find(str, beg=0, end=len(string))

此语法中，str 代表指定检索的字符串，beg 代表开始索引的下标位置，默认为 0；end

代表结束索引的下标位置，默认为字符串的长度。返回结果为匹配字符串所在位置的最左端索引下标值，如果没有找到匹配字符串，就返回-1。

该方法的使用示例如下：

```
>>> say='stay hungry,stay foolish'
>>> print(f'say字符串的长度是:{len(say)}')
say字符串的长度是:24
>>> say.find('stay')
0
>>> say.find('hun')
5
>>> say.find('sh')
22
>>> say.find('python')
-1
```

由输出结果可以看到，使用find()方法时，如果找到字符串，就返回该字符串所在位置最左端的索引下标值，若字符串的第一个字符是匹配的字符串，则find()方法返回的索引下标值是0，若没找到字符串，则返回-1。

find()方法还可以接收起始索引下标参数和结束索引下标参数，用于表示字符串查找的起始点和结束点，例如：

```
>>> say='stay hungry,stay foolish'
>>> say.find('stay',3)          #提供起点
12
>>> say.find('y',3)             #提供起点
3
>>> say.find('hun',3)           #提供起点
5
>>> say.find('stay',3,10)       #提供起点和终点
-1
>>> say.find('stay',3,15)       #提供起点和终点
-1
>>> say.find('stay',3,18)       #提供起点和终点
12
```

由输出结果可以看到，find()方法可以只指定起始索引下标参数查找指定子字符串是否在字符串中，也可以指定起始索引下标参数和结束索引下标参数查找子字符串是否在字符串中。

在实际项目应用中，find()方法的使用不是很多，一般在想要知道某个字符串在另一个字符串中的索引下标位置时使用较多，其余情形比较少使用。

4.3.5 lower()方法

lower()方法用于将字符串中所有大写字母转换为小写。lower()方法的语法格式如下：

```
str.lower()
```

此语法中，str代表指定检索的字符串，该方法不需要参数。返回结果为字符串中所有大

写字母转换为小写后生成的字符串。

该方法的使用示例如下：

```
>>> field='DO IT NOW'
>>> print('调用 lower 得到字符串: ',field.lower())
调用 lower 得到字符串:  do it now
>>> greeting='Hello,World'
>>> print('调用 lower 得到字符串: ',greeting.lower())
调用 lower 得到字符串:  hello,world
```

由输出结果可以看到，使用 lower()方法后，字符串中所有的大写字母都转换为小写字母了，小写字母保持小写。

如果想要使某个字符串不受大小写影响，都为小写，就可以使用 lower()方法做统一转换。如果想要在一个字符串中查找某个子字符串并忽略大小写，也可以使用 lower()方法，操作如下：

```
>>> field='DO IT NOW'
>>> field.find('It')    #field字符串不转换为小写字母，找不到匹配字符串
-1
>>> field.lower().find('It')    #field字符串先转换为小写字母，但It不转为小写字母，找不到匹配字符串
-1
>>> field.lower().find('It'.lower())    #都使用 lower()方法转换成小写字母后查找
3
```

由输出结果可以看到，使用 lower()方法，对处理那些忽略大小写的字符串匹配非常方便。

在实际项目应用中，lower()方法的应用也不是很多，lower()方法的主要应用场景是将字符串中的大写字母转换为小写字母，或是在不区分字母大小写时比较字符串，其他场景应用相对少。

4.3.6 upper()方法

upper()方法用于将字符串中的小写字母转换为大写字母。upper()方法的语法格式如下：

```
str.upper()
```

此语法中，str 代表指定检索的字符串，该方法不需要参数。返回结果为小写字母转换为大写字母的字符串。

该方法的使用示例如下：

```
>>> field='do it now'
>>> print('调用 upper 得到字符串: ',field.upper())
调用 upper 得到字符串:  DO IT NOW
>>> greeting='Hello,World'
>>> print('调用 upper 得到字符串: ',greeting.upper())
调用 upper 得到字符串:  HELLO,WORLD
```

由输出结果可以看到，字符串中的小写字母全部转换为大写字母了。

如果想要使某个字符串不受大小写影响，都为大写，就可以使用 upper()方法做统一转

换。如果想要在一个字符串中查找某个子字符串并忽略大小写,也可以使用 upper()方法,操作如下:

```
>>> field='do it now'
>>> field.find('It')  #都不转换为大写,找不到匹配字符串
-1
>>> field.upper().find('It')  #被查找的字符串不转换为大写,找不到匹配字符串
-1
>>> field.upper().find('It'.upper())  #使用 upper()方法转换为大写后查找
3
```

由输出结果可以看到,使用 upper()方法,对处理那些忽略大小写的字符串匹配非常方便。

在实际项目应用中,upper()方法的应用也不是很多,upper()方法的主要应用场景是将字符串中的小写字母都转换为大写字母,或是在不区分字母大小写时比较字符串,其他场景应用相对少。

4.3.7 replace()方法

replace()方法用于做字符串替换。replace()方法的语法格式如下:

```
str.replace(old, new[, max])
```

此语法中,str 代表指定检索的字符串;old 代表将被替换的子字符串;new 代表新字符串,用于替换 old 子字符串;max 代表可选字符串,如果指定了 max 参数,则替换次数不超过 max 次。

返回结果为将字符串中的 old(旧字符串)替换成 new(新字符串)后生成的新字符串。该方法的使用示例如下:

```
>>> field='do it now,do right now'
>>> print('原字符串: ',field)
原字符串:  do it now,do right now
>>> print('新字符串: ',field.replace('do','Just do'))
新字符串:  Just do it now,Just do right now
>>> print('新字符串: ',field.replace('o','Just',1))
新字符串:  dJust it now,do right now
>>> print('新字符串: ',field.replace('o','Just',2))
新字符串:  dJust it nJustw,do right now
>>> print('新字符串: ',field.replace('o','Just',3))
新字符串:  dJust it nJustw,dJust right now
```

由输出结果可以看到,使用 replace()方法时,若不指定第 3 个参数,则字符串中所有匹配到的字符都会被替换;若指定第 3 个参数,则从字符串的左边开始往右进行查找匹配并替换,达到指定的替换次数后,便不再继续查找,若字符串查找结束仍没有达到指定的替换次数,则结束。

在实际项目应用中,replace()方法的应用不多,遇到需要使用稍微复杂的替换时,可以查阅相关文档。

4.3.8 swapcase()方法

swapcase()方法的语法格式如下：

```
str.swapcase()
```

此语法中，str 代表指定检索的字符串，该方法不需要参数。返回结果为大小写字母转换后生成的新字符串。

swapcase()方法用于对字符串中的大小写字母进行转换，将字符串中的大写字母转换为小写字母，小写字母转换为大写字母。

该方法的使用示例如下：

```
>>> field='Just do it,NOW'
>>> print('原字符串: ',field)
原字符串:  Just do it,NOW
>>> print('调用 swapcase 方法后得到的字符串: ',field.swapcase())
调用 swapcase 方法后得到的字符串:  jUST DO IT,now
```

由输出结果可以看到，调用 swapcase()方法后，输出结果中的大写字母变为小写字母、小写字母变为大写字母。使用该方法进行大小写转换非常方便。

在实际项目应用中，swapcase()方法应用得比较少。

4.3.9 translate()方法

translate()方法的语法格式如下：

```
str.translate(table[, deletechars])
```

此语法中，str 代表指定检索的字符串；table 代表翻译表，翻译表通过 maketrans()方法转换而来；deletechars 代表字符串中要过滤的字符列表。返回结果为翻译后的字符串。

translate()方法根据参数 table 给出的表（包含 256 个字符）转换字符串的字符，将要过滤掉的字符放到 del 参数中。

该方法的使用示例如下：

```
>>> intab='adefs'
>>> outtab='12345'
>>> trantab=str.maketrans(intab,outtab)
>>> st='just do it'
>>> print('st 调用 translate 方法后: ',st.translate(trantab))
st 调用 translate 方法后:  ju5t 2o it
```

由输出结果可以看到，使用 translate()方法后，有几个字符被替换成数字了，被替换的字符既在 intab 变量中，又在 st 变量中，如图 4-1 所示。对于既在 intab，又在 st 中的字符，使用 outtab 中对应的字符替换。由图 4-1 可知，intab 中的字符 d 和 s 对应 outtab 中的字符 2 和 5，所以最后输出字符串中的 d 被替换成 2、s 被替换成 5，这样就得到了最后我们看到的字符串 ju5t 2o it。

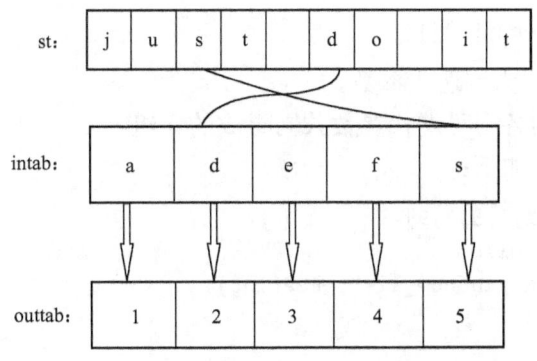

图 4-1 字符串对应关系

translate()方法和 replace()方法一样，可以替换字符串中的某些部分。但和 replace()方法不同的是，replace()方法只处理单个字符，而 translate()方法可以同时进行多个替换，有时比 replace()方法的效率高很多。

在实际项目应用中，translate()方法的使用属于比较高级的应用，学有余力的读者可以多做一些深入了解。

4.4 活学活用——知识拓展

前面介绍了一些字符串的方法，本节将字符串的另外两个方法作为拓展进行介绍，此外，本节也将提前使用第六章的一些知识点。

1. enumerate()方法

enumerate()方法的语法格式如下：

```
enumerate(iterable)
```

参数 iterable 为可迭代对象。

enumerate()方法生成由二元组（二元组就是元素数量为 2 的元组）构成的一个迭代对象，每个二元组是由可迭代参数的索引号及其对应的元素组成的。

enumerate()方法的使用示例如下：

```
>>> greeting='hello'
>>> for item in enumerate(greeting):
    print(item)

(0, 'h')
(1, 'e')
(2, 'l')
(3, 'l')
(4, 'o')
```

示例中使用的 for 将会在第六章进行详细讲解，有兴趣的同学可以先进行相关研究。

2. zip()方法

zip()方法的语法格式如下：

```
zip(iter1 [,iter2 […]])
```

参数中的 iter1、iter2 为可迭代参数。

zip()方法用于返回由各个可迭代参数共同组成的元组。

zip()方法的使用示例如下：

```
>>> num_list=[1,3,5,7,9]
>>> greeting='hello'
>>> for item in zip(num_list,greeting):
    print(item)

(1, 'h')
(3, 'e')
(5, 'l')
(7, 'l')
(9, 'o')
>>> num_tuple=(2,4,6,8,10)
>>> for item in zip(num_list,greeting,num_tuple):
    print(item)

(1, 'h', 2)
(3, 'e', 4)
(5, 'l', 6)
(7, 'l', 8)
(9, 'o', 10)
```

4.5 技巧点拨

（1）尝试使用整数格式化的占位符格式化字符串，例如，输入：

```
>>> print ('hello,%d' % 'world')
Traceback (most recent call last):
  File "<pyshell#99>", line 1, in <module>
    print ('hello,%d' % 'world')
TypeError: %d format: a number is required, not str
>>> print('hello,{}'.format(int('world')))   #print ('hello,%d' % 'world') 等价于该操作
Traceback (most recent call last):
  File "<pyshell#100>", line 1, in <module>
    print('hello,{}'.format(int('world')))
ValueError: invalid literal for int() with base 10: 'world'
```

由输出结果可知，不能使用整数格式化的占位符格式化字符串，正如错误信息提示：%d 格式化需要一个数字，而不是字符串。

（2）在使用%f输出圆周率的示例中，若将%f更改为%d，是否能正常输出？若能正常输出，输出结果会怎样？尝试输入如下：

```
>>> print ('圆周率PI的值为: %d' % 3.14)
```

```
圆周率 PI 的值为: 3
>>> print ('圆周率 PI 的值为: {}'.format(int(3.14)))    #相当于是这种操作
圆周率 PI 的值为: 3
```

由输出结果可以看到，打印出来的结果把小数点后的数值都抛弃了，%d 就是格式化整数的，对于浮点数，也会自动转换为整数。

（3）在用 0 填充的示例中，把 010 的第一个 0 更改为其他数字，查看输出结果。再在精度之前添加一个 0 或大于 0、小于 0 的数字，查看输出结果。

```
>>> print ('圆周率 PI 的值为: {0:06.2f}'.format(3.141593))
圆周率 PI 的值为: 003.14
>>> print ('圆周率 PI 的值为: {0:16.2f}'.format(3.141593))
圆周率 PI 的值为:             3.14
>>> print ('圆周率 PI 的值为: {0:.02f}'.format(3.141593))
圆周率 PI 的值为: 3.14
>>> print ('圆周率 PI 的值为: {0:.12f}'.format(3.141593))
圆周率 PI 的值为: 3.141593000000
>>> print ('圆周率 PI 的值为: {0:.-12f}'.format(3.141593))
Traceback (most recent call last):
  File "<pyshell#98>", line 1, in <module>
    print ('圆周率 PI 的值为: {0:.-12f}'.format(3.141593))
ValueError: unsupported format character '-' (0x2d) at index 11
```

由输出结果可以看到，在做浮点数的格式化时，将宽度前面的 0 更改为其他数字会被认为是宽度值，而不是填充值，而在精度前面添加 0 对结果没有影响；若添加大于 0 的数字，则作为小数的实际位数输出，位数不够后面补 0；但若添加小于 0 的数字，则会报错。

4.6 问题探讨

（1）字符串格式化在项目实战中一般用于做什么？

答：一般用于输出信息的格式化，见得最多的是格式化异常日志的输出。在实际编码中，异常是不可避免的，一般异常日志会比较多，就需要格式化输出，以便于问题查找。应用比较多的还有打印运行状态日志，在项目的关键位置打印格式化后的日志，便于项目人员查看项目运行状况。

（2）字符串方法很常用吗？

答：这个要看接触的是什么样的工作内容，基本上都会经常用到，这也是读者在使用过程中慢慢发现的，是基于实战经验的积累，在平时使用频率都比较高。当然，有一些本书没有列举出来的方法，在实际使用中也会经常用到，读者用到时可以自己查看相关资料。

4.7 章节回顾

（1）回顾字符串的基本操作都有哪些。
（2）回顾有哪些字符串格式化的方法。
（3）回顾字符串有哪些方法，都怎么使用。

4.8 实战演练

（1）自定义一个变量，使用 f 字符格式化的方式，实现整数、浮点数的格式化输出。

（2）查找 index()方法的使用方式，和 find()方法的使用方式进行对比，看看两者的异同。

（3）定义一个包含数字、英文字母和中文的字符串变量，将变量中的大写字母转换为小写字母，小写字母转换为大写字母。

（4）定义一个包含数字、英文字母和中文的字符串变量，统计字符串中有多少个数字，有多少个英文字母。

（5）小智的智商从去年的 120 分提升到了今年的 139 分，请计算小智智商提升的百分比，并用 format 字符串格式化或 f 字符串格式化的方式输出"xx.x%"的结果形式，结果保留一位小数。

第五章　字典和集合

本章将介绍一种通过名字引用值的数据结构，这种结构类型称为映射（mapping）。字典是 Python 中唯一内建的映射类型，是另一种可变容器模型，可存储任意类型对象。

集合和字典类似，但集合没有映射。

Python 快乐学习班的同学"参观"学习完字符串主题园后，他们来到字典屋。在"序列号"大巴上时，导游给每位同学编了一个序号，在字典屋，Python 快乐学习班的同学将通过序号找到同学的名称，也将通过名称找到序号。现在让我们陪同 Python 快乐学习班的同学一同进入字典屋。

5.1　认识字典

在 Python 中，字典是一种数据结构，这种结构的功能就如它的命名一样，可以像汉语字典一样使用。

在使用汉语字典时，想查找某个汉字时，可以从头到尾一页一页地查找这个汉字，也可以通过拼音索引或笔画索引快速找到这个汉字，在汉语字典中找拼音索引和笔画索引非常轻松简单。

Python 对字典进行了构造，让我们使用时可以轻松查到某个特定的键（类似拼音或笔画索引），从而通过键找到对应的值（类似具体某个字）。

进入字典屋后，Python 快乐学习班的同学以组为单位在字典屋的几张圆形桌上坐下，第一组的五位成员分别叫小萌、小智、小强、小张、小李，序号分别是 0、1、2、3、4，为了便于接下来的演示，序号用三位数表示，不足三位时前面补 0，第一组五位同学的新序号分别表示为 000、001、002、003、004。

现在需要创建一个小型数据库，用于存储第一组五位同学的姓名和序号，使用列表怎样才能实现？从列表中找到叫小智的同学的序号需要怎样实现？操作示例如下：

```
>>> students=['小萌','小智','小强','小张','小李']
>>> numbers=['000','001','002','003','004']
>>> index_num=students.index("小智")
>>> print(f'小智在 students 中的索引下标是: {index_num}')
小智在 students 中的索引下标是: 1
>>> xiaozhi_num=numbers[index_num]
>>> print(f'小智在 numbers 中的序号是: {xiaozhi_num}')
小智在 numbers 中的序号是: 001
```

由输出结果可以看到，以上代码输出了我们想要的结果，但操作过程比较烦琐，数据量较大时，操作起来会非常麻烦。

对于上面的示例，当学生数较多时，先要创建一个比较大的学生姓名列表，接着要创建一个和学生姓名列表有同样多元素的序号列表，一旦学生姓名列表或序号列表发生变更，就要将学号列表和学生姓名列表进行一一比对，以确保同步变更及变更的正确性。

对于上面的操作，Python 中是否提供了更简单的实现方式？能否做到像使用 index()方法一样，用类似 index()的方法返回索引位置，通过索引位置直接返回值？操作示例如下：

```
>>> print('小智的序号是: ',numbers['小智'])
小智的学号是:  001
```

在 Python 中，这种操作是可以实现的，但前提是 numbers 是字典。

5.2 字典的创建和使用

在 Python 中，创建字典的语法格式如下：

```
>>> d={key1 : value1, key2 : value2 }
```

字典由多个键及其对应的值构成的键值对组成（一般把一个键值对称为一个项）。字典的每个键值对（key/value）用冒号（:）分隔，每个项之间用逗号（,）分隔，整个字典包括在花括号({})中。空字典（不包括任何项）仅由花括号组成，如{}。

在定义的一个字典中，键必须是唯一的，一个字典中不能出现两个或两个以上相同的键，若出现，则执行直接报错，但值可以有相同的。在字典中，键必须是不可变的，如字符串、数字或元组，但值可以取任何数据类型。

下面是一个简单的字典示例：

```
>>> dict_define={'小萌': '000', '小智': '001', '小强': '002'}
>>> dict_define
{'小萌': '000', '小智': '001', '小强': '002'}
```

也可以为如下形式：

```
>>> dict_1={'abc': 456}
>>> dict_1
{'abc': 456}
>>> dict_2={'abc': 123, 98.6: 37}
>>> dict_2
{'abc': 123, 98.6: 37}
```

5.2.1 dict()函数的定义与使用

在 Python 中，可以用 dict()函数，通过其他映射（如其他字典）或键值对建立字典，操作示例如下：

```
>>> student=[('name','小智'),('number','001')]
>>> student
[('name', '小智'), ('number', '001')]
>>> type(student)
```

```
<class 'list'>
>>> student_info=dict(student)
>>> type(student_info)
<class 'dict'>
>>> print(f'学生信息: {student_info}')
学生信息: {'name': '小智', 'number': '001'}
>>> student_name=student_info['name']
>>> print(f'学生姓名: {student_name}')
学生姓名: 小智
>>> student_num=student_info['number']     #从字典中轻松获取学生序号
>>> print(f'学生序号: {student_num}')
学生学号: 001
```

由输出结果可以看到，可以使用dict()函数将序列转换为字典。并且字典的操作很简单，5.1节中期望的功能也很容易实现。

dict()函数可以通过关键字参数的形式创建字典，操作示例如下：

```
>>> student_info=dict(name='小智',number='001')
>>> print(f'学生信息: {student_info}')
学生信息: {'name': '小智', 'number': '001'}
```

由输出结果可以看到，通过关键字参数的形式创建了字典。

需要补充一点：字典是无序的，就是不能通过索引下标的方式从字典中获取元素，例如：

```
>>> student_info=dict(name='小智',number='001')
>>> student_info[1]
Traceback (most recent call last):
  File "<pyshell#139>", line 1, in <module>
    student_info[1]
KeyError: 1
```

由输出结果可以看到，在字典中，不能直接使用索引下标的方式（类似列表）取得字典中的元素，因为字典是无序的。

通过关键字创建字典是dict()函数非常有用的一个功能，应用非常便捷，在实际项目应用中，可以多加使用。

5.2.2 操作字典

字典的基本操作大部分与序列（sequence）类似，字典有修改、删除等基本操作。下面逐一进行具体的讲解。

1. 字典的修改

字典的修改包括字典的更新和新增两个操作。

字典的更新，是指对已有键值对做修改，操作结果是保持现有键值对数量不变，但其中某个或某几个键、值或键值发生了变更。

字典的新增，指的是向字典添加新内容，操作的结果是在字典中增加至少一个新的键值对，键值对数量会比新增之前至少多一个。

字典的更新和新增操作的示例如下：

```
>>> student={'小萌':'000','小智':'001','小强':'002'}
>>> print(f'更改前, student: {student}')
更改前, student: {'小萌': '000', '小智': '001', '小强': '002'}
>>> xiaoqiang_num=student['小强']
>>> print(f'更改前, 小强的序号是: {xiaoqiang_num}')
更改前, 小强的序号是: 002
>>> student['小强']='005'   #更新小强的序号为005
>>> xiaoqiang_num=student['小强']
>>> print(f'更改后, 小强的序号是: {xiaoqiang_num}')
更改后, 小强的序号是: 005
>>> print(f'更改后, student: {student}')
更改后, student: {'小萌': '000', '小智': '001', '小强': '005'}
>>> student['小张']='003'   #添加一个学生
>>> xiaozhang_num=student['小张']
>>> print(f'小张的序号是: {xiaozhang_num}')
小张的序号是: 003
>>> print(f'添加小张后, student: {student}')
添加小张后, student: {'小萌': '000', '小智': '001', '小强': '005', '小张': '003'}
```

由输出结果可以看到，对字典的修改和添加操作均成功。

2. 字典元素的删除

此处字典元素的删除指的是显式删除，显式删除一个字典元素用 del 命令，操作示例如下：

```
>>> student={'小强': '002', '小萌': '000', '小智': '001', '小张': '003'}
>>> print(f'删除前:{student}')
删除前:{'小强': '002', '小萌': '000', '小智': '001', '小张': '003'}
>>> del student['小张']   #删除 键值为"小张"的键
>>> print(f'删除后:{student}')
删除后:{'小强': '002', '小萌': '000', '小智': '001'}
```

由输出结果可以看到，变量 student 在删除前有一个键为小张、值为003 的元素，执行删除键为小张的操作后，键为小张、值为003 的元素就不存在了，即对应键值对被删除了，所以在字典中，可以通过删除键来删除一个字典元素。

在 Python 中，除了可以删除键，还可以直接删除整个字典，例如：

```
>>> student={'小强': '002', '小萌': '000', '小智': '001', '小张': '003'}
>>> print(f'删除前:{student}')
删除前:{'小强': '002', '小萌': '000', '小智': '001', '小张': '003'}
>>> del student   #删除整个字典
>>> print(f'删除后:{student}')
Traceback (most recent call last):
  File "<pyshell#7>", line 1, in <module>
    print(f'删除后:{student}')
NameError: name 'student' is not defined
```

由输出结果可以看到，通过删除变量 student，就删除了整个字典。字典删除后就不能进行访问了，这是因为执行 del 操作后，字典就不存在了，字典变量（如上面的 student 变量）也不存在了，继续访问不存在的变量，就会报变量没有定义的错误。

3. 字典的特性

在 Python 中，字典中的值可以没有限制地取任何值，既可以是标准对象，也可以是用户定义的对象，但键不行。

对于字典，需要强调以下两点：

（1）在一个字典中，不允许同一个键出现两次，即键不能相同。创建字典时如果同一个键被赋值两次或以上，则最后一次的赋值会覆盖前一次的赋值，输入如下：

```
>>> student={'小萌':'000','小智':'001','小萌':'002'}   #小萌赋两次值，第一次000，第二次002
>>> print(f'学生信息: {student}')
学生信息: {'小萌': '002', '小智': '001'}   #输出结果中小萌的值为002
```

由输出结果可以看到，示例中对键为小萌的元素做了两次赋值操作，但输出结果中只有一个键为小萌的元素，并且对应值为第二次所赋的值。

（2）字典中的键必须为不可变的，可以用数字、字符串或元组充当，但不能用列表，输入如下：

```
>>> student={('name',):'小萌','number':'000'}
>>> print(f'学生信息: {student}')
学生信息: {('name',): '小萌', 'number': '000'}
>>> student={['name']:'小萌','number':'000'}
Traceback (most recent call last):
  File "<pyshell#11>", line 1, in <module>
    student={['name']:'小萌','number':'000'}
TypeError: unhashable type: 'list'
```

由输出结果可以看到，在字典中，可以使用元组做键，因为元组是不可变的。但不能用列表做键，因为列表是可变的，使用列表做键，运行时会提示类型错误。

4. 字典中使用 len() 函数

在字典中，len() 函数用于计算字典中元素的个数，也可以理解为字典中键的总数，输入如下：

```
>>> student={'小萌':'000','小智':'001','小强':'002','小张':'003','小李':'004'}
>>> print(f'字典元素个数为: {len(student)}')
字典元素个数为: 5
```

由输出结果可以看到，通过使用 len() 函数，得到字典 student 变量中的元素个数为 5。

5. 字典中使用 type() 函数

type() 函数用于返回输入变量的类型，如果输入变量是字典就返回字典类型，输入如下：

```
>>> student={'小萌':'000','小智':'001','小强':'002','小张':'003','小李':'004'}
>>> print(f'字典的类型为: {type(student)}')
```

字典的类型为：<class 'dict'>

由输出结果可以看到，通过 type() 函数得到 student 变量的类型为字典（dict）类型。

5.2.3 字典和列表比较

假如给你一个任务，让你从一堆名字中查找某个名字，找到名字后再找到这个名字对应的序号，名字和序号是一一对应的，就如此时在字典屋的 Python 快乐学习班的全体同学都有一个唯一的序号。

根据我们目前所学，可以有两种实现方式：list 列表和 dict 字典。

方式一：使用 list 列表。如果用 list 实现，需要定义两个列表，一个列表存放名字，一个列表存放序号，并且两个列表中的元素有一一对应的关系。使用列表的方式，要先在名字列表中找到对应的名字，再从序号列表中取出对应的序号，使用列表的方式会发现，当 list 列表越长时，耗时也越长。

方式二：使用 dict 字典。如果用 dict 实现，只需要一个名字和序号一一对应的字典，就可以直接根据名字查找序号，无论字典有多大，查找速度都不会变。

为什么 dict 查找速度这么快？

因为在 Python 中，dict 字典的实现原理和查字典类似，而 list 的实现原理则和标准的复读机类似，只能从左往右，一个不漏地读一遍。假设字典中包含 10000 个汉字，要查某个汉字时，一种方法是把字典从第一页往后翻，每一页从左到右，从上往下查找，直到找到想要的汉字为止，这种方式就是在 list 中查找元素的方式，所以当 list 越大时，查找会越慢。另一种方法是在字典的索引表里（如部首表）查这个汉字对应的页码，然后直接翻到该页找到这个汉字。用这种方式，无论找哪个汉字，查找速度都会非常快，不会随着字典大小的增加而变慢。

dict 就是第二种实现方法，给定一个名字，比如要查找 5.2.2 节中变量 student 中"小萌"的序号，在 dict 内部就可以直接计算出"小萌"存放序号的"页码"，也就是 000 存放的内存地址，直接取出来即可，所以速度非常快。

综上所述，list 和 dict 各有以下几个特点。

字典 dict 的特点：

（1）查找和插入的速度极快，不会随着字典中键的增加而变慢。

（2）字典需要占用大量内存，内存浪费多。

（3）字典中的元素是无序的，即不能通过索引下标的方式从字典中取元素。

列表 list 的特点：

（1）查找和插入时间随着列表中元素的增加而增加。

（2）列表占用空间小，浪费内存很少。

（3）列表的元素是有序的，即可以通过索引下标从列表中取元素。

所以，字典 dict 可以理解为通过空间换取时间，而列表 list 则是通过时间换取空间。

字典 dict 可以用在很多需要高速查找的地方，在 Python 代码中几乎无处不在，正确使用 dict 非常重要，需要牢记 dict 的键必须是不可变对象。

5.3 字典方法

像 list 列表、str 字符串等内建类型一样,字典也有方法,本节将详细介绍字典中的一些基本方法。

5.3.1 get()方法

get()方法返回字典中指定键的值,get()方法的语法格式如下:

```
dict.get(key, default=None)
```

此语法中,dict 代表指定字典,key 代表字典中要查找的键,default 代表指定的键不存在时返回的默认值。该方法的返回结果为指定键的值,如果键不在字典中,就返回默认值 None。该方法的使用示例如下:

```
>>> student={'小萌': '000', '小智': '001'}
>>> print (f'小萌的学号为: {num})')
小萌的学号为: 000
```

由输出结果可以看到,get()方法使用起来比较简单。再看如下示例:

```
>>> st={}
>>> print(st['name'])
Traceback (most recent call last):
  File "<pyshell#28>", line 1, in <module>
    print(st['name'])
KeyError: 'name'
>>> print(st.get('name'))
None
>>> name=st.get('name')
>>> print(f'name 的值为: {name}')
name 的值为: None
```

由输出结果可以看到,用其他方法试图访问字典中不存在的项时会报错,而使用 get()方法就不会报错。使用 get()方法访问一个不存在的键时,返回 None。这里可以自定义默认值,用于替换 None,例如:

```
>>> st={}
>>> name=st.get('name','未指定')
>>> print(f'name 的值为: {name}')
name 的值为: 未指定
```

输出结果中用"未指定"替代了 None。

在实际项目应用中,get()方法使用得非常多,在使用字典时,get()方法的使用几乎是不可避免的。

5.3.2 keys()方法

在 Python 中,keys()方法用于返回一个字典的所有键,keys()方法的语法格式如下:

```
dict.keys()
```

此语法中，dict 代表指定字典，keys()方法不需要参数。返回结果为一个字典的所有键，所有键存放于一个元组数组中，元组数组中的值没有重复的。

该方法的使用示例如下：

```
>>> student={'小萌': '000', '小智': '001'}
>>> all_keys=student.keys()
>>> print(f'字典 student 所有键为: {all_keys}')
字典 student 所有键为: dict_keys(['小萌', '小智'])
>>> print(f'字典 student 所有键为: {list(all_keys)}')   #keys()得到元组数组，转成
list，便于观看
字典 student 所有键为: ['小萌', '小智']
```

由输出结果可以看到，keys()方法返回的是一个元组数组，数组中包含字典的所有键。

在实际项目应用中，keys()方法的使用也非常多，经常会遇到需要将字典中的键转换为列表做操作的应用。

5.3.3　values()方法

values()方法用于返回字典中的所有值，values()方法的语法格式如下：

```
dict.values()
```

此语法中，dict 代表指定字典，values()方法不需要参数。返回结果为字典中的所有值，所有值存放于一个列表中，与键的返回结果不同，值的返回结果中可以包含重复的元素。

该方法的使用示例如下：

```
>>> student={'小萌': '000', '小智': '1002','小李':'002'}
>>> all_values=student.values()
>>> print(f'student 字典所有值为: {all_values}')
student 字典所有值为: dict_values(['000', '1002', '002'])
>>> print(f'student 字典所有值为: {list(all_values)}') #values()得到元组数组，转
成 list，便于观看
student 字典所有值为: ['000', '1002', '002']
```

由输出结果可以看到，values()方法返回的是一个元组数组，数组中包含字典的所有值，返回的值中包含重复的元素值。

在实际项目应用中，values()方法的使用也非常多，经常会遇到需要将字典中的值转换为列表做操作的应用，并且一般会和 keys()方法一起使用。

5.3.4　key in dict 方法

在 Python 中，字典中的 in 操作符用于判断键是否存在于字典中。key in dict 方法的语法格式如下：

```
key in dict
```

此语法中，dict 代表指定字典，key 代表要在字典中查找的键。如果键在字典中，就返回

True，否则返回 False。

该方法的使用示例如下：

```
>>> student={'小萌': '000', '小智': '001'}
>>> xm_in_stu='小萌' in student
>>> print(f'小萌在 student 字典中: {xm_in_stu}')
小萌在 student 字典中: True
>>> xq_in_stu='小强' in student
>>> print(f'小强在 student 字典中: {xq_in_stu}')
小强在 student 字典中: False
```

由输出结果可以看到，使用 key in dict 方法，返回结果为对应的 True 或 False。

该方法是 Python 3.x 中才有的方法。在 Python 3.x 之前没有，在 Python 2.x 中有一个和该方法具有相同功能的方法——has_key()方法，不过 has_key()方法的使用方式和 in 不同，有兴趣读者可以深入了解，此处不展开讲解。

在实际项目应用中，key in dict 方法的应用也比较多，一般用于判断某个键是否在字典中，以此来判定下一步的执行计划。

5.3.5 update()方法

update()方法用于把一个字典 A 的键值对更新到另一个字典 B 里。update()方法的语法格式如下：

```
dict.update(dict2)
```

此语法中，dict 代表指定字典，dict2 代表添加到指定字典 dict 中的字典。该方法没有任何返回值。

该方法的使用示例如下：

```
>>> student={'小萌': '000', '小智': '001'}
>>> student2={'小李':'003'}
>>> print(f'原 student 字典为: {student}')
原 student 字典为: {'小萌': '000', '小智': '001'}
>>> student.update(student2)
>>> print(f'新 student 字典为: {student}')
新 student 字典为: {'小萌': '000', '小智': '001', '小李': '003'}
>>> student3={'小李':'005'}
>>> student.update(student3)    #对相同项覆盖
>>> print(f'新 student 字典为: {student}')
新 student 字典为: {'小萌': '000', '小智': '001', '小李': '005'}
```

由输出结果可以看到，使用 update()方法，可以将一个字典中的项添加到另一个字典中，如果有相同的键就会将键对应的值覆盖。

在实际项目应用中，update()方法的使用不多，一般用于将两个字典合并。

5.3.6 clear()方法

clear()方法用于删除字典内的所有元素，clear()方法的语法格式如下：

```
dict.clear()
```

此语法中，dict 代表指定字典，该方法不需要参数。该方法是一个原地操作函数，没有任何返回值（返回值为 None）。

该方法的使用示例如下：

```
>>> student={'小萌': '000', '小智': '001', '小强': '002','小张': '003'}
>>> print(f'字典元素个数为: {len(student)}')
字典元素个数为: 4
>>> student.clear()
>>> print(f'字典删除后元素个数为: {len(student)}')
字典删除后元素个数为: 0
```

由输出结果可知，在字典中，使用 clear()方法后，整个字典内所有元素都会被删除。

下面看两个示例。

示例 1：

```
>>> x={}
>>> y=x
>>> x['key']='value'
>>> y
{'key': 'value'}
>>> x={}
>>> y
{'key': 'value'}
```

示例 2：

```
>>> x={}
>>> y=x
>>> x['key']='value'
>>> y
{'key': 'value'}
>>> x.clear()
>>> y
{}
```

两个示例中，x 和 y 最初对应同一个字典。示例 1 中，通过将 x 关联到一个新的空字典对它重新赋值，这对 y 没有任何影响，还关联到原来的字典。若想清空原始字典中的所有元素，则必须使用 clear()方法，使用 clear()后，y 的值也被清空了。

在实际项目应用中，clear()方法的使用不是很多，一般在大批量遍历时，会使用 clear()方法清空一个字典，便于下一次遍历使用。

5.3.7 copy()方法

copy()方法用于返回一个具有相同键值对的新字典，copy()方法的语法格式如下：

```
dict.copy()
```

此语法中，dict 代表指定字典，该方法不需要参数。该方法的返回结果为一个字典的浅复制（Shallow Copy）。

该方法的使用示例如下：

```
>>> student={'小萌': '000', '小智': '001', '小强': '002','小张': '003'}
>>> st=student.copy()
>>> print(f'复制 student 后得到的 st 为: {st}')
复制 student 后得到的 st 为: {'小萌': '000', '小智': '001', '小强': '002', '小张': '003'}
```

由输出结果可以看到，使用 copy() 方法可以将一个字典变量复制给另一个变量。

接下来，通过下面的示例介绍什么是浅复制。

```
>>> student={'小智': '001', 'info':['小张','003','man']}
>>> st=student.copy()
>>> st['小智']='1005'
>>> print(f'更改 copy 后的 st 为: {st}')
更改 copy 后的 st 为: {'小智': '1005', 'info': ['小张', '003', 'man']}
>>> print(f'原字符串为: {student}')
原字符串为: {'小智': '001', 'info': ['小张', '003', 'man']}
>>> st['info'].remove('man')
>>> print(f'变量 st 中删除 man 后，st 变为: {st}')
变量 st 中删除 man 后，st 变为: {'小智': '1005', 'info': ['小张', '003']}
>>> print(f'删除后 student 为: {student}')
删除后 student 为: {'小智': '001', 'info': ['小张', '003']}
```

由输出结果可以看到，替换副本的值时原始字典不受影响。如果修改了某个值（原地修改，不是替换），原始字典就会改变，因为同样的值也在原始字典中。以这种方式进行复制就是浅复制，而使用深复制（Deep Copy）可以避免该问题，此处不进行讲解，感兴趣的读者可以自己查找相关资料。

在实际项目应用中，copy() 方法的使用不多。当然，在用到 copy() 可以实现的功能时，要毫不犹豫地使用 copy() 方法。

5.3.8 fromkeys() 方法

fromkeys() 方法用于创建一个新字典，fromkeys() 方法的语法格式如下：

```
dict.fromkeys(seq[, value]))
```

此语法中，dict 代表指定字典，seq 代表字典键值列表，value 代表可选参数，设置 seq 的值。该方法的返回结果为列表。

该方法的使用示例如下：

```
>>> seq=('name', 'age', 'sex')
>>> info=dict.fromkeys(seq)
>>> print (f'新的字典为:{info}')
新的字典为:{'name': None, 'age': None, 'sex': None}
>>> info=dict.fromkeys(seq, 10)
>>> print(f'新的字典为:{info}')
新的字典为:{'name': 10, 'age': 10, 'sex': 10}
```

由输出结果可以看到，fromkeys()方法使用给定的键建立新字典，每个键默认对应的值为 None。

在实际项目应用中，fromkeys()方法的使用不多，更多地用于初始化一个新字典。

5.3.9 items()方法

items()方法以列表返回可遍历的（键/值）元组数组，items()方法的语法格式如下：

```
dict.items()
```

此语法中，dict 代表指定字典，该方法不需要参数。返回结果为可遍历的（键/值）元组数组。该方法的使用示例如下：

```
>>> student={'小萌': '000', '小智': '001'}
>>> print(f'调用 items 方法的结果: {student.items()}')
调用 items 方法的结果: dict_items([('小萌', '000'), ('小智', '001')])
```

由输出结果可以看到，items()方法的返回结果为一个元组数组。

在 Python 2.x 中提供了一个 iteritems()方法，iteritems()方法和 items()方法的作用大致相同，但是 iteritems()方法返回的是一个迭代器对象，而不是列表。在 Python 3.x 中，没有 iteritems()方法。

在实际项目应用中，items()方法使用得不多。

5.3.10 setdefault()方法

setdefault()方法和 get()方法类似，用于获得与给定键相关联的值，setdefault()方法的语法格式如下：

```
dict.setdefault(key, default=None)
```

此语法中，dict 代表指定字典，key 代表查找的键值，default 代表键不存在时设置的默认键值。setdefault()方法返回 key 在字典中对应的值，如果键不存在于字典中，就会添加键并将值设为默认值，然后返回新设置的默认值。

该方法的使用示例如下：

```
>>> student={'小萌': '000', '小智': '001'}
>>> xq=student.setdefault('小强')
>>> print(f'小强的键值为: {xq_default}')
小强的键值为: None
>>> xz=student.setdefault('小智')
>>> print(f'小智的键值为: {xz}')
小智的键值为: 001
>>> print(f'student 字典新值为: {student}')
student 字典新值为: {'小萌': '000', '小智': '001', '小强': None}
```

由输出结果可以看到，当键不存在时，setdefault()方法返回默认值并更新字典；当键存在时，就返回与其对应的值，不改变字典。和 get()方法一样，默认值可以选择，如果不设置就为 None，如果设置就为设置的值，示例如下：

```
>>> student={'小萌': '000', '小智': '001'}
>>> xq=student.setdefault('小强')
>>> print(f'小强的键值为: {xq}')
小强的键值为: None
>>> print(f'student 为: {student}')
student 为: {'小萌': '000', '小智': '001', '小强': None}
>>> xz=student.setdefault('小张','006')
>>> print(f'小张的键值为: {xz}')
小张的键值为: 006
>>> print(f'student 为: {student}')
student 为: {'小萌': '000', '小智': '001', '小强': None, '小张': '006'}
```

由输出结果可以看到，小强没有设置值时，使用的是默认值，输出键值为 None；小张设置的默认值是 006 时，输出键值为 006。

在实际项目应用中，setdefault()方法的使用不多。

5.4 集合

上一节介绍了 Python 中的字典，Python 中的字典是对数学中映射概念支持的直接体现。接下来将讲解一个和字典非常相似的对象：集合。

示例如下：

```
>>> student={}
>>> print(f'student 对象的类型为:{type(student)}')
student 对象的类型为:<class 'dict'>
>>> number={1,2,3}
>>> print(f'number 对象的类型为:{type(number)}')
number 对象的类型为:<class 'set'>
```

由输出结果可以看到，这里出现了一个新的类型 set。

在 Python 中，用花括号括起一些元素，元素之间直接用逗号分隔，这就是集合。集合在 Python 中的特性可以概括为两个字：唯一。

示例如下：

```
>>> numbers={1,2,3,4,5,3,2,1,6}
>>> numbers
{1, 2, 3, 4, 5, 6}
```

由输出结果可以看到，set 集合中输出的结果自动将重复数据清除了。

需要注意的是，集合是无序的，不能通过索引下标的方式从集合中取得某个元素。例如：

```
>>> numbers={1,2,3,4,5}
>>> numbers[2]
Traceback (most recent call last):
  File "<pyshell#143>", line 1, in <module>
    numbers[2]
TypeError: 'set' object does not support indexing
```

由输出结果可以看到，在集合中使用索引下标时，执行报错，错误提示为：集合对象不支持索引。

5.4.1 创建集合

创建集合有两种方法：一种是直接把元素用花括号括起来，花括号中的元素之间用英文模式下的逗号分隔；另一种是用 set(obj) 方法定义，obj 是一个元素、一个列表或元组。

例如：

```
>>> numbers={1,2,3,4,5}
>>> print(f'numbers 变量的类型为:{type(numbers)}')
numbers 变量的类型为:<class 'set'>
>>> numbers
{1, 2, 3, 4, 5}
>>> name=set('abc')    #一个元素，仔细观察输出结果
>>> name
{'a', 'b', 'c'}
>>> print(f'name 变量的类型为:{type(name)}')
name 变量的类型为:<class 'set'>
>>> students=set(['小萌','小智'])   #一个列表
>>> students
{'小萌', '小智'}
>>> print(f'students 变量的类型为:{type(students)}')
students 变量的类型为:<class 'set'>
>>> stu=set(('小萌','小智'))    #一个元组
>>> stu
{'小萌', '小智'}
>>> print(f'stu 变量的类型为:{type(stu)}')
stu 变量的类型为:<class 'set'>
```

由输出结果可以看到，集合的创建方式是多种多样的。

5.4.2 集合方法

集合中提供了一些操作集合的方法，如添加、删除、是否存在等。

1. add()方法

在集合中，使用 add() 方法为集合添加元素。示例如下：

```
>>> numbers=set([1,2])
>>> print(f'numbers 变量为:{numbers}')
numbers 变量为:{1, 2}
>>> numbers.add(3)
>>> print(f'增加元素后, numbers 变量为:{numbers}')
增加元素后, numbers 变量为:{1, 2, 3}
```

由输出结果可以看到，使用 add() 方法，集合可以很方便地增加元素。

2. remove()方法

在集合中，使用 remove() 方法可以删除元素。例如：

```
>>> students=set(['小萌','小智','小张'])
```

```
>>> print(f'students变量为:{students}')
students变量为:{'小萌', '小张', '小智'}
>>> students.remove('小张')
>>> print(f'删除元素小张后, students变量为:{students}')
删除元素小张后, students变量为:{'小萌', '小智'}
```

由输出结果可以看到，集合中可以使用 remove()方法删除元素。

3. in 和 not in

和字典及列表类似，有时也需要判断一个元素是否在集合中。可以使用 in 和 not in 判断一个元素是否在集合中，in 和 not in 的返回结果是 True 或 False。例如：

```
>>> numbers={1,2,3,4,5}
>>> 2 in numbers
True
>>> 2 not in numbers
False
>>> 'a' in numbers
False
>>> 'a' not in numbers
True
```

由输出结果可以看到，in 和 not in 是互为相反的。

在实际项目应用中，集合的使用并不是很多，但集合的用处较大，使用时的效率也较高。

5.5 活学活用——元素去重

给定一个列表[1,3,6,2,7,3,1,5]，去除列表中重复的元素。有两种处理方式：方式一，使用列表；方式二，使用集合。

使用列表方式实现如下（需要使用到第六章的知识实现）：

```
>>> numbers=[1,3,6,2,7,3,1,5]
>>> print(f'去重之前, numbers变量为:{numbers}')
去重之前, numbers变量为:[1, 3, 6, 2, 7, 3, 1, 5]
>>> temp=numbers[:]
>>> numbers.clear()
>>> for item in temp:
    if item not in numbers:
        numbers.append(item)
>>> print(f'去重之后, numbers变量为:{numbers}')
去重之后, numbers变量为:[1, 3, 6, 2, 7, 5]
```

由输出结果可以看到，使用列表可以实现去重，但要有其他新知识点的辅助，并且操作起来不那么容易。

使用集合方式实现如下：

```
>>> numbers=[1,3,6,2,7,3,1,5]
>>> num_set=set(numbers)
```

```
>>> print(f'列表转换为集合的结果:{num_set}')
列表转换为集合的结果:{1, 2, 3, 5, 6, 7}
>>> print(f'集合转换为列表,去重结果:{numbers}')
集合转换为列表,去重结果:[1, 2, 3, 5, 6, 7]
```

由输出结果可以看到，使用集合实现去重操作比较便捷，也不需要新知识点的辅助，只需要做集合与列表的转换。

这里补充一点，前面没有介绍怎么一个一个地读取集合的元素。一个一个地读取集合元素，需要使用迭代的方式，示例如下：

```
>>> numbers={1, 2, 3, 5}
>>> for item in numbers:
    print(item)

1
2
3
5
```

由输出结果可以看到，成功使用迭代从集合中读取了每个元素。

5.6 技巧点拨

使用列表根据姓名查找学号，学号使用字符串表示，如果更改为使用数字表示会如何？例如：

```
>>> students=['小萌','小智','小强','小张','小李']
>>> numbers=[1001,1002,1003,1004,1005]
>>> xz_num=numbers[students.index('小智')]
>>> print(f'小智的学号是: {xz_num}')
小智的学号是: 1002
```

输出结果和使用字符串表示的输出结果没有什么不同。这里数字都是以 1 开头，若把 1 更改为 0，尝试如下：

```
>>> students=['小萌','小智','小强','小张','小李']
>>> numbers=[0001,0002,0003,0004,0005]
SyntaxError: invalid token
```

可以看出，编译不通过，提示这是一个无效标记。这就是不使用数字而使用字符串的原因，使用数字时，碰到以 0 开头的数字就会出现问题。

5.7 问题探讨

（1）集合和列表有什么区别？

答：集合和列表最大的区别是，集合是无序的，不能通过索引下标取得集合元素；而列表是有序的，可以通过索引下标取得元素。此外，集合中的元素不可以重复，列表中的元素可以重复。

（2）在项目应用中，如何选择使用列表或集合？

答：这个问题和如何选择使用列表或元组有点类似，从列表和集合的定义上来说，列表是有序的，集合是无序的，所以对于需要元素有序的情况，应当选择列表。不过另一方面，列表中的元素可以重复，而集合中的元素不可以重复，所以当需要元素不重复的情况时，应当选择集合。但是这些都不是固定的，因为列表和集合可以相互转化。

5.8 章节回顾

（1）回顾字典的创建与使用方式。
（2）回顾字典和列表的区别。
（3）回顾字典的常用方法有哪些，各自怎么使用。
（4）回顾集合的创建与使用。

5.9 实战演练

（1）操作字典{'小萌': '000', '小智': '001', '小李': '005'}，删除字典元素小李，将小智的序号修改为005。

（2）操作字典{'小萌': '000', '小智': '001', '小强': '005', '小张': '003'}，先打印出字典的长度，再删除字典元素小萌和小强，接着打印字典长度，再清空字典，打印清空后的字典的长度。

（3）对列表[191,131,61,21,79,331,131,56,191]去重。

（4）操作字典{'小萌': '000', '小智': '001', '小强': '005', '小张': '003'}，打印出该字典的key、value值。

（5）操作字典{'小萌': '000', '小智': '001', '小强': '001', '小张': '003', '小李': '003'}，取得所有value值，对value进行去重。

第六章　条件、循环和其他语句

前面的章节讲解了 Python 的一些基本概念和数据结构，通过前面的学习，读者已经具备一定的 Python 基础了。

本章将逐步深入介绍条件语句、循环语句及列表推导式等一些更深层次的语句。

Python 快乐学习班的同学结束了字典屋的学习后，来到了旋转乐园。在这里，同学们要挑战如何让不断旋转的木马停止旋转，如何让旋转门结束某次旋转，还要想方设法让旋转木马一直旋转。现在就陪同 Python 快乐学习班的同学一起去挑战吧！

6.1　Python 的编辑器

到目前为止，本书涉及的代码都是在 Python 的交互式命令行下操作的，这种操作的优点是能很快得到结果，不过缺点也很明显，就是操作的代码无法保存。如果下次还想运行已经编写过的程序，就需要重新编写一遍。更重要的一点是，稍微复杂的程序使用交互命令行操作起来就会很复杂。在实际开发时，可以使用文本编辑器编写复杂的代码，写完后可以保存为一个文件，程序也可以反复运行。

这里推荐两款文本编辑器：一款是 Sublime Text，可以免费使用，但是不付费会弹出提示框，使用界面如图 6-1 所示；另一款是 Notepad++，也可以免费使用，可根据自己的需要选择中文版和英文版，使用界面如图 6-2 所示。

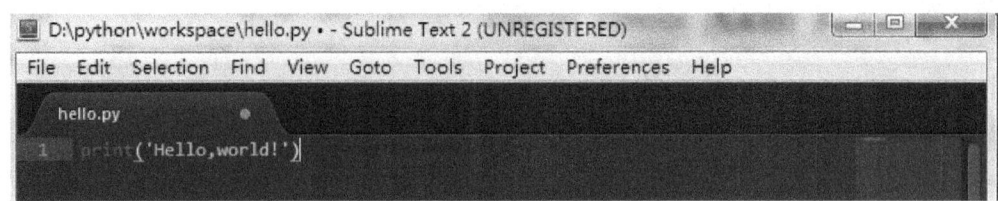

图 6-1　Sublime Text 编辑器

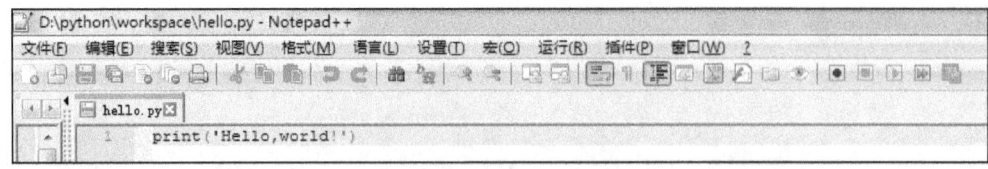

图 6-2　Notepad++编辑器

以上两个编辑器使用哪一个都可以，本书使用的是 Notepad++编辑器，后面的示例若没有特殊说明，指的就是在 Notepad++编辑器下进行的操作。

使用文本编辑器时，一定要注意的一点是，绝对不能使用 Word 和 Windows 自带的记事本。Word 保存的不是纯文本文件，而记事本会自动在文件开始的地方加上几个特殊字符（UTF-8 BOM），从而导致程序运行时出现莫名其妙的错误。

安装好文本编辑器后，打开编辑器，在编辑器中写入以下代码：

```
print('Hello,world!')
```

注意，在 print()函数前面不要有任何空格。

写入完成后，将文本保存到指定目录（如 D:\python\workspace），保存文件名为 hello.py（文件的命名随自己的喜好，但一定要以.py 结尾）。文件名只能包含英文字母、数字和下画线，并且不能以数字开头。建议命名一个有一定意义的文件名，方便记忆和日后查看。

打开命令行窗口（如在 Windows 中打开 cmd 命令行窗口），把当前目录切换到 hello.py 所在的目录，如图 6-3 所示。

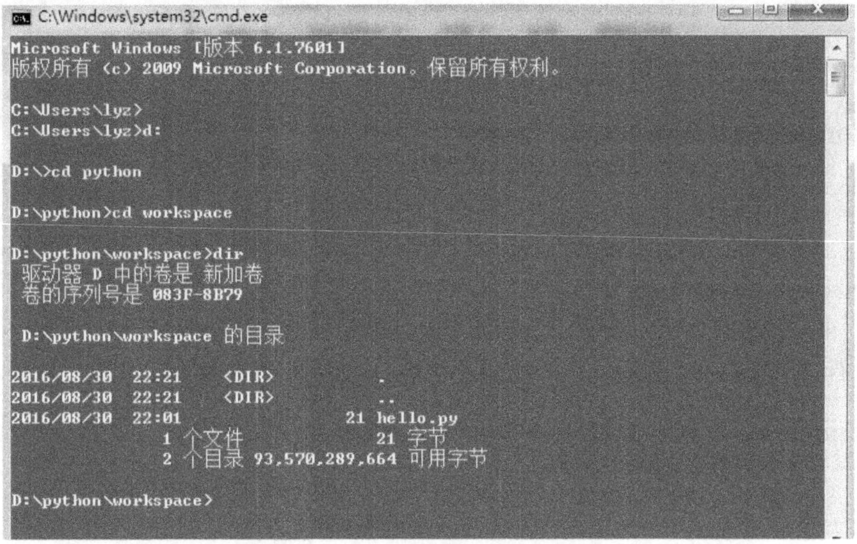

图 6-3 切换到 hello.py 所在的目录

切换到 workspace 目录下，输入 dir 命令，查看该文件夹中有哪些文件。当前窗口中，该文件夹下有一个名为 hello.py 的文件。接下来，在 cmd 命令行窗口输入 python hello.py 命令，执行 hello.py，如图 6-4 所示。

图 6-4 输入命令执行 hello.py 文件

在 cmd 命令行窗口中执行 Python 文件的命令格式为：

```
python 文件名（如 hello.py）
```

输入命令后按 Enter 键，即可在 cmd 命令行窗口输出结果，如示例中的"Hello,world!"。

如果输入执行的文件不存在就会报错，如果在上面的示例中输入 python hi.py，cmd 命令行窗口就会输出如下错误：

```
D:\python\workspace>python hi.py
python: can't open file 'hi.py': [Errno 2] No such file or directory
```

该错误信息为：无法打开 hi.py 文件，没有这个文件或目录。如果在操作中看到类似的错误，就需要查看当前目录下是否有这个文件，可用 dir 命令查看当前文件夹下是否有对应文件。如果文件存放在另一个目录下，就要用 cd 命令切换到对应目录。

6.2 import 语句

语言的学习只有在不断深入后才能进一步发现其中隐藏的惊人特性，即使是简单的 print() 函数，在不断使用后也会发现其更多使用方式。本节将引入 import 的概念，使用 import，读者将进入一个更快捷的编程模式。

6.2.1 import 语句的定义与使用

在讲解 import 语句之前，先看一个示例：

```
import math

r=5
square=math.pi * r**2
print('半径为 5 的圆的面积为: {0:.2f}'.format(square))
```

保存文件名为 import_test.py。在 cmd 命令行窗口执行如下命令：

```
D:\python\workspace>python import_test.py
半径为 5 的圆的面积为: 78.54
```

由输出结果可以看到，上面的程序使用了 import 语句。

在 Python 代码中，import math 的意思是从 Python 标准库中引入 math.py 模块，这是 Python 中定义的引入模块的标准方法。import 的标准语法格式如下：

```
import module1[, module2[,... moduleN]]
```

module1，module2，…，moduleN 表示一个 import 语句允许导入多个模块，各个模块间用逗号隔开。

当解释器遇到 import 语句时，如果模块在当前搜索路径上就会被导入。搜索路径是一个解释器，会先搜索所有目录的列表。

当使用 import 语句时，Python 解释器怎样才能找到对应的文件呢？

这涉及 Python 的搜索路径，搜索路径由一系列目录名组成，Python 解释器会依次从这些目录中寻找引入的模块。这看起来很像环境变量，事实上可以通过定义环境变量的方式确定搜索路径。搜索路径是在 Python 编译或安装时确定的，被存储在 sys 模块的 path 变量中。查看搜索路径的方式如下：

```
import sys

print(f'Python 的搜索路径为: {sys.path}')
```

保存文件名为 import_sys.py，在 cmd 命令行窗口的输出结果如下：

```
D:\python\workspace>python import_sys.py
Python 的搜索路径为: ['D:\\python\\workspace', 'E:\\python\\ python37\\python 37.zip', 'E:\\python\\ python37\\DLLs', 'E:\\python\\ python37\\lib', 'E:\\python\\ python37', 'E:\\python\\python37\\lib\\site-packages']
```

由输出结果可以看到，sys.path 输出了一个列表，第一项输出的是执行文件所在的目录，即执行 Python 解释器的目录（如果是脚本，就是运行脚本所在的目录）。

了解了搜索路径的概念后，可以在脚本中修改 sys.path，引入一些不在搜索路径中的模块。

上面我们初步引入了 import 语句，除了用 import 引入模块，还有另一种方式引入模块，在交互模式下输入：

```
>>> from math import pi
>>> print (pi)
3.141592653589793
```

由输出结果可以看到，上面的操作示例中使用了 from math import pi 的方式，这种操作方式是什么意思呢？

在 Python 中，from 语句可以从模块中导入指定部分方法到当前命名空间中，from 的语法格式如下：

```
from modname import name1[, name2[, ... nameN]]
```

例如，from math import pi 语句就是从 math 模块中导入 pi 到当前命名空间，该语句不会将 math 整个模块导入。比如在 math 模块中还有 sin、exp 等函数，在 from import 语句中，sin()、exp() 两个函数都使用不了，而在导入整个 math 模块的语句中可以使用。在交互模式下输入：

```
>>> import math
>>> print(math.pi)          #math.pi 可以被输出
3.141592653589793
>>> print(math.sin(1))      #math.sin(1)可以被输出
0.8414709848078965
>>> print(math.exp(1))      #math.exp(1)可以被输出
2.718281828459045
>>> from math import pi
>>> print (pi)              #pi 可以被输出
3.141592653589793
>>> print(sin(1))           #sin(1)不可以被输出
Traceback (most recent call last):
  File "<pyshell#221>", line 1, in <module>
    print(sin(1))
NameError: name 'sin' is not defined
>>> print(exp(1))           #exp(1)不可以被输出
Traceback (most recent call last):
  File "<pyshell#222>", line 1, in <module>
    print(exp(1))
NameError: name 'exp' is not defined
```

由输出结果可以看到，如果导入整个模块，就会得到模块中所有可公共访问的对象；如果指定导入某个对象，就只能得到该对象，而访问不了未导入的对象。

在 Python 中，这样做的好处是什么呢？示例如下：

```
>>> import math
>>> print(math.pi)
3.141592653589793
>>> print(pi)
Traceback (most recent call last):
  File "<pyshell#2>", line 1, in <module>
    print(pi)
NameError: name 'pi' is not defined
>>> from math import pi
>>> print(pi)
3.141592653589793
```

由上面的输出结果可知，如果在导入 math 模块时访问 pi 对象，需要使用 math.pi，直接使用 pi 访问不了，会报错。使用 import 语句后，可以直接访问 pi 对象，不需要加上模块名进行访问。

如果要访问模块中的多个对象，是否需要一个一个地导入呢？

比如要访问 math 中的 pi 和 sin 对象，是否要写两条 from math import 语句？例如：

```
from math import pi
from math import sin
```

在 Python 中，上面这种输入方式可以直接使用如下语句实现：

```
from math import pi,sin
```

也就是可以从一条导入语句导入多个函数，多个函数之间用逗号分隔。

如果要访问模块中的全部对象，是否需要找到模块中的所有对象，将一个一个的对象通过逗号分隔符放在导入语句中？

在 Python 中，要导入一个模块的全部对象，可以直接使用如下语句实现：

```
from math import *
```

使用该语句可以将 math 中的所有对象都导入，比如对于前面报错的情况，使用导入全部对象的方式后，就可以成功输出结果了，在交互模式下输入：

```
>>> from math import *
>>> print(pi)              #pi 可以被输出
3.141592653589793
>>> print(sin(1))          #sin(1)可以被输出
0.8414709848078965
>>> print(exp(1))          #exp(1)可以被输出
2.718281828459045
```

由输出结果可以看到，pi 和 sin()、exp()函数都被正确输出了。这是一个简单地将项目中的所有模块都导入的方法。在实际项目开发中，这种声明不建议过多使用，这样不利于编写清晰、简单的代码。只有想从给定模块导入所有功能时才使用这种方式。

除了上述几种导入方式外，Python 中还可以为模块取别名。示例如下：

```
>>> import math as m
>>> m.pi
3.141592653589793
```

由输出结果可以看到，给模块取别名的方式为：在导出模块的语句末尾增加一个 as 子句，as 后面跟上别名名称。

在 Python 中，既可以为模块取别名，也可以为函数取别名。示例如下：

```
>>> from math import pi as p
>>> p
3.141592653589793
```

由输出结果可以看到，示例中为 pi 取别名为 p，为函数取别名的方式和为模块取别名的方式类似，也是在语句后面加上 as，as 后面跟上别名名称。

6.2.2 另一种输出——逗号输出

在前面的章节已经看到许多使用逗号输出的示例，例如：

```
>>> student='小智'
>>> print('学生称呼: ',student)
学生称呼:  小智
```

使用逗号输出的方式还可以输出多个表达式，只需要将多个表达式用逗号隔开，示例如下：

```
>>> greeting='读者好！'
>>> intriduce='我叫小智，'
>>> comefrom='我来自智慧城市。'
>>> print(greeting,intriduce,comefrom)
读者好！ 我叫小智， 我来自智慧城市。
```

由输出结果可以看到，不使用格式化的方式也可以同时输出文本和变量值。

6.3 赋值

之前我们介绍了很多赋值语句，在实际使用中，赋值语句还有很多特殊用法，掌握这些用法对于提高编程水平很有帮助。

6.3.1 序列解包

前面已经接触过不少的赋值语句，比如变量和数据结构成员的赋值，不过赋值的方法不止这些，例如下面的赋值示例：

```
>>> x,y,z=1,2,3
```

```
>>> print(x,y,z)
1 2 3
```

由输出结果可以看到，可以通过一条语句对多个变量同时赋值，使用该方式对变量赋值，可以用比较少的代码对多个变量赋值，操作便利。后面再遇到对多个变量赋值时，放在一条语句中就可以实现，示例如下：

```
>>> x,y,z=1,2,3
>>> x,y=y,x
>>> print(x,y,z)
2 1 3
```

由输出结果可以看到，通过 x,y=y,x 这条语句，顺利地将 x 和 y 的值交换了，使用赋值语句可以很方便地交换两个或多个变量的值。

在 Python 中，交换变量值这个操作称为序列解包（sequence unpacking）或可选迭代解包，即在一条赋值语句中将多个值的序列解开，然后放到变量序列中。可以通过下面的示例理解：

```
>>> nums=1,2,3
>>> nums
(1, 2, 3)
>>> x,y,z=nums
>>> x              #获得序列解开的值
1
>>> print(x,y,z)
1 2 3
```

由输出结果可以看到，所谓序列解包，就是将对应位置上的变量与值对应，然后一一赋值。

再看另一个示例：

```
>>> student={'name':'小萌','number':000}
>>> key,value=student.popitem()
>>> key
'number'
>>> value
'000'
```

由输出结果可知，此处作用于元组，使用 popitem 方法将键/值作为元组返回，返回的元组可以直接赋值到两个变量中。

序列解包允许函数返回一个以上的值并打包成元组，然后通过一条赋值语句进行访问。这里有一点要注意，解包序列中的元素数量必须和放置在赋值符号"="左边的数量完全一致，否则 Python 会在赋值时引发异常。看如下操作：

```
>>> x,y,z=1,2,3
>>> x,y,z
(1, 2, 3)
>>> x,y,z=1,2
Traceback (most recent call last):
  File "<pyshell#8>", line 1, in <module>
```

```
        x,y,z=1,2
ValueError: not enough values to unpack (expected 3, got 2)
>>> x,y,z=1,2,3,4,5
Traceback (most recent call last):
  File "<pyshell#9>", line 1, in <module>
    x,y,z=1,2,3,4,5
ValueError: too many values to unpack (expected 3)
```

由以上输出结果可以看到，当右边的元素数量和左边的变量数量不一致时，执行时会报错。错误原因是没有足够的值解包（左边变量多于右边元素）或多个值未解包（左边变量少于右边元素）。

在操作序列解包时，一定要注意保证左边和右边数量的相等。若忘了数量上的相等，看到报的错误信息时，要能快速定位到问题所在。

6.3.2 链式赋值

前面介绍了对序列的解包，序列解包在对不同变量赋不同的值时非常有用，赋相同的值时用序列解包也可以实现。

不过对赋相同值的操作，使用链式赋值（Chained Assignment）会是更好的选择。示例如下：

```
>>> x=y=z=10
>>> x
10
```

由输出结果可知，可以在一条语句中通过多个等式为多个变量赋同一个值，这种方法称为链式赋值。

链式赋值就是在一条语句中将同一个值赋给多个变量。

上面示例的语句效果和下面的语句效果一样：

```
>>> x=10
>>> y=x
>>> y
10
```

由输出结果可知，既可以使用链式方式在一条语句中对多个变量赋值，也可以单独为每个变量赋值，显然链式赋值方法更简洁快速。

6.3.3 增量赋值

在第二章介绍过赋值运算符。使用赋值运算符时没有将表达式写成类似 x=x+1 的形式，而是将表达式放置在赋值运算符（=）的左边（如将 x=x+1 写成 x+=1），这种写法在 Python 中称为增量赋值（Augemented Assignment）。增量赋值这种写法对*（乘）、/（除）、%（取模）等标准运算符都适用，例如：

```
>>> x=5
>>> x+=1    #加
```

```
>>> x
6
>>> x-=2    #减
>>> x
4
>>> x*=2    #乘
>>> x
8
>>> x/=4    #除
>>> x
2.0
```

由操作结果可以看到，增量赋值相对于直接赋值，操作更为简洁。

增量赋值除了适用于数值类型，同样适用于二元运算符的数据类型，如字符串类型，例如：

```
>>> greeting='Hello,'
>>> greeting+='world'
>>> greeting
'Hello,world'
>>> greeting*=2
>>> greeting
'Hello,worldHello,world'
```

由输出结果可以看到，增量赋值操作同样可用于字符串的操作。

增量赋值可以让代码在很多情况下更易读，也可以帮助我们写出更紧凑、简练的代码。在实际项目应用中，可以多使用增量赋值的方式编写代码。

6.4 条件语句

在讲解条件语句之前，先介绍一下语句块的概念。

语句块并非一种语句，语句块是一组满足一定条件时执行一次或多次的语句。语句块的创建方式是在代码前放置空格缩进。

同一段语句块中，每行语句都要保持同样的缩进，如果缩进不同，Python 编译器就会认为不属于同一个语句块或者是错误的。

在 Python 中，冒号（:）用来标识语句块的开始，语句块中每一条语句都需要缩进（缩进量相同）。当退回到和已经闭合的块一样的缩进量时，表示当前语句块已经结束。

到目前为止，我们编写的程序都是简单地按语句顺序一条一条执行的。本节将介绍让程序选择执行语句的方法。

6.4.1 布尔变量

布尔变量我们在第二章已经有所接触，第二章的运算符中多处提到的 True、False 就是布尔变量，布尔变量一般对应的是布尔值（也称为真值，布尔值这个名字是根据对真值做过大量研究的 George Boole 命名的）。

下面的值在作为布尔表达式时，会被解释器视为假（False）：

```
False None 0 "" () [] {}
```

换句话说，标准值 False 和 None、所有类型的数字 0（包括浮点型、长整型和其他类型）、空序列（如空字符串、空元组和空列表）以及空字典都为假。其他值都为真，包括原生的布尔值 True。

Python 中所有值都能被解释为真值，这可能会让读者不太明白，但理解这点非常有用。在 Python 中，标准的真值有 True 和 False 两个。在其他语言中，标准的真值为 0（表示假）和 1（表示真）。事实上，True 和 False 只不过是 1 和 0 的另一种表现形式，作用相同，例如：

```
>>> True
True
>>> False
False
>>> True==1
True
>>> False==0
True
>>> True+False+2
3
```

由上面的输出结果看到，在 Python 中，True 和 1 等价，False 和 0 等价。

布尔值 True 和 False 属于布尔类型，bool()函数可以实现布尔值的转换，例如：

```
>>> bool('good good study')
True
>>> bool('')
False
>>> bool(3)
True
>>> bool(0)
False
>>> bool([1])
True
>>> bool([])
False
>>> bool()
False
```

由输出结果可以看到，可以用 bool()函数进行布尔值的转换。

因为所有值都可以作为布尔值（真值），所以几乎不需要对它们进行显式转换，Python 会自动转换这些值。

在 Python 中，尽管[]和""都为假，即 bool([])==bool("")==False，不过它们本身不相等，即[]!=""。其他不同类型的值也是如此，如()!=False。

6.4.2 if 语句的定义与使用

首先看如下代码（文件名为 if_exp_1.py）：

```
#if 基本用法
greeting='hello'
if greeting=='hello':
    print('hello')
```

执行 if_exp_1.py 文件得到的结果如下：

```
hello
```

该示例为 if 条件执行语句的一个实现示例。如果 if 条件（在 if 和冒号之间的表达式）判定结果为真，那么 if 语句后面的语句块（本例中是 print 语句）就会被执行；如果 if 条件判定结果为假，那么 if 语句后面的语句块就不会被执行。

上述示例代码的执行流程如图 6-5 所示。

图 6-5 中的小黑点为 if 语句的起点，程序执行到条件语句（如 greeting == 'hello'）时，如果 if 条件语句的结果为真，就执行条件代码中的代码，然后结束这个 if 条件语句；如果 if 条件语句的结果为假，就跳过条件代码中的代码，if 条件语句也随即结束。

在 if 语句块中可以做一些复杂的操作，例如（文件名为 if_use.py）：

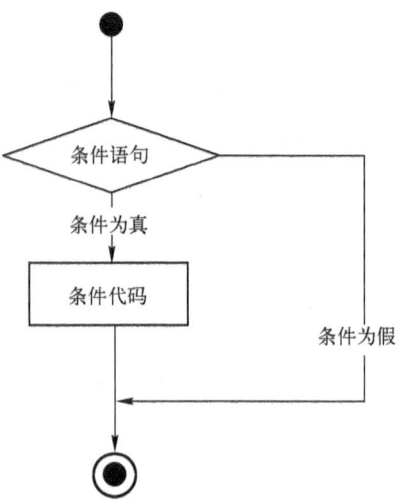

图 6-5 if 条件语句执行流程

```
#if 基本用法
greeting='hello'
if greeting=='hello':
    student={'小萌': '000', '小智': '001', '小强': '002', '小张': '003'}
    print(f'字典元素个数为：{len(student)}')
    student.clear()
    print(f'字典删除后元素个数为：{len(student)}')
```

程序输出结果如下：

```
字典元素个数为：4 个
字典删除后元素个数为：0 个
```

由输出结果可以看到，在 if 语句块中可以编写多条语句，不过在 if 语句块中编写语句的过程中，要注意保持语句的缩进一致，否则在执行时会报错。

在 if 语句的条件判定中，除了可以使用==（等于）符号，还可以使用>（大于）、<（小于）、>=（大于等于）、<=（小于等于）等表示比较关系。除此之外，还可以使用各个函数或方法的返回值作为条件判定。使用条件符的操作和使用==一样，使用函数或表达式的操作将在后续章节介绍。

6.4.3　else 子句的理解与使用

在 if 语句的示例中，当 greeting 的值为 hello 时，if 后面的条件执行结果为 True，能进入下面的语句块中执行相关语句。但如果 greeting 的值不是 hello，就不能进入语句块。如果没有进入 if 语句下面的语句块，又要做一些相关提示，比如告诉操作人员 greeting 的值不为 hello 或条件不满足时，该怎么办呢？

操作如下（文件命名 if_else_use.py）：

```python
greeting='hi'
if greeting=='hello':
    print('hello')
else:
    print('该语句块不在 if 中，greeting 的值不是 hello')
```

可以看到，程序中加入了一个新条件子句——else 子句。之所以叫子句，是因为 else 不是独立存在的语句，只能作为 if 语句的一部分。使用 else 子句可以增加一种选择。

该程序的输出结果如下：

```
该语句块不在 if 中，greeting 的值不是 hello
```

由输出结果可以看到，if 语句块没有被执行，执行的是 else 子句中的语句块。同 if 语句一样，else 子句中的语句块中也可以编写多条语句。

6.4.4　elif 子句的理解与使用

在 else 子句的示例中，如果除了 if 条件，还有多个子条件需要判定，该怎么办呢？可以写多个 else 子句吗？

在 Python 中，一个 if 语句只可以搭配一个 else 子句。不过 Python 为我们提供了一个 elif 语句，elif 是 else if 的简写，意思为具有条件的 else 子句，例如（文件命名 if_elif_use.py）：

```python
num=10
if num>10:
    print('num 的值大于 10')
elif 0<=num<=10:
    print('num 的值介于 0 到 10 之间')
else:
    print('num 的值小于 0')
```

由以上程序片段可以看到，elif 需要和 if、else 子句联合使用，不能独立使用，并且必须以 if 语句开头，可以选择是否以 else 子句结尾。

以上程序的输出结果如下：

```
num 的值介于 0 到 10 之间
```

由输出结果可以看到，这段程序执行的是 elif 子句中的语句块，即 elif 子句的条件判定结果为 True，所以程序返回的是执行 elif 子句后，子句中的语句块的执行结果。

6.4.5　代码块嵌套

前面几节介绍了 if 语句、else 子句、elif 子句，这几个语句可以进行条件的选择判定，不过在实际项目开发中，经常需要一些更复杂的操作，例如（文件命名 if_nesting_use.py）：

```
num=10
if num%2==0:
    if num%3==0:
        print("你输入的数字可以整除 2 和 3")
    elif num%4==0:
        print("你输入的数字可以整除 2 和 4")
    else:
        print("你输入的数字可以整除 2，但不能整除 3 和 4")
else:
    if num%3==0:
        print("你输入的数字可以整除 3，但不能整除 2")
    else:
        print("你输入的数字不能整除 2 和 3")
```

可见，在 if 语句的语句块中还存在 if 语句、语句块以及 else 子句，else 子句的语句块中也存在 if 语句和 else 子句。

程序输出结果如下：

你输入的数字可以整除 2，但不能整除 3 和 4

由输出结果可以看出，执行的是 if 语句块中 else 子句的语句块。

在 Python 中，该示例使用的这种结构的代码称为嵌套代码。所谓嵌套代码，是指把 if、else、elif 等条件语句再放入 if、else、elif 条件语句块中，作为更深层次的条件判定语句。

6.4.6 更多操作

在第二章简单介绍过一些运算符，本节将对其中一些涉及条件运算的运算符做进一步讲解。

1. is：同一性运算符

is 运算符比较有趣。先看如下程序：

```
>>> x=y=[1,2,3]
>>> z=[1,2,3]
>>> x==y
True
>>> x==z
True
>>> x is y
True
>>> x is z
False
```

由输出结果可以看到，前面的输出结果都比较好理解，但对于 x is z 的结果可能会有一些疑惑。

在 Python 中，is 运算符用于判定同一性而不是相等性。在上面的示例中，变量 x 和 y 被绑定在同一个列表中，而变量 z 被绑定在另一个具有相同数值和顺序的列表中。在做判定时，x 和 z 的值是相等的，但是被绑定在不同的对象上。

从内存的角度来思考，则是 x 和 z 所指向的内存空间不一样，x 和 y 指向同一块内存空间，z 指向另一块内存空间。

再看如下示例：

```
>>> x=[1,2,3]
>>> y=[1,5]
>>> x is not y
True
>>> del x[2]
>>> x
[1, 2]
>>> y[1]=2
>>> y
[1, 2]
>>> x==y
True
>>> x is y
False
```

在上面的程序中，x 和 y 是两个不同的列表，后面将列表值更改为相等，但还是两个不同的列表，即两个列表的值相等但地址空间不同。

综上所述，使用==运算符判定两个对象是否相等，使用 is 判定两个对象是否等同（是否为同一对象）。

在实际应用中，尽量避免用 is 运算符比较数值和字符串这类不可变值。由于 Python 内部操作这些对象方式的原因，使用 is 运算符的结果是不可预测的，除非对堆栈具有一定的熟悉程度，否则很难预测运算结果。

2. 比较序列

这里介绍序列的比较操作。序列比较的不是字符而是元素的类型，例如，对列表的比较操作如下：

```
>>> [1,2]<[2,1]
True
>>> [1,2]<[1,2]
False
>>> [1,2]==[1,2]
True
```

由输出结果可以看到，在 Python 中，序列也是可以进行比较操作的。

如果一个序列中包括其他序列元素，比较规则也适用，例如：

```
>>> [2,[1,2]]<[2,[1,3]]
True
```

由输出结果可以看到，也可以对嵌套列表进行比较操作。

6.5 循环

一般情况下，程序是按顺序执行的。编程语言提供了各种控制结构，允许更复杂的执行路径。循环语句允许我们多次执行一个语句或语句块。图 6-6 所示为大多数编程语言中循环语句的执行流程。

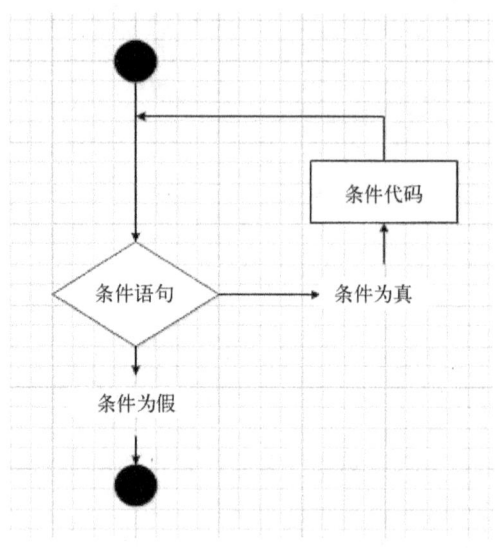

图 6-6 循环语句的执行流程

我们已经知道条件为真（或假）时程序如何执行。若想让程序重复执行，又该怎么处理？比如输出 1~100 对应的所有整数数字，是写 100 条输出语句吗？显然不应该这样做。接下来，我们学习如何解决这个问题。

6.5.1 while 循环的定义与使用

下面使用简单的程序输出 1~100 之间的所有整数，程序如下（文件名为 while_use.py）：

```
n=1
while n<=100:
    print(f'当前数字是: {n}')
    n+=1
```

由程序代码可知，借助于 while，只需短短几行代码就实现了这个功能，输出结果如下：

```
当前数字是: 1
当前数字是: 2
当前数字是: 3
当前数字是: 4
当前数字是: 5
……
```

由输出结果可知看到，按顺序输出了预期结果。

在该示例中，使用了 while 语句。在 Python 中，while 语句用于循环执行程序，以处理需要重复处理的任务。基本语法格式为：

> while 判断条件
>   执行语句

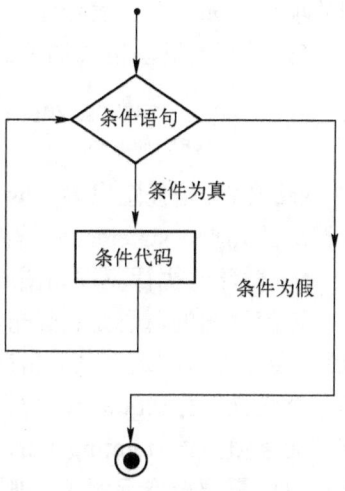

执行语句可以是单个语句或语句块。判断条件可以是任何表达式，所有非零、非空（Null）的值都为真（True）。当判断条件为假（False）时，循环结束。

while 循环的执行流程如图 6-7 所示。

图 6-7 while 循环的执行流程

该流程图的意思是：首先判断 while 条件的真假，当条件为真时，执行 while 条件下的语句块，执行完语句块再判定 while 条件的真假，若仍然为真，则继续执行语句块，直到条件为假时结束执行 while 条件下的语句块；若第一次进入 while 条件执行，得到的判断结果是假，就直接结束 while 循环。

6.5.2 for 循环的定义与使用

在 6.5.1 节介绍了 while 循环，可以看到 while 语句非常灵活，例如（exp_while.py）：

```
n=0
fields=['a','b','c']
while n<len(fields):
    print(f'当前字母是: {fields[n]}')
    n+=1
```

由上面的代码可以看到，该程序实现的功能是将列表中的元素分别输出，是否有更好的方式实现这个功能呢？

示例如下（for_use.py）：

```
#! /usr/bin/python3
#-*- coding:UTF-8 -*-

fields=['a','b','c']
for f in fields:
    print(f'当前字母是: {f}')
```

由编写的代码可以看到，此处编写的代码比前面使用 while 循环时编写的代码更简洁，代码量也更少。程序执行后的输出结果如下：

```
当前字母是:  a
当前字母是:  b
当前字母是:  c
```

由编写的代码可以看到，该示例使用了 for 语句。在 Python 中，for 循环可以遍历任何序列的项目，如一个列表或字符串。

for 循环的语法格式如下：

```
for iterating_var in sequence:
    statements
```

sequence 是任意序列，iterating_var 是序列中需要遍历的元素，statements 是待执行的语句块。

for 循环的执行流程如图 6-8 所示。

该流程图的意思是：首先对 for 条件判定，游标（后面会详细讲解这个词）指向第 0 个位置，即指向第一个元素，看 sequence 序列中是否有元素，若有，则将元素值赋给 iterating_var，接着执行语句块，若语句块中需要获取元素值，则使用 iterating_var 的值，执行完语句块后，将序列的游标向后挪一个位置，再判定该位置是否有元素，若仍然有元素，则继续执行语句块，然后序列的游标再往后挪一个位置，直到下一个位置没有元素时结束循环。

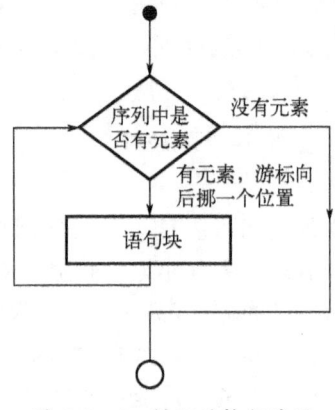

图 6-8 for 循环的执行流程

示例如下（exp_for.py）：

```
print('-----for 循环字符串-----------')
for letter in 'good':    #for 循环字符串
    print(f'当前字母 :{letter}')

print('-----for 循环数字序列-----------')
number=[1,2,3]
for num in  number:    #for 循环数字序列
    print(f'当前数字: {num}')

print('-----for 循环字典-----------')
tups={'name':'小智','number':001}
for tup in tups:    #for 循环字典
    print(f'{tup}:{tups[tup]}')
```

输出结果如下：

```
-----for 循环字符串-----------
当前字母 : g
当前字母 : o
当前字母 : o
当前字母 : d
-----for 循环数字序列-----------
当前数字:  1
当前数字:  2
当前数字:  3
-----for 循环字典-----------
number:001
name:小智
```

由输入代码和输出结果可以看到，使用 for 循环进行迭代输出比较方便。

在实际项目应用中，如果能使用 for 循环，尽量不要使用 while 循环。

6.5.3 遍历字典

使用 for 循环遍历字典的代码如下（for_in.py）：

```
tups={'name':'小智','number':001}
for tup in tups:    #for 循环字典
    print(f'{ tup }:{ tups[tup]}')
```

此处用 for 循环对字典的处理看起来有一些复杂，Python 中是否提供了更直观的方式处理字典呢？

还记得前面学习的序列解包吗？for 循环的一大好处是可以在循环中使用序列解包，例如（for_items.py）：

```
tups={'name':'小智','number':001}
for key,value in tups.items():
    print(f'{key}:{value}')
```

输出结果如下：

```
number:001
name:小智
```

由输入代码和输出结果看到，可以使用 items 方法将字典的键值对作为元组返回，再通过序列解包得到对应值。

字典中的元素是没有顺序的。也就是说，迭代时字典中的键和值都能保证被处理，但是处理顺序不确定。所以用 for 循环输出字典中的元素时，元素并不一定按照顺序输出。

6.5.4 迭代工具

在 Python 中，迭代序列或其他可迭代对象时，有一些函数非常有用。下面介绍这些有用的迭代函数。

1. 并行迭代

并行迭代是指程序可以同时迭代两个序列，输入如下（iterative_use.py）：

```
student=['xiaomeng','xiaozhi','xiaoqiang']
number=[1001,1002,1003]
for i in range(len(student)):
    print(f'{student[i]}的学号是: {number[i]}')
```

程序输出结果如下：

```
xiaomeng 的学号是: 1001
xiaozhi 的学号是: 1002
xiaoqiang 的学号是: 1003
```

由输出结果可以看到，程序执行时，可以同时迭代两个序列。在上面的程序片段中，i 是循环索引下标的标准变量名。

在 Python 中，可以使用内建的 zip()函数来进行并行迭代，用 zip()函数把两个序列合并在一起，返回一个元组的列表，例如（zip_func_use.py）：

```python
student=['xiaomeng','xiaozhi','xiaoqiang']
number=[1001,1002,1003]
for name,num in zip(student,number):
    print(f'{name}的学号是: {num}')
```

执行该程序片段，可以看到程序输出结果和前面一样。

Zip()函数可以作用于任意数量的序列，并且可以应付不等长的序列，当短序列"用完"时就会停止。如（zip_exp.py）：

```python
for num1,num2 in zip(range(3),range(100)):
    print(f'zip 键值对为: {num1}{num2}')
```

程序输出结果如下：

```
zip 键值对为: 0 0
zip 键值对为: 1 1
zip 键值对为: 2 2
```

由输出结果可以看到，zip()函数以短序列为准，当短序列遍历结束时，for 循环就会遍历结束。

提示：上面代码示例中，range()函数是 Python 3.x 中引入的函数，在 Python 2.x 版本中不存在，但有一个与 range()函数功能类似的 xrange()函数。

2. 翻转和排序迭代

在列表中有 reverse()和 sort()方法，此处介绍两个类似的函数——reversed()函数和 sorted()函数。这两个函数可作用于任何序列或可迭代对象，但不是原地修改对象，reversed()函数返回对象翻转后的新对象，sorted()函数返回排序后的新对象。在交互模式下输入：

```python
>>> sorted([5,3,7,1])
[1, 3, 5, 7]
>>> sorted('hello,world!')
['!', ',', 'd', 'e', 'h', 'l', 'l', 'l', 'o', 'o', 'r', 'w']
>>> list(reversed('hello,world!'))
['!', 'd', 'l', 'r', 'o', 'w', ',', 'o', 'l', 'l', 'e', 'h']
>>> ''.join(reversed('hello,world!'))
'!dlrow,olleh'
```

由输出结果可以看到，sorted()函数返回的是一个列表，reversed()函数返回的是一个可迭代对象。它们的具体含义不用过多关注，在 for 循环和 join()方法中使用不会有任何问题。如果要对这两个函数使用索引、分片及调用 list 方法，就可以使用 list 类型转换返回对象。

6.5.5 跳出循环

循环会一直执行，直到条件为假或序列元素用完时才会结束。若想提前中断循环，比如循环的结果已经是想要的了,不想让循环继续执行而占用资源,有什么方法可以实现呢?

Python 提供了 break、continue 等语句用于停止循环或结束某次循环。

1. break 语句

break 语句用来终止循环语句,即使循环条件中没有 False 条件或序列还没有遍历完,也会停止执行循环语句。break 语句可用在 while 和 for 循环中。

如果使用嵌套循环,break 语句就会停止执行最深层的循环,并开始执行下一行代码。

break 语句的语法格式如下:

```
break
```

break 语句的执行流程如图 6-9 所示。

当遇到 break 语句时,无论执行条件是否满足语句要求,都直接跳出这个循环,示例如下(break_use.py):

```
for letter in 'hello':          #示例1
    if letter=='l':
        break
    print(f'当前字母为:{letter}')

num=10                          #示例2
while num>0:
    print(f'输出数字为:{num}')
    num-=1
    if num==8:
        break
```

程序输出结果如下:

```
当前字母为: h
当前字母为: e
输出数字为: 10
输出数字为: 9
```

由输出结果可以看到,在示例 1 中,输出语句输出循环遍历到的字符,当遇到指定字符时,跳出 for 循环。在示例 2 中,使用 while 循环做条件判定,在语句块中输出满足条件的数字,当数字等于 8 时,跳出 while 循环,不再继续遍历。

2. continue 语句

continue 语句用来告诉 Python 跳过当前循环的剩余语句,然后继续进行下一轮循环。continue 语句可用在 while 和 for 循环中。

continue 语句的语法格式如下:

```
continue
```

continue 语句的执行流程如图 6-10 所示。

当执行过程中遇到 continue 语句时,无论执行条件是真还是假,都跳过这次循环,进入下一次循环,例如(continue_use.py):

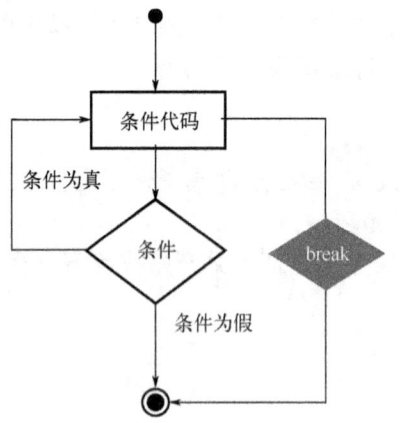
图 6-9　break 执行流程

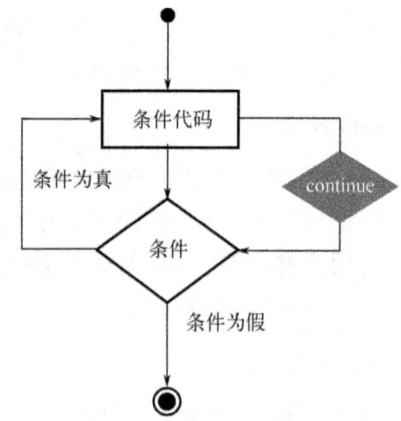
图 6-10　continue 执行流程

```
for letter in 'hello':           #示例1
    if letter=='l':
        continue
    print(f'当前字母 :{letter}')


num=3                            #示例2
while num>0:
    num-=1
    if num==2:
        continue
    print(f'当前变量值 :{num}')
```

程序输出结果如下：

```
当前字母 : h
当前字母 : e
当前字母 : o
当前变量值 : 1
当前变量值 : 0
```

由输出结果可以看到，相比于 break 语句，使用 continue 语句只是跳过一次循环，不会跳出整个循环。

6.5.6　循环中的 else 子句

在开发过程中，可能需要在 while、for 等循环不满足条件时做一些其他工作。这种情况该怎么实现？

1. 在 while 循环中使用 else 语句

当 while 条件语句为 False 时，执行 else 语句块，例如（while_else_use.py）：

```
num=0
while num<3:
    print(f"{num} 小于 3")
```

```
        num+=1
    else:
        print(f"{num} 大于或等于 3")
print("结束循环!")
```

程序输出结果如下:

```
0 小于 3
1 小于 3
2 小于 3
3 大于或等于 3
结束循环!
```

由输出结果可以看到，while 循环结束后执行了 else 语句中的语句块，输出 "3 大于或等于 3" 语句。

2. 在 for 循环中使用 else 语句

当 for 循环条件语句为 False 或 for 循环语句结束前没有被 break 中断时，执行 else 的语句块，例如（for_else_use.py）：

```
names=['xiaomeng', 'xiaozhi']
for name in names:
    if name=="xiao":
        print(f"名称: {name}")
        break
    print(f"循环名称列表 {name}")
else:
    print("没有循环数据!")
print("结束循环!")
```

程序输出结果如下:

```
循环名称列表 xiaomeng
循环名称列表 xiaozhi
没有循环数据!
结束循环!
```

由输出结果可以看到，for 循环条件结束后，并不是直接结束了，而是执行了 else 语句块中的内容。

在实际项目应用中，不建议在循环中使用 else 子句的写法，这种代码比较容易引起歧义，若没有具体要求，尽量少使用这种方式。

6.6 pass 语句

Python 中的 pass 是空语句，使用 pass 语句的作用是保持程序结构的完整性。
pass 语句的语法格式如下:

```
pass
```

pass 不做任何事情，只是占位语句，输入如下：

```
>>> pass
>>>
```

由输出结果可以看到，pass 语句什么都没有做。

在程序开发中，为什么要使用一个什么都不做的语句呢？

来看如下代码（exp_normal.py）：

```
name='xiaomeng'
if name=='xiaomeng':
    print('hello')
elif name=='xiaozhi':
    #预留，先不做任何处理
else:
    print('nothing')
```

执行程序，输出结果如下：

```
  File "itertor.py", line 63
    else:
       ^
IndentationError: expected an indented block
```

执行报错，因为程序中有空代码，在 Python 中，是不允许存在空代码的，也就是空代码是非法的。为解决空代码的问题，Python 的语法规则中增加了一个 pass 语句。

上面的代码可以更改如下（pass_use.py）：

```
name='xiaomeng'
if name=='xiaomeng':
    print('hello')
elif name=='xiaozhi':
    #预留，先不做任何处理
    pass
else:
    print('nothing')
```

执行代码，输出结果如下：

```
hello
```

由输出结果可以看到，代码可以正确执行。

6.7 活学活用——猜数字

为巩固本章的学习内容，接下来玩一个猜数字的游戏。

游戏规则如下：指定一个在一定范围内的数字，让用户去猜这个数字是多少，并输入自己猜测的数字，系统判断是否为给定数字，需要支持时可以退出猜数字。

如果输入的猜测数字大于给定值，提示输入的值大了；如果输入的值小于给定值，提示输入的值小了；如果等于给定数字，提示猜对了，并展示猜了多少次猜中了；如果输入的字符为某个指定值，结束猜数字。

在看参考代码之前先思考一下，要实现这个小游戏，你会怎么做呢？

思考点拨：

先从最简单的方向思考，有 5 种情况：

（1）输入值小于给定值。

（2）输入值等于给定值。

（3）输入值大于给定值。

（4）输入值等于退出猜数字的条件。

（5）输入值不符合约定条件。

对于情况（1）、（3）和（5），需要继续输入；对于情况（2）和（4），输入结束。

需要提供 3 个变量：一个变量用于记录给定值，一个变量用于记录输入值，一个变量用于记录输入了多少次，注意输入次数至少是一次。

参考代码如下（参考代码对输入元素是否为数字做了判断，同时判断了输入数字是否超出给定的数值范围）（num_guess.py）：

```python
import random

#生成一个1到100的随机整数
number=random.randint(1, 100)
#定义一个guess变量
guess=0
while True:
    #获取输入值
    num_input=input("请猜一个1到100的数字，退出游戏请输入q:")
    if num_input=='q':
        print(f'您选择了退出猜字游戏，您总共猜了 {guess} 次，现在退出游戏。')
        break
    if not num_input.isdigit():
        print("请输入1到100的数字。")
        continue
    guess+=1
    if int(num_input)<0 or int(num_input)>=100:
        print("输入的数字必须介于1到100，目前已经猜了 {guess} 次。")
    else:
        if number==int(num_input):
            print(f"恭喜您，您猜对了，正确的数是: {num_input}，您总共猜了{guess}次")
            break
        elif number>int(num_input):
            print(f"您猜的数字小了，目前已经猜了 {guess} 次。")
        elif number<int(num_input):
            print(f"您猜的数字大了，目前已经猜了 {guess} 次。")
        else:
            print("系统发生不可预测问题，请联系管理人员进行处理。")
```

6.8 技巧点拨

(1) 在交互模式下输入 False，看看会输出什么结果，并尝试解答为什么输出这样的结果。输入 True、True+False 呢？

```
>>> false
Traceback(most recent call last):
  File "<stdin>", line 1, in <module>
NameError: name 'false' is not defined
```

此问题的提出是希望读者通过尝试不同情况，从而发现自己遗漏的知识点。

(2) 在 while 或 for 循环中，尝试不对齐循环语句块中的语句，看看执行结果是怎样的？例如：

```
num=10
while num>0:
   print('输出数字为:', num)
   num-=1                            #本行与其他行不对齐
    if num==8:
        break
```

运行这段代码，查看输出结果是怎样的，并尝试更改为 for 循环，再次查看结果。

(3) 尝试以下程序的执行结果：

```
name='xiaomeng'
if name=='xiaomeng':
    print('hello')
elif name=='xiaozhi':
    print('do nothing')
      pass
else:
    print('nothing')
```

6.9 问题探讨

(1) 能不能像执行.exe 文件一样执行.py 文件呢？

答：在 Windows 系统上是不行的，不过在 Mac 系统和 Linux 系统上可以。方法是在.py 文件的第一行加一个特殊注释，例如：

```
#!/usr/bin/env python3
```

(2) 在实际项目中，条件语句用得多还是循环语句用得多？

答：条件语句和循环语句没有哪个用得多，哪个用得少的比较，因为各有各的优缺点，对条件语句和循环语句，每个人也有自己的使用习惯。另外也要看是什么样的项目，有一些项目的功能用条件语句更好实现，条件语句就会用得多些。若使用循环语句实现更方便，就会多使用循环语句。

6.10 章节回顾

（1）回顾 import 语句的语法格式是怎样的，import 语句如何使用。
（2）回顾序列解包的概念，回顾链式赋值和增量赋值各自是怎么操作的。
（3）回顾什么是条件语句。
（4）回顾本章讲解的循环语句，包括循环语句的使用、循环的跳出。

6.11 实战演练

（1）使用 import 导入随机函数，并用导入的随机函数生成一个 0~1 的随机数。
（2）a=100，b=50，结合本章讲解内容，交换 a、b 的值。
（3）编写代码实现：如果输入的数字大于 10，则打印"评价超出预期"；若输入的数字小于 10，若是在 8~10 之间，则打印"您的评价是优秀"，在 6~8 之间，打印"您的评价是合格"，在 6 以下，则打印"您的评价是不合格"。
（4）用 while 循环实现：给定 a=1，当 a 小于 100 时，a=a*(a+1)。
（5）写一个程序，判断输入的年份是否为闰年（输入函数为 input）。
（6）阿姆斯特朗数：如果一个 n 位正整数等于各位数字 n 次方的和，就称该数为阿姆斯特朗数。例如，1^3 + 5^3 + 3^3=153。1000 以内的阿姆斯特朗数有：1、2、3、4、5、6、7、8、9、153、370、371、407。

编写一个程序，检测输入的数字是否为阿姆斯特朗数。

第七章 函　　数

　　函数能够提高应用的模块性和代码的重复利用率。Python 提供了许多内建函数，开发者也可以自己创建函数。
　　Python 快乐学习班的同学结束旋转乐园的游玩后，导游带领他们来到函数乐高积木厅，在这里，同学们只要通过想象和创意，就可以使用手中的代码块拼凑出很多神奇的函数，它们有不带参数的，有带必须参数的，有带关键字参数的，有带默认参数的，有带可变参数的，有带组合参数的。现在就陪同 Python 快乐学习班的同学一起进入函数乐高积木厅，开始我们的创意学习之行。

7.1　函数的定义

　　函数这个概念在前面的章节中已经提到过很多次，也已经使用过函数。不过到目前为止，我们用的都是 Python 内置函数。这些 Python 内置函数的定义部分对我们来说是透明的。因此，我们只需关注这些函数的用法，而不必关心函数是如何定义的。
　　Python 支持自定义函数，即由我们自己定义一个实现某个功能的函数。下面是自定义函数的简单规则。
　　（1）函数代码块以 def 关键字开头，后接函数标识符名称和圆括号"()"。
　　（2）所有传入的参数和自变量都必须放在圆括号中，可以在圆括号中定义参数。
　　（3）函数的第一行语句可以选择性地使用文档字符串，用于存放函数说明。
　　（4）函数内容以冒号开始，并且要缩进。
　　（5）return [表达式] 用于结束函数，选择性地返回一个值给调用方。不带表达式的 return 相当于返回 None。
　　Python 定义函数使用 def 关键字，一般格式如下：

```
def 函数名（参数列表）:
    函数体
```

或者更直观地表示为：

```
def <name>(arg1, arg2,... argN):
    <statements>
```

　　函数的名字必须以字母开头，可以包括下画线"_"。和定义变量一样，不能把 Python 的关键字定义成函数的名字。函数内的语句数量是任意的，每个语句至少有一个空格的缩进，以表示该语句属于这个函数。函数体必须保持缩进一致，因为在函数中，缩进结束就表示函数结束。

7.2 函数的调用

在程序设计中,函数是指用于进行某种计算的一系列语句的有名称的组合。定义函数时,需要指定函数的名称并编写一系列程序语句,之后可以使用名称"调用"这个函数。

前面已经介绍过函数的调用,示例如下:

```
>>> print('hello world')
hello world
>>> type('hello')
<class 'str'>
>>> int(12.1)
12
```

以上代码展示了函数的调用方式。函数括号中的表达式称为函数的参数。函数"接收"参数,并"返回"结果,返回的结果称为返回值(Return Value)。比如上面示例中的 int(12.1),12.1 就是"接收"的参数,得到的结果是 12,12 就是返回值。

Python 3 内置了很多有用的函数,可以直接调用。要调用一个函数,就需要知道函数的名称和参数,比如求绝对值的函数 abs()只需要一个参数。可以直接在 Python 官方网站查看文档:

https://docs.python.org/3.7/library/functions.html

进入官方网站可以看到如图 7-1 所示的页面,这里显示了 Python 3 内置的所有函数,abs()函数在第一个位置。从左上角可以看到这个函数是 Python 3.7 版本的内置函数。

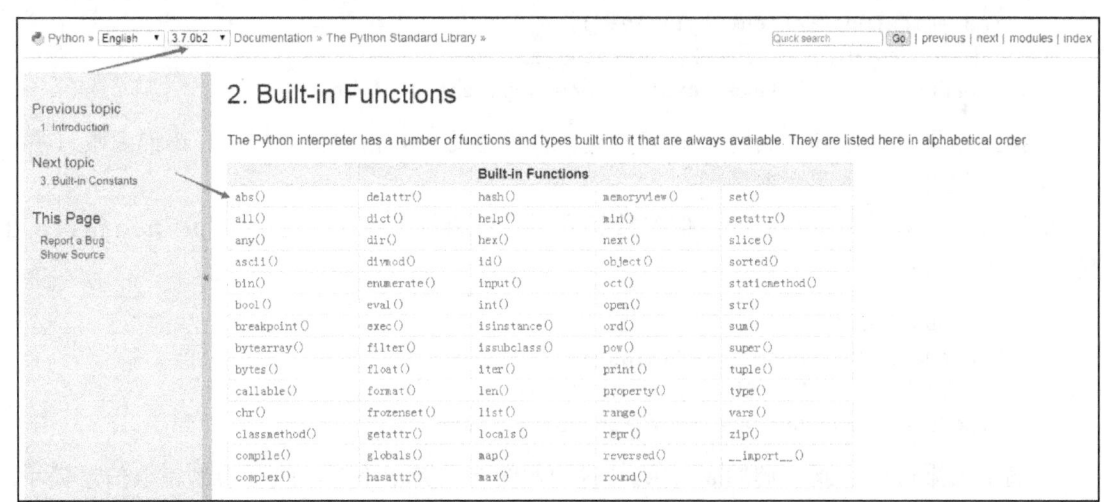

图 7-1 Python 官方网站

单击 abs()函数,页面会跳到如图 7-2 所示的位置,是对 abs()函数的说明。图中的意思是:返回一个数的绝对值。参数可能是整数或浮点数。如果参数是一个复数,就返回它的大小。

除了到 Python 官方网站查看文档,还可以在交互式命令行通过 help(abs)查看 abs()函数如何使用。在交互模式下输入:

```
abs(x)
    Return the absolute value of a number. The argument may be an integer or a floating point number. If the argument is a complex number, its
    magnitude is returned.
```

图 7-2　abs()函数帮助说明

```
>>> help(abs)
Help on built-in function abs in module builtins:
abs(x, /)
    Return the absolute value of the argument.
```

由输出结果可以看到，输出了对应的帮助信息，但是没有官方网站中描述得详细。
下面实际操作 abs()函数，在交互模式下输入：

```
>>> abs(20)
20
>>> abs(-20)
20
>>> abs(3.14)
3.14
>>> abs(-3.14)
3.14
```

由输出结果可以看到，abs()函数的功能是求绝对值。

调用 abs()函数时，如果传入的参数数量不对，就会报 TypeError 错误，比如 abs()只需要传一个参数，但传递了两个参数，就会报错。在交互模式下输入：

```
>>> abs(5,6)
Traceback(most recent call last):
  File "<stdin>", line 1, in <module>
TypeError: abs() takes exactly one argument(2 given)
```

由输出结果可以看到，调用 abs()函数传入两个参数时，错误信息提示：abs()函数只需要一个参数，但是传入了两个参数。

如果传入的参数数量是对的，但参数类型不能被函数接收，也会报 TypeError 错误。在交互模式下输入：

```
>>> abs('hello')
Traceback(most recent call last):
  File "<stdin>", line 1, in <module>
TypeError: bad operand type for abs(): 'str'
```

由输出结果可以看到，调用 abs()函数时传入的参数类型不对，执行得到错误信息提示：str 是错误的参数类型。

函数名是指向一个函数对象的引用，所以可以把函数名赋给一个变量，相当于给这个函数起了一个"别名"，在交互模式下输入：

```
>>> fun=abs              #变量 fun 指向 abs 函数
>>> fun(-5)              #所以可以通过 fun 调用 abs 函数
5
>>> fun(-3.14)           #所以可以通过 fun 调用 abs 函数
```

```
3.14
>>> fun(3.14)              #所以可以通过 fun 调用 abs 函数
3.14
```

由输出结果可以看到，可以把函数名赋给一个变量，调用函数时，直接调用定义的变量名即可。

调用 Python 中的函数时，需要根据函数定义传入正确的参数。如果函数调用出错，要能根据错误信息排查问题。

现在已经知道定义函数的简单规则和一般格式了。下面我们进行实际操作，在文本中定义函数并调用（func_define.py）：

```
def hello():
    print('hello,world')

hello()
```

示例中的 hello() 函数就是我们自定义的函数。此处为了看到执行结果，在函数定义完后做了函数的自我调用。如果不自我调用，执行该函数就没有任何输出，当然也不会报错（除非代码有问题）。

在 cmd 命令行窗口下执行 func_define.py 文件，得到输出结果如下：

```
hello,world
```

由输出结果可以看到，函数 hello() 被正确执行了，并得到了预期结果，表明 hello() 函数的定义与调用都没有问题。

函数定义时需要注意以下几点：

（1）没有 return 语句时，函数执行完毕也会返回结果，不过结果为 None。
（2）return None 可以简写为 return。
（3）在 Python 中定义函数时，需要保持函数体中同一层级的代码缩进一致。

根据以上示例，一个函数中只能定义一条语句吗？除了输出操作，函数中还能执行其他操作吗？

在一个函数中可以定义多条语句，并且在函数中能做各种赋值、运算、调用其他函数等操作，并返回结果。

例如，可以定义输出多条语句的函数并执行（print_more.py）：

```
def print_more():
    print('该函数可以输出多条语句，我是第一条。')
    print('我是第二条')
    print('我是第三条')

print_more()    #调用函数
```

程序输出结果如下：

```
该函数可以输出多条语句，我是第一条。
我是第二条
我是第三条
```

定义输出数字和计算的函数并执行（mix_operation.py）：

```python
def mix_operation():
    a=10
    b=20
    print(a)
    print(b)
    print(a+b)
    print(f'a+b 的和等于:{a+b}')

mix_operation()    #调用函数
```

程序输出结果如下：

```
10
20
30
a+b 的和等于: 30
```

在 Python 中，可以定义一个什么都不做的函数。如果想定义一个什么都不做的空函数，可以用 pass 语句，定义如下函数并执行（do_nothing.py）：

```python
def do_nothing():
        pass

do_nothing()
```

由输出结果可以看到，执行该函数没有任何输出。

pass 语句什么都不做，这样有什么用呢？此处 pass 可以作为占位符使用，比如现在还没想好怎么写函数的代码，可以先放一个 pass，让代码能运行起来。

函数的目的是把一些复杂操作隐藏起来，用于简化程序的结构，使程序更容易阅读。函数在调用前必须先定义。

7.3 函数的参数

在 7.1 节中只讲述了简单函数的定义，在实际应用中，经常需要定义带参数的函数。本节将探讨如何定义带参数的函数及其使用。

定义带参数的函数时，函数的参数类型可以有以下几种：

（1）必须参数。
（2）关键字参数。
（3）默认参数。
（4）可变参数。
（5）组合参数。

下面逐一对这些参数类型进行介绍。

7.3.1 必须参数

必须参数必须以正确的顺序传入函数。调用时，参数的个数必须和声明时一样。比如函数定义时定义了a、b两个参数，调用函数时，就必须传入a、b两个参数，并且以a、b的顺序传入，不能以b、a的顺序传入。如果以b、a的顺序传入，即使程序执行不报错，在大多数情况，也会导致错误的执行结果。

定义如下函数并执行（param_one.py）：

```python
def param_one(val_str):
    print(f'the param is:{val_str}')
    print(f'我是一个传入参数，我的值是: {val_str}')

param_one('hello,world')
```

程序输出结果如下：

```
the param is: hello,world
我是一个传入参数，我的值是: hello,world
```

由输出结果可以看到，代码中定义了一个必须传入一个参数的函数param_one(val_str)，传入的参数为 val_str，在调用函数时，给函数传递的参数是'hello,world'字符串，结果是将'hello,world'传给val_str。

对于上面的示例，假如不传入参数或传入一个以上的参数，结果会怎样呢？操作如下：

```python
param_one()            #不传入参数
```

程序输出结果如下：

```
Traceback(most recent call last):
  File "param_one.py", line 7, in <module>
    param_one()        #不传入参数
TypeError: param_one() missing 1 required positional argument: 'val_str'
```

由输出结果可以看到，程序报错：函数缺少一个必需的定位参数，参数为val_str。

```python
Param_one('hello', 'world')        #传入超过一个参数
```

输出结果如下：

```
Traceback(most recent call last):
  File "param_one.py", line 8, in <module>
    param_one('hello', 'world')    #传入超过一个参数
TypeError: param_one() takes 1 positional argument but 2 were given
```

由输出结果可以看到，程序报错：函数只需要一个位置参数却传入了两个。

通过示例可以看到，对于定义的param_one()函数，不传入参数或传入一个以上参数，都会报错。所以对于定义了必须参数的函数，必须传递对应正确个数的参数。

在实际项目应用中，若定义函数时需要定义的参数个数较少，建议定义成必须参数形式的函数。

7.3.2 关键字参数

关键字参数和函数调用关系紧密，函数调用时，会通过关键字参数确定传入的参数值。

使用关键字参数，允许在调用函数时，传递参数的顺序与函数定义的参数顺序不一致，因为 Python 解释器能通过关键字参数名匹配参数值。

定义如下函数并执行（person_info.py）：

```python
def person_info(age, name):
    print(f'年龄: {age}')
    print(f'名称: {name}')
    return

print('-------按参数顺序传入参数-------')
person_info(21,'小萌')
print('-------不按参数顺序传入参数，指定参数名-------')
person_info(name='小萌',age=21)
print('-------按参数顺序传入参数，并指定参数名-------')
person_info(age=21,name='小萌')
```

调用函数，输出结果如下：

```
-------按参数顺序传入参数-------
年龄: 21
名称: 小萌
-------不按参数顺序传入参数，指定参数名-------
年龄: 21
名称: 小萌
-------按参数顺序传入参数，并指定参数名-------
年龄: 21
名称: 小萌
```

由输出结果可以看到，对于 person_info() 函数，当使用关键字的方式调用函数时，只要指定参数名，关键字参数的顺序可以是任意的，对输出结果没有任何影响，都能得到正确的结果。

在实际项目应用中，使用关键字参数的形式调用函数是不错的做法。

7.3.3 默认参数

在调用一个已经定义好的函数时，经常会有这样的情况存在：函数定义的那些参数值，并不是每次调用函数时都需要传入，函数调用时需要允许某些参数可以不传值，但若不传递值，调用就会出错，基于这种情况，就引入了默认参数的概念。

所谓默认参数，就是在函数定义时，给参数赋默认值。

对于定义了默认参数的函数，调用函数时，若没有传递有默认值的参数，函数就会使用默认的参数值；若传递了有默认值的参数，就会使用传递的值。

例如，定义如下函数并执行（default_param.py）：

```
def default_param(name, age=23):
    print(f'hi, 我叫: {name}')
    print(f'我今年: {age}')
    return

default_param('小萌')
```

调用函数，输出结果如下：

```
hi, 我叫: 小萌
我今年: 23
```

由输出结果可以看到，在函数定义时，定义了一个默认参数 age，age 的默认值为 23。在函数调用时没有传入 age 参数，但函数执行后，输出的结果中 age 参数是有值的，执行结果输出的 age 参数的值是 23，也就是在函数定义中定义的 age 的默认值。

对于在 default_param.py 文件中定义的 default_param()函数，调用函数时，若对 age 参数赋值，default_param()函数的调用更改如下：

```
default_param('小萌',21)                #函数默认 age=23
```

输出结果如下：

```
hi, 我叫:  小萌
我今年:  21
```

由输出结果可以看到，返回的结果中，age 参数使用的是函数调用时传入的参数值，即函数调用时，默认参数使用的是传入的参数值，而不是默认值。

对于上面的 default_param()函数，把默认参数的位置放在前面是否可行呢？

定义如下函数并执行（default_param_err.py）：

```
def default_param_err(age=23, name):
    print(f'hi, 我叫: {name}')
    print(f'我今年: {age}')
    return

default_param_err(age=21,name='小萌')
```

程序输出结果如下：

```
SyntaxError: non-default argument follows default argument
```

由输出结果可以看到，程序执行报错，错误信息是：非默认参数在默认参数的后面。通过错误提示可知，默认参数必须要放在非默认参数的后面。

在一个函数定义中，是否可以定义多个默认参数？先看看以下几个函数定义的示例。

（1）示例 1：多个默认参数值（default_param_test.py）

```
def default_param(name, age=23, addr='shanghai'):
    print(f'hi, 我叫: {name}')
    print(f'我今年: {age}')
    print(f'我现在在: {addr}')
    return
```

```python
print('-------只传入必须参数，默认参数不传-------')
default_param('小萌')
print('-------传入必须参数，更改第一个默认参数值-------')
default_param('小萌', 21)
print('-------传入必须参数，默认参数值都更改-------')
default_param('小萌', 21, 'beijing')
print('-------传入必需参数，指定默认参数名并更改参数值-------')
default_param('小萌', addr='beijing')
print('-------传入必需参数，指定参数名并更改值-------')
default_param('小萌', addr='beijing', age=23)
print('-------第一个默认参数不带参数名，第二个带-------')
default_param('小萌', 21, addr='beijing')
print('-------两个默认参数都带参数名-------')
default_param('小萌', age=23, addr='beijing')
print('-------第一个默认参数带参数名，第二个不带，报错-------')
default_param('小萌', age=23, 'beijing')
```

程序输出结果如下：

```
-------只传入必需参数，默认参数不传-------
hi，我叫： 小萌
我今年： 23
我现在在：shanghai
-------传入必需参数，更改第一个默认参数值-------
hi，我叫： 小萌
我今年： 21
我现在在：shanghai
-------传入必需参数，默认参数值都更改-------
hi，我叫： 小萌
我今年： 21
我现在在：beijing
-------传入必需参数，指定默认参数名并更改参数值-------
hi，我叫： 小萌
我今年： 23
我现在在：beijing
-------传入必需参数，指定参数名并更改值-------
hi，我叫： 小萌
我今年： 23
我现在在：beijing
-------第一个默认参数不带参数名，第二个带-------
hi，我叫： 小萌
我今年： 21
我现在在：beijing
-------两个默认参数都带参数名-------
hi，我叫： 小萌
我今年： 23
我现在在：beijing
-------第一个默认参数带参数名，第二个不带，报错-------
```

```
SyntaxError: positional argument follows keyword argument
```

（2）示例 2：默认参数在必需参数前（default_param_try.py）

```python
def default_param_1(age=23, name, addr='shanghai'):
    print(f'hi, 我叫: {name}')
    print(f'我今年: {age}')
    print(f'我现在在: {addr}')
    return

def default_param_2(age=23, addr='shanghai', name):
    print(f'hi, 我叫: {name}')
    print(f'我今年: {age}')
    print(f'我现在在: {addr}')
    return

default_param_1(age=23, '小萌', addr='shanghai')
default_param_2(age=23, addr='shanghai', '小萌')
```

程序输出结果如下（直接报错了）：

```
SyntaxError: non-default argument follows default argument
```

由上面两段程序，可以得到以下几点结论：

（1）一个函数中可以定义多个默认参数，但无论有多少个默认参数，默认参数都不能放在必需参数之前。

（2）无论有多少个默认参数，若不传入默认参数的值，则使用默认值。

（3）若要更改某一个默认参数的值，又不想传入其他默认参数，且该默认参数的位置不是第一个，可以通过指定参数名来更改想要更改的默认参数值。

（4）若有一个默认参数通过传入参数名更改参数值，则其他想要更改的默认参数都需要传入参数名来更改参数值，否则会报错。

（5）更改默认参数值时，默认参数的顺序不需要根据定义的函数中的默认参数的顺序传入，但是最好同时传入参数名，否则容易出现执行结果与预期不一致的情况。

通过以上示例可以看出，默认参数是比较有用的，通过默认参数可以少写一些代码，比如使用上面的代码帮助某单位录入人员信息时，如果有很多人的 addr 相同，就不需要传入每个人的 addr 值了。不过使用默认参数时需要小心谨慎，因为比较容易出现使用默认值的情形。

7.3.4 可变参数

可变参数的基本语法格式如下：

```python
def functionname([formal_args,] *var_args_tuple ):
    "函数_文档字符串"
    function_suite
    return [expression]
```

加了星号（*）的变量名会存放所有未命名的变量参数。如果变量参数在函数调用时没有指定，就是一个空元组。我们也可以不向可变函数传递未命名的变量。

如果需要一个函数能够处理更多的声明参数,这些参数称为可变参数。和前面所述两种参数不同,可变参数声明时不会被命名。

下面通过实例说明可变函数的使用,定义如下函数并执行(person_info_var.py):

```
def person_info_var(arg,*vartuple):
    print(arg)
    for var in vartuple:
        print(f'我属于不定长参数部分:{var}')
    return

print('------------不带可变参数------------------')
person_info_var('小萌')
print('------------带两个可变参数------------------')
person_info_var('小萌', 21, 'beijing')
print('------------带5个可变参数----------------')
person_info_var('小萌', 21, 'beijing', 123, 'shanghai', 'happy')
```

程序输出结果如下:

```
------------不带可变参数------------------
小萌
------------带两个可变参数------------------
小萌
我属于不定长参数部分: 21
我属于不定长参数部分: beijing
------------带5个可变参数----------------
小萌
我属于不定长参数部分: 21
我属于不定长参数部分: beijing
我属于不定长参数部分: 123
我属于不定长参数部分: shanghai
我属于不定长参数部分: happy
```

由输出结果可以看到,虽然在定义函数时只定义了两个参数,但调用时却可以传入多个参数,这和之前函数的调用不一样了,这是怎么实现的?

这就是可变参数的好处,在函数内部,若在参数前加一个星号,在函数调用时,会将所有参数放在一个元组中,通过这种方式将这些值收集起来,然后供函数内部使用。如在函数person_info_var()中,参数vartuple接收的是一个元组,调用函数时可以传入任意个数的参数,也可以不传。

在这个示例中使用了前面所学的for循环,通过for循环遍历元组。通过这种方式定义函数,调用时是不是非常方便?我们在后续学习中会经常遇到。

也可以使用这种方式处理前面学习的关键字参数,例如(per_info.py):

```
other={'城市': '北京', '爱好': '编程'}
def per_info(name, number, **kw):
    print(f'名称:{name},学号:{number},其他:{kw}')

per_info('小智', 1002, 城市=other['城市'], 爱好=other['爱好'])
```

函数输出结果为：

   名称:小智,学号:1002,其他:{'城市': '北京', '爱好': '编程'}

由输出结果看到，可以使用两个"*"号，即使用"**"处理关键字参数。函数调用时可以用更简单的方式调用，简单形式如下：

   per_info('小智', 1002, **other)

函数输出结果为：

   名称:小智,学号:1002,其他:{'城市': '北京', '爱好': '编程'}

由输出结果可以看到，虽然结果和前面一样，但写法上却简单了不少。**other 表示把 other 这个字典的所有键值对用关键字参数传入函数的**kw 参数，kw 将获得一个字典，注意 kw 获得的字典是 other 复制的，对 kw 的改动不会影响函数外的 other。

7.3.5 组合参数

在 Python 中，定义函数时，除了可以用必须参数、关键字参数、默认参数和可变关键字参数，这4种参数也可以组合使用。不过需要注意定义参数的顺序必须是必需参数、默认参数、可变参数和关键字参数，否则函数定义会报错。

下面介绍组合参数的使用，例如如下函数定义（exp.py）：

```
def exp(p1, p2, df=0, *vart, **kw):
    print(f'p1={p1},p2={p2},df={df},vart={vart},kw={kw}')

exp(1,2)
exp(1,2,c=3)
exp(1,2,3,'a','b')
exp(1,2,3,'abc',x=9)
```

输出结果如下：

```
p1=1,p2=2,df=0,vart=(),kw={}
p1=1,p2=2,df=0,vart=(),kw={'c': 3}
p1=1,p2=2,df=3,vart=('a', 'b'),kw={}
p1=1,p2=2,df=3,vart=('abc',),kw={'x': 9}
```

由输出结果可以看到，在定义 exp()函数时，使用了组合参数的定义形式，Python 解释器会自动按照参数位置和参数名把对应的参数传进去。

对 exp()函数，还可传入 tuple 和 dict 类型的参数，方式如下：

```
args=(1, 2, 3, 4)              #args 定义为 tuple
kw={'x': 8, 'y': '9'}          #kw 定义为 dict
exp(*args, **kw)
```

输出结果如下：

```
p1=1,p2=2,df=3,vart=(4,),kw={'y': '9', 'x': 8}
```

由输出结果可以看到，任意函数都可以通过类似 func(*args,**kw)的形式进行调用，无论参数是如何定义的。

7.4 形参和实参

前面已经讲述过函数的参数，本节将介绍 Python 函数的两种参数类型，一种是函数定义中的形参，另一种是调用函数时传入的实参。

在使用一些内置函数时，经常需要传入参数，如调用数学函数 math.sin 时，需要传入一个整型数字作为参数。有的函数需要多个参数，如 math.pow 需要传入两个参数，一个是基数（base），另一个是指数（exponent）。

在函数内部，会将实参的值赋给形参，例如（basic_info.py）：

```
def basic_info(age,name):
    print(f'年龄: {age}')
    print(f'名称: {name}')
    return
```

由函数定义可以看到，在 basic_info()函数中，函数名 basic_info 后面的参数列表 age 和 name 就是实参，在函数体中分别将 age 和 name 的值传递给 age 和 name，函数体中的 age 和 name 就是形参。

在 Python 中，操作参数时，在函数体内的操作都是对形参的操作，不能操作实参，即在函数体中对参数的更改，是对形参的更改。

内置函数的组合规则在自定义函数上同样适用。例如，我们对自定义的 basic_info 函数可以使用任何表达式作为实参：

```
basic_info(21, '小萌'*2)
```

程序输出结果如下：

```
年龄: 21
名称: 小萌小萌
```

由输出结果可以看到，可以用字符串的乘法表达式作为实参。

在 Python 中，作为实参的表达式会在函数调用前执行。如在上面的示例中，实际上先执行'小萌'*2 的操作，将执行的结果作为一个实参传递到函数体中。

作为实参传入函数的变量名称和函数内部定义的形参的名称没有关系。函数的内部只关心形参的值，而不关心它在调用前叫什么名字。

7.5 变量的作用域

作用域是一个变量的命名空间。在 Python 中，程序的变量并不是在任何位置都可以访问的，一般会有访问权限。访问权限决定于这个变量是在哪里赋值的，代码中变量被赋值的位置决定哪些范围的对象可以访问这个变量，这个范围就是命名空间。变量的作用域决定哪一部分程序可以访问特定的变量名称。

Python 中有两种最基本的变量作用域：局部变量和全局变量。下面我们分别对两种作用域的变量进行介绍。

7.5.1 局部变量的定义与使用

在函数内定义的变量名只能在函数内部引用,不能在函数外部引用,这个变量的作用域是局部的,也称为局部变量。

变量如果在函数中是第一次出现,就称为局部变量,例如(local_var.py):

```
def local_var():
    x=100
    print(x)
```

在 local_var()函数中,x 是在函数体中被定义的,并且是第一次出现,所以 x 就称为局部变量。局部变量只能在函数体中被访问,超出函数体的范围访问就会报错。

示例如下(local_func.py):

```
def local_func():
    x=100
    print(f'变量x: {x}')
print(f'函数体外访问变量x: {x}')
local_func()
```

函数输出结果如下:

```
Traceback(most recent call last):
  File "D:/python/workspace/functiondef.py", line 7, in <module>
    print('函数体外访问变量x: %s' %(x))
NameError: name 'x' is not defined
```

由输出结果可以看到,报错提示:第 7 行的 x 没有定义;由输入代码可知,第 7 行语句没有在函数体中,因而执行时报错了。

如果把 x 作为实参传入函数体中,在函数体中不定义变量 x,在函数中,x 将会被认为是什么?

定义如下函数并执行(func_var.py):

```
def func_var(x):
    print(f'局部变量x为:{x}')
func_var(10)
```

函数输出结果如下:

局部变量x为:10

由输出结果可以看到,输出了局部变量的值。

这里有一个疑问,在函数 func_var()的函数体中没有定义局部变量,x 只是作为一个实参传入函数体中,怎么变成局部变量了呢?

在 Python 中,参数的工作原理类似于局部变量,实参一旦进入函数体,就成为局部变量了。

如果在函数外定义了变量 x 并赋值,在函数体中能否使用变量 x?

定义如下函数并执行（func_eq.py）：

```
x=50
def func_eq():
    print(f'x等于:{x}')
func_eq()
```

程序输出结果如下：

```
x等于:50
```

由输出结果可以看到，在函数体中可以直接使用函数体外的变量（全局变量，将在7.6.2 节介绍）。

定义一个函数，在函数体外定义变量 x 并赋值，将 x 作为函数的实参，在函数体中更改 x 的值，函数体外 x 的值是否跟着变更呢？

定义如下函数并执行（func_outer.py）：

```
x=50
def func_outer(x):
    print(f'x等于:{x}')
    x=2
    print(f'局部变量x变为:{x}')
func_outer(x)
print(f'x一直是:{x}')
```

程序输出结果如下：

```
x等于:50
局部变量x变为:2
x一直是:50
```

由输出结果可以看到，在函数体中更改变量的值并不会更改函数体外变量的值。

这是因为在调用 func_outer() 函数时，创建了新的命名空间，这块新的命名空间只作用于 func_outer() 函数的代码块。对于赋值语句 x=2，只在函数体的作用域内起作用，即在这块新的命名空间中起作用，而不能影响外部作用域中的 x。所以，在函数内部更改了 x 的值后，在函数外部去调用 x，x 的值并没有改变。

7.5.2 全局变量的定义与使用

在函数外，一段代码最开始赋值的变量可以被多个函数引用，这就是全局变量。全局变量可以在整个程序范围内访问。7.5.1 节中 x=50 就是全局变量。

下面看一个全局变量的示例（global_var.py）：

```
total_val=0                    #这是一个全局变量
def sum_num(arg1, arg2):
    total_val=arg1 + arg2      #total_val在这里是局部变量.
    print(f"函数内是局部变量:{total_val}")
    return total_val
```

```
def total_print():
    print(f'total 的值是:{total_val}')
    return total_val

print(f'函数求和结果:{sum_num(10, 20)}')
total_print()
print(f"函数外是全局变量:{total_val}")
```

程序输出结果如下：

```
函数内是局部变量:30
函数求和结果:30
total 的值是:0
函数外是全局变量:0
```

由执行结果看到，全局变量可在全局使用，并且在某个函数体中更改全局变量的值，并不会影响全局变量在其他函数或语句中的值。

再看一个函数定义并执行的示例（func_global.py）：

```
num=100
def func_global():
    num=200
    print(f'函数体中 num 的值为:{num}')

func_global()
print(f'函数外 num 的值为:{num}',)
```

函数输出结果为：

```
函数体中 num 的值为:200
函数外 num 的值为:100
```

由输出结果可以看到，虽然在文件中定义了一个名为 num 的全局变量，在函数 func_global()的函数体中也定义了一个名为 num 的变量，但在函数体中使用的是函数体中的 num 变量，在函数体外使用 num 变量时使用的是全局变量的值。

由此得知，在函数中使用某个变量的变量值时，如果该变量对应的变量名既被定义为全局变量，又被定义为局部变量，就默认使用局部变量的变量值。所以若要将全局变量变为局部变量，只需在函数体中定义一个和局部变量名称一样的变量即可。

能否将函数体中的局部变量变为全局变量呢？

定义如下函数并执行（func_glo_1.py）：

```
num=100
print(f'函数调用前 num 的值为:{num}')
def func_glo_1():
    global num
    num=200
    print(f'函数体中 num 的值为:{num}')

func_glo_1()
```

```
        print(f'函数调用结束后num的值为:{num}')
```

函数输出结果如下：

```
函数调用前num的值为:100
函数体中num的值为:200
函数调用结束后num的值为:200
```

由函数输出结果可以看到，在函数体中的变量 num 前加了一个 global 关键字后，函数调用结束后，在函数外部使用 num 变量时，函数外部 num 变量的值也变为和函数体中的值一样了。

由此得知，若要将函数中某个变量定义为全局变量，需要在被定义的变量前加一个关键字 global 即可。

在函数体中定义 global 变量后，在函数体中对变量做的其他操作也是全局性的。

定义如下函数并执行（func_glo_2.py）：

```
num=100
print(f'函数调用前num的值为:{num}')
def func_glo_2():
    global num
    num=200
    num+=100
    print(f'函数体中num的值为:{num}')

func_glo_2()
print(f'函数调用结束后num的值为:{num}')
```

函数输出结果如下：

```
函数调用前num的值为:100
函数体中num的值为:300
函数调用结束后num的值为:300
```

由输出结果可以看到，在函数体中对定义的全局变量 num 做了一次加 100 的操作，num 的值由原来的 200 变为 300，在函数体外获得的 num 的值也变为 300。

7.6 函数的返回值

在定义函数时，有些函数使用了 return 语句，有些函数没有使用 return 语句，使用 return 语句与不使用 return 语句有什么区别呢？

由 7.2 节可知，若定义函数时没有使用 return 语句，则默认返回一个 None。要返回一个 None，可以只写一个 return，但要返回具体的数值，就需要在 return 后面加上需要返回的内容。

对于函数的定义来说，使用 return 语句可以向外提供该函数执行的一些结果；对于函数的调用者来说，是否可以使用函数中执行的一些操作结果，就在于函数是否使用 return 语句返回了对应的执行结果。

在 Python 中，有的函数会产生结果（如数学函数），我们称这种函数为有返回值函数（Fruitful Function）；有的函数执行一些动作后不返回任何值，我们称这类函数为无返回值函数。

调用有返回值函数时，可以使用返回的结果做相关操作；调用无返回值或返回 None 的函数时，只能得到一个 None 值。

定义如下函数并执行（func_transfer.py）：

```python
def no_return():
    print('no return 函数不写 return 语句')

def just_return():
    print('just return 函数只写 return，不返回具体内容')
    return

def return_val():
    x=10
    y=20
    z=x+y
    print('return val 函数写 return 语句，并返回求和的结果。')
    return z

print(f'函数 no return 调用结果: {no_return()}')
print(f'函数 just return 调用结果: {just_return()}')
print(f'函数 return val 调用结果: {return_val()}')
```

函数输出结果如下：

```
no_return 函数不写 return 语句
函数 no return 调用结果: None
just return 函数只写 return，不返回具体内容
函数 just return 调用结果: None
return val 函数写 return 语句，并返回求和的结果。
函数 return val 调用结果: 30
```

由输出结果可以看到，定义函数时不写 return 语句或只写一个"return"返回的都是 None。如果写了具体返回内容，调用函数时就可以获取具体内容。

7.7 返回函数

前面介绍了函数可以有返回值，除了返回值，函数中是否可以返回函数呢？

定义如下函数（calc_sum.py）：

```python
def calc_sum(*args):
    ax=0
    for n in args:
        ax=ax + n
    return ax
```

由代码可以看到,这里定义了一个可变参数的求和函数,该函数允许传入多个参数,最后返回求得的和。

如果想要实现一个功能,不需要立刻求和,而是在后面的代码中根据需要再计算,该怎么做?

定义函数如下(sum_late.py):

```python
def sum_late(*args):
    def calc_sum():
        ax=0
        for n in args:
            ax=ax + n
        return ax
    return calc_sum
```

由代码可以看到,sum_late()函数返回了一个之前没有看过的类型的值——函数。对于此处定义的 sum_late()函数,我们没有返回求和的结果,而是返回了一个求和函数。

执行以下函数:

```python
print(f'调用 sum_late 的结果: {sum_late(1, 2, 3, 4)}')
calc_sum=sum_late(1, 2, 3, 4)
print(f'调用 calc_sum 的结果: {calc_sum()}')
```

得到函数的输出结果如下:

```
调用 sum_late 的结果: <function sum_late.<locals>.calc_sum at 0x000000000077DE18>
调用 calc_sum 的结果: 10
```

由输出结果可以看到,调用定义的函数时没有直接返回求和结果,而是返回了一串字符(这个字符其实就是函数)。当执行返回的函数时,才真正计算求和的结果。

在这个例子中,在函数 sum_late 中又定义了函数 calc_sum,并且内部函数 calc_sum 可以引用外部函数 sum_late 的参数和局部变量。当 sum_late 返回函数 calc_sum 时,相关参数和变量都保存在返回的函数中,称为闭包(Closure)。

有一点需要注意,当调用 sum_late()函数时,每次调用都会返回一个新的函数,即使传入相同的参数也是如此。看如下示例:

```python
f1=sum_late(1,2,3)
f2=sum_late(1,2,3)
print('f1==f2 的结果为: ',f1==f2)
```

程序输出结果如下:

```
f1==f2 的结果为:  False
```

由输出结果可以看到,返回的函数 f1 和 f2 是不同的。

在此处提到了闭包(Closure),什么是闭包呢?如果在一个内部函数里对外部函数(不是在全局作用域)的变量进行引用,内部函数就被认为是闭包。

在上面的示例中,返回的函数在函数内部引用了局部变量 args,当函数返回一个函数后,内部的局部变量会被新函数引用。

定义一个函数（func_count.py）：

```python
def func_count():
    fs=[]
    for i in range(1, 4):
        def f():
            return i*i
        fs.append(f)
    return fs

f1, f2, f3=func_count()
```

该示例中，每次循环都会创建一个新函数，最后把创建的 3 个函数都返回了。执行该函数得到的结果是怎样的？调用 f1()、f2()和 f3()的结果是 1、4、9 吗？

执行如下函数：

```python
print(f'f1 的结果是: {f1()}')
print(f'f2 的结果是: {f2()}')
print(f'f3 的结果是: {f3()}')
```

输出结果如下：

```
f1 的结果是: 9
f2 的结果是: 9
f3 的结果是: 9
```

由输出结果可以看到，3 个函数返回的结果都是 9。

原因在于返回的函数引用了变量 i，但它并非立刻执行。等到 3 个函数都返回时，它们所引用的变量 i 已经变成了 3，因此最终结果为 9。

此处需要注意，返回闭包时，返回函数不要引用任何循环变量或后续会发生变化的变量，否则很容易出现意想不到的问题。

如果一定要引用循环变量怎么办呢？

定义如下函数并执行（func_count_up.py）：

```python
def func_count_up():
    def f(j):
        def g():
            return j*j
        return g
    fs=[]
    for i in range(1, 4):
        fs.append(f(i))            #f(i)立刻被执行，因此i的当前值被传入f()
    return fs

f1, f2, f3=func_count_up()
print(f'f1 的结果是: {f1()}')
print(f'f2 的结果是: {f2()}')
print(f'f3 的结果是: {f3()}')
```

函数输出结果如下：

```
f1 的结果是：  1
f2 的结果是：  4
f3 的结果是：  9
```

由输出结果可以看到，这次的输出结果和我们预期的一致。此处的代码看起来有点费力，读者可以想想其他更好的办法。

7.8 递归函数

前面学习了在函数中返回函数，也学习了在一个函数中调用另一个函数，函数是否可以调用自己呢？答案是可以的。

如果一个函数在内部调用自身，这个函数就称为递归函数。

递归函数的简单定义如下：

```
def recursion():
    return recursion()
```

这是一个简单定义，这样定义的函数什么也做不了。当然，你可以尝试会发生什么结果。理论上程序会永远运行下去，但实际操作时可能短时间内程序就崩溃了（发生异常）。因为每次调用函数都会用掉一点内存，在足够多的函数调用发生后，空间几乎被占满，程序就会报异常。

这类递归称为无穷递归（Infinite Recursion），理论上程序永远不结束。当然，我们需要能实际做事情的函数，有用的递归函数应该满足如下条件：

（1）当函数直接返回值时有基本实例（最小可能性问题）。

（2）递归实例，包括一个或多个问题最小部分的递归调用。

使用递归，关键在于将问题分解为小部分，递归不能永远继续下去，因为它总是以最小可能性问题结束，而这些问题又存储在基本实例中。

函数调用自身怎么实现呢？

其实函数每次被调用时都会创建一个新的命名空间，也就是当函数调用"自身"时，实际上运行的是两个不同的函数（也可以说，一个函数具有两个不同的命名空间）。

来看一个递归示例，计算阶乘 $n!=1\times2\times3\times\ldots\times n$，用函数 fact(n) 表示，可以看出：

$$fact(n)=n!=1\times2\times3\times\ldots\times(n-1)\times n=(n-1)! \times n=fact(n-1)\times n$$

所以，fact(n)可以表示为 n×fact(n-1)，只有 n=1 时需要特殊处理。

于是，fact(n)用递归方式定义如下（fact.py）：

```
def fact(n):
    if n==1:
        return 1
    return n * fact(n-1)
```

执行以下函数：

```
print(f'调用递归函数执行结果为: {fact(5)}')
```

输出结果如下：

调用递归函数执行结果为：120

由输出结果可以看到，函数已经正确输出 5 的阶乘的结果。

计算 fact(5)时可以根据函数定义看到计算过程：

```
===> fact(5)
===> 5 * fact(4)
===> 5 *(4 * fact(3))
===> 5 *(4 *(3 * fact(2)))
===> 5 *(4 *(3 *(2 * fact(1))))
===> 5 *(4 *(3 *(2 * 1)))
===> 5 *(4 *(3 * 2))
===> 5 *(4 * 6)
===> 5 * 24
===> 120
```

由函数定义可知，递归函数的优点是定义简单、逻辑清晰。

理论上，所有递归函数都可以写成循环的方式，不过循环的逻辑不如递归清晰。使用递归函数需要注意防止栈溢出。在计算机中，函数调用是通过栈（stack）这种数据结构实现的。每当进入一个函数调用，栈就会加一层栈帧；每当函数返回，栈就会减一层栈帧。由于栈的大小不是无限的，因此递归调用的次数过多会导致栈溢出。

对于上面示例，执行 fact(1000)，得到输出结果如下：

```
Traceback(most recent call last):
  File "D:/python/workspace/functiondef.py", line 271, in <module>
    print('调用递归函数执行结果为: ',fact(1000))
  File "D:/python/workspace/functiondef.py", line 269, in fact
    return n * fact(n-1)
  File "D:/python/workspace/functiondef.py", line 269, in fact
    return n * fact(n-1)
  ...
  File "D:/python/workspace/functiondef.py", line 267, in fact
    if n==1:
RecursionError: maximum recursion depth exceeded in comparison
```

由输出结果可以看到，执行出现异常，异常提示超过最大递归深度。

这个问题该怎么解决呢？

解决递归调用栈溢出的方法是通过尾递归优化，事实上，尾递归和循环的效果一样，把循环看成一种特殊尾递归函数也可以。

尾递归是指在函数返回时调用函数本身，并且 return 语句不能包含表达式。这样，编译器或解释器就可以对尾递归进行优化，使递归本身无论调用多少次都只占用一个栈帧，从而避免栈溢出的情况。

由于上面的 fact(n)函数中的 return n * fact(n-1)引入了乘法表达式，因此不是尾递归。要改成尾递归方式需要多一点代码，主要是把每一步乘积传入递归函数中，函数定义方式如下（fact_iter.py）：

```python
def fact(n):
    return fact_iter(n, 1)

def fact_iter(num, product):
    if num==1:
        return product
    return fact_iter(num-1, num * product)
```

由代码可以看到，return fact_iter(num-1, num * product)仅返回递归函数本身，num-1 和 num * product 在函数调用前就会被计算，不影响函数调用。

fact(5)对应的 fact_iter(5, 1)的调用如下：

```
===> fact_iter(5, 1)
===> fact_iter(4, 5)
===> fact_iter(3, 20)
===> fact_iter(2, 60)
===> fact_iter(1, 120)
===> 120
```

由结果可以看到，调用尾递归时如果做了优化，栈就不会增长。但是尾递归函数一般只能递归 fact(997)，递归深度超过 997 后，会报如下错误：

```
RecursionError: maximum recursion depth exceeded in comparison
```

如果想测试 fact(1000)，需要加入如下代码：

```
import sys
sys.setrecursionlimit(10000)          #例如，这里设置深度为一万
```

7.9 匿名函数

什么是匿名函数？匿名函数就是不再使用 def 语句这样的标准形式定义一个函数。

在 Python 中，使用 lambda 创建匿名函数。lambda 只是一个表达式，函数体比 def 简单很多。lambda 的主体是一个表达式，而不是一个代码块，仅能在 lambda 表达式中封装有限的逻辑。lambda 函数拥有自己的命名空间，不能访问自有参数列表之外或全局命名空间的参数。

lambda 函数的语法只包含一个语句，语法格式如下：

```
lambda [arg1 [,arg2,.....argn]]:expression
```

匿名函数应该如何应用呢？先看一个求两个数的和的示例。

使用 def 语句：

```
def func(x,y):
    return x+y
```

使用 lambda 表达式：

```
lambda x,y: x+y
```

由代码可以看到，使用 lambda 表达式编写的代码比使用 def 语句少。这里不太明显，再看一个代码更多的示例。

比如求一个列表中大于 3 的元素。

通过过程式编程实现，也是常规的方法。在交互模式下输入：

```
>>> L1=[1,2,3,4,5]
>>> L2=[]
>>> for i in L1:
        if i>3:
            L2.append(i)

>>> print('列表中大于3的元素有： ',L2)
列表中大于3的元素有： [4, 5]
```

通过函数式编程实现，运用 filter 给出一个判断条件（func_filter.py）：

```
def func_filter(x):
    return x>3
f_list=filter(func_filter,[1,2,3,4,5])
print('列表中大于3的元素有： ',[item for item in f_list])
```

输出结果如下：

列表中大于3的元素有： [4, 5]

如果运用匿名函数，就会更加精简，一行代码即可：

```
print('列表中大于3的元素有： ',[item for item in filter(lambda x:x>3,[1,2,3,4,5])])
```

输出结果如下：

列表中大于3的元素有： [4, 5]

从上面的操作可以看出，lambda 一般应用于函数式编程，代码简洁，常和 filter 等函数结合使用。

在上面的表达式中：x 为 lambda 函数的一个参数，:为分割符，x>3 则是返回值，在 lambda 函数中不能有 return，其实冒号（:）后面就是返回值。

item for item in filter 是 Python 3.x 中 filter()函数的取值方式,因为从 Python 3.x 起,filter()函数返回的对象从列表改为迭代器（filter object）。filter object 支持迭代操作，比如 for 循环：

```
for item in a_filter_object:
    print(item)
```

如果还是需要一个列表，可以这样得到它：

```
filter_list=[item for item in a_filter_object]
```

由以上示例可以看到，匿名函数确实有它的优点。这里有一个疑问，在什么情况下建议使用匿名函数呢？

一般来说，以下情况多考虑使用匿名函数：

（1）程序一次性使用、不需要定义函数名时，用匿名函数可以节省内存中定义变量所占空间。

（2）想让程序更加简洁，使用匿名函数就可以做到。

当然，匿名函数有3个规则要记住：

（1）一般只有一行表达式，必须有返回值。

（2）不能有 return。

（3）可以没有参数，也可以有一个或多个参数。

下面看几个匿名函数的示例（在交互模式下输入）。

无参数匿名函数：

```
>>> t=lambda : True             #分号前无任何参数
>>> t()
True
```

带参数匿名函数：

```
>>> lambda x: x**3              #一个参数
>>> lambda x,y,z:x+y+z          #多个参数
>>> lambda x,y=3: x*y           #允许参数存在默认值
```

匿名函数调用：

```
>>> c=lambda x,y,z: x*y*z
>>> c(2,3,4)
24
>>> c=lambda x,y=2: x+y         #使用了默认值
>>> c(10)                       #如果不输入，就使用默认值2
12
```

7.10 偏函数

偏函数是从 Python 2.5 开始引入的概念，通过 functools 模块被用户调用。注意这里的偏函数和数学意义上的偏函数不一样。

偏函数是将所要承载的函数作为 partial() 函数的第一个参数，原函数的各个参数依次作为 partial() 函数的后续参数，除非使用关键字参数。

通过语言描述可能无法理解偏函数怎么使用，下面举一个常见的例子来说明。在这个例子中，将实现一个取余函数，取得整数 100 对不同数 m 的 100%m 的余数。编写代码如下（mod_partial.py）：

```python
from functools import partial

def mod_partial(n, m):
    return n % m

mod_by_100=partial(mod, 100)
```

```
print(f'自定义函数，100 对 7 取余结果为：{mod_partial(100, 7)}')
print(f'调用偏函数，100 对 7 取余结果为：{mod_by_100(7)}')
```

函数输出结果如下：

```
自定义函数，100 对 7 取余结果为： 2
调用偏函数，100 对 7 取余结果为： 2
```

由输出结果可以看到，使用偏函数的代码量比自定义函数更少，程序更简洁。

在介绍函数的参数时，曾介绍通过设定参数的默认值可以降低函数调用的难度。从上面的示例来看，偏函数也可以做到这一点。

7.11 活学活用——选择排序

为巩固本章的学习内容，接下来通过一个函数实现选择排序。

要求：以正序（从小到大）和逆序（从大到小）两种方式输出排序结果。

在开始编码之前，先了解一下选择排序的基本工作原理。选择排序是一种简单直观的排序算法。选择排序的工作原理如下：

首先在未排序序列中找到最小（大）元素，存放到排序序列的起始位置，然后，再从剩余的未排序的元素中继续寻找最小（大）元素，然后放到已排序的末尾。直到所有元素均排序完毕。

优点：选择排序与数据移动有关。如果某个元素位于正确的最终位置上，则它不会被移动。选择排序每次交换一对元素，它们当中至少有一个将被移到其最终位置上，对 n 个元素的表进行排序只需进行至多 n-1 次交换。在所有的完全依靠交换去移动元素的排序方法中，选择排序属于非常好的一种。

选择排序的最优时间复杂度为 $O(n^2)$，最坏时间复杂度为 $O(n^2)$。

代码实现如下（select_sort.py）：

```python
#num_list: 传递的参数；order: 排序，默认为 1，升序，其他值则为降序，仅支持整数类型
def select_sort(num_list, order=1):
    #判断 order 参数的类型，如果不是 int 类型，则报类型错误
    if not isinstance(order, int):
        raise TypeError('order 类型错误')

    for i in range(0, len(num_list)-1):
        #记录最小位置
        min_index=i
        #筛选出最小数据
        for j in range(i + 1, len(num_list)):
            if order==1:
                #下标为 j 和下标为 min_index 位置的数字大小比较
                exchange_con=num_list[j]<num_list[min_index]
            else:
                exchange_con=num_list[j]>num_list[min_index]

            #如果交换条件成立，则执行对应元素位置互换
```

```
            if exchange_con:
                #交换位置
                num_list[j], num_list[min_index]=num_list[min_index],
num_list[j]
```

函数调用示例：

```
numbers=[5, 0, 9, 6, 3, 100, 6, 9]
print(f'排序前的 numbers 列表: {numbers}')
select_sort(numbers, 1)
print(f'正序排序后的 numbers 列表: {numbers}')
select_sort(numbers, -1)
print(f'逆序排序后的 numbers 列表: {numbers}')
```

输出结果如下：

```
排序前的 numbers 列表: [5, 0, 9, 6, 3, 100, 6, 9]
正序排序后的 numbers 列表: [0, 3, 5, 6, 6, 9, 9, 100]
逆序排序后的 numbers 列表: [100, 9, 9, 6, 6, 5, 3, 0]
```

7.12　技巧点拨

本章重点介绍了函数，在本章学习过程中读者逐步会发现，随着函数的使用，一个函数中的代码量也逐步增加了，代码量的逐步增加，也代表着程序出错的概率增大。在代码编写时，如果碰到一段代码不能正常工作时，可以先考虑以下 3 点：

（1）函数获得的实参是否有问题？某个前置条件是否达到？
（2）函数本身是否有问题？某个后置条件是否达到？
（3）函数的调用是否有问题？函数的返回值是否正确？

检查第一个问题时，可以在函数体开始处加上 print()函数，将实参的值或类型打印出来，用于排查检查的前置条件。

如果实参没有问题，就在每个 return 语句前添加 print()函数，将返回值打印出来。如果有可能，手动检查返回值，使用更容易检查结果的参数调用函数。

如果函数的返回值没有问题，就检查调用代码，确保函数返回值被正确使用。

实际应用中要学会充分使用 print()函数，该函数能帮助你清晰了解函数的执行流程。

7.13　问题探讨

随着函数学习的不断深入，不知你是否有这样的疑问：为什么要有函数？定义函数的好处在哪里？

前几章我们都是在交互模式下进行编码的，代码量不大，操作也不复杂，在交互模式下操作没什么问题，唯一一点就是不能保存操作记录。随着代码量越来越大，在交互模式下操作就不方便了，于是引入了在文本中编辑程序，在 cmd 命令行窗口执行的方式。

使用文本结合 cmd 命令行窗口方式可以帮助我们记录历史记录，并能更简洁地进行代码的编写。不过在第六章的学习中可以体会到，代码行数达到一定量时，把所有代码都放在一起的方式写起来和看起来都有一些难度。

引入函数后，在编写代码的过程中，可以将一些实现写成对应的函数，通过调用函数做后续操作，并且可以重复调用，使得代码更简洁、易读。

函数的优点可以概括如下：

（1）新建一个函数，更有利于阅读代码，并且组织后的代码更容易调试。

（2）函数的方法可以减少重复代码的使用，让程序代码总行数更少，之后修改代码时只需要少量修改。

（3）将一个很长的代码片段拆分成几个函数后，可以对每个函数进行单独调试，单个函数调试通过后，再将它们组合起来形成一个完整的产品。

（4）一个设计良好的函数可以在很多程序中复用，不需要重复编写。

7.14 章节回顾

（1）回顾函数的定义与调用。

（2）回顾函数有哪些参数类型，各自有什么特点。

（3）回顾形参和实参的定义与使用。

（4）回顾变量的作用域有哪些，各自有什么限制。

（5）回顾递归函数的定义与使用。

7.15 实战演练

（1）定义一个带多个必需参数的函数，在函数体中打印出所有的参数值和参数类型。

（2）定义一个带参数的函数，判断传入参数的类型，如果参数类型为数字类型，则对该参数做一次调用自己的操作，如果为其他类型，则直接打印出对应的参数值和参数值长度。

（3）定义一个带必须参数和可变参数的函数，通过传递不同的可变参数，使函数执行不同的操作，若有两个以上的数值，则对所有的数值做加减乘除操作；若有两个以上的字符串，则做字符串的比较操作，若只有一个参数，直接打印参数值。

（4）用 hex() 函数把一个整数转换成二进制、八进制和十六进制表示的字符串。

（5）定义一个函数 quadratic(a, b, c)，计算并返回一元二次方程 $ax^2 + bx + c=0$ 的两个解。计算平方根可以调用 math.sqrt() 函数。

第八章 类 与 对 象

Python 支持创建自己的对象，Python 从设计之初就是一门面向对象语言，它提供了一些语言特性支持面向对象编程。

创建对象是 Python 的核心概念，本章将介绍如何创建对象，以及多态、封装、方法和继承等概念。

Python 快乐学习班的同学结束函数乐高积木厅的创意学习后，导游带领他们来到对象动物园。在对象动物园，将为同学们呈现各种动物对象，同学们将在这里了解各种动物所属的类别，各种动物所拥有的技能，以及它们的技能继承自哪里等知识点。现在跟随 Python 快乐学习班的同学一起进入对象动物园观摩吧！

8.1 理解面向对象

8.1.1 面向对象编程

Python 是一门面向对象的编程语言，对面向对象语言编程的过程称为面向对象编程。

面向对象编程（Object Oriented Programming，OOP）是一种程序设计思想，其把对象作为程序的基本单元，一个对象包含数据和操作数据的函数。

面向对象编程把计算机程序视为一组对象的集合，每个对象都可以接收其他对象发过来的消息，并处理这些消息，计算机程序的执行就是一系列消息在各个对象之间传递。

在 Python 中，所有数据类型都被视为对象，也可以自定义对象。自定义对象的数据类型就是面向对象中的类（Class）的概念。

8.1.2 面向对象术语简介

在开始具体介绍面向对象技术之前，先了解一些面向对象的术语。

（1）类：用来描述具有相同属性和方法的对象的集合。类定义了集合中每个对象公用的属性和方法，对象是类的实例。

（2）类变量（属性）：类变量在整个实例化的对象中是公用的。类变量定义在类中，且在方法之外。类变量通常不作为实例变量使用。类变量也称为属性。

（3）数据成员：类变量或实例变量用于处理类及其实例对象的相关数据。

（4）方法重写：如果从父类继承的方法不能满足子类的需求，就可以对其进行改写，这个过程称为方法的覆盖（Override），也称为方法的重写。

（5）实例变量：定义在方法中的变量只作用于当前实例的类。

（6）多态（Polymorphism）：对不同类的对象使用同样的操作。

（7）封装（Encapsulation）：对外部世界隐藏对象的工作细节。

（8）继承（Inheritance）：一个派生类（Derived Class）继承基类（Base Class）的字段和方法。继承允许把一个派生类的对象作为一个基类对象对待，以普通类为基础建立专门的类对象。

（9）实例化（Instance）：创建一个类的实例、类的具体对象。

（10）方法：类中定义的函数。

（11）对象：通过类定义的数据结构实例。对象包括两个数据成员（类变量和实例变量）和方法。

和其他编程语言相比，Python 在尽可能不增加新语法和语义的情况下加入了类机制。Python 中的类提供了面向对象编程的所有基本功能：类的继承机制允许多个基类，派生类可以覆盖基类中的任何方法，方法中可以调用基类中的同名方法，对象可以包含任意数量和类型的数据。

8.2 类的定义与使用

8.2.1 类的定义

定义类的语法格式如下：

```
class ClassName(object):
    <statement-1>
    ……
    <statement-N>
```

Python 中定义类使用 class 关键字，class 后面紧跟类名。

示例如下（my_class.py）：

```
class MyClass(object):
    i=123
    def f(self):
        return 'hello world'
```

由代码可以看到，这里定义了一个名为 MyClass 的类。

在 Python 中，类名一般由以大写字母开头的单词命名，并且若是由多个单词组成的类名，则各个单词的首字母都大写。类名后面紧接着是(object)，object 表示该类是从哪个类继承的。通常，如果没有合适的继承类，就使用 object 类，这是所有类最终都会继承的类。类包含属性（相当于函数中的语句）和方法（类中的方法大体可以理解成第七章所学的函数）。

在类中定义的方法的形式和函数差不多，但不称为函数，而称为方法。因为方法需要靠类对象去调用，而函数不需要。

8.2.2 类的使用

下面简单介绍类的使用。以 8.2.1 节的示例为例（别忘了写开头两行），保存并执行（程序编写完成后，需要将文件保存为后缀为 .py 的文件，在 cmd 命令行窗口下执行）（my_calss_use.py）：

```python
class MyClass(object):
    i=123
    def f(self):
        return 'hello world'

use_class=MyClass()
print(f'调用类的属性: {use_class.i}')
print(f'调用类的方法: {use_class.f()}')
```

输出结果如下：

```
调用类的属性: 123
调用类的方法: hello world
```

由输入代码中的调用方式可知，类的使用比函数调用多了几个操作，调用类时需要执行如下操作：

```python
use_class=MyClass()
```

这称为类的实例化，即创建一个类的实例。此处得到的 use_class 变量称为类的具体对象。再看后面两行的调用：

```python
print(f'调用类的属性: {use_class.i}')
print(f'调用类的方法: {use_class.f()}')
```

这里第一行后面 use_class.i 部分的作用是调用类的属性，也就是前面所说的类变量。第二行后面 use_class.f() 部分的作用是调用类的方法。

在上面的示例中，在类中定义 f() 方法时带了一个 self 参数，该参数在方法中并没有被调用，是否可以不要呢？并且在调用 f() 方法时没有传递参数，是否表示参数可以传递也可以不传递？

在类中定义方法的要求：在类中定义方法时，第一个参数必须是 self。除第一个参数之外，类的方法和普通函数没什么区别，如可以用默认参数、可变参数、关键字参数和命名关键字参数等。

在类中调用方法的要求：要调用一个方法，在实例变量上直接调用即可。除了 self 不用传递，其他参数正常传递。

类对象支持两种操作，属性引用和实例化。实例化方式上面已经介绍过，属性引用的标准语法格式如下：

```
obj.name
```

此语法中，obj 代表类对象，name 代表属性。

8.3 深入类

本节将深入介绍类的相关内容，如类的构造方法和访问权限。

8.3.1 类的构造方法

首先，我们对前面的示例做一些改动，代码如下（my_calss_search.py）：

```python
class MyClass(object):
    i=123
    def __init__(self, name):
        self.name=name

    def f(self):
        return 'hello,'+ self.name

use_class=MyClass('xiaomeng')
print(f'调用类的属性: {use_class.i}')
print(f'调用类的方法: {use_class.f()}')
```

程序输出结果如下：

```
调用类的属性: 123
调用类的方法: hello,xiaomeng
```

若类的实例化语句写法和之前一样，即：

```python
use_class=MyClass()
```

则程序输出结果如下：

```
Traceback(most recent call last):
  File "D:/python/workspace/classdef.py", line 21, in <module>
    use_class=MyClass()
TypeError: __init__() missing 1 required positional argument: 'name'
```

由输出结果可以看到，实例化 MyClass 类时调用了__init__()方法。这里你可能会觉得奇怪，在代码中并没有指定调用__init__()方法，怎么报出了__init__()方法的错误？

在 Python 中，__init__()方法是一个特殊方法，在对象实例化时会被调用。

__init__()的意思是初始化，是 initialization 的简写。这个方法的书写方式是：先输入两个下画线，后面接 init，再接两个下画线，最后加上圆括号。这个方法也叫构造方法。

在定义类时，若不显式地定义一个__init__()方法，则程序默认调用一个无参的__init__()方法。

例如，以下两段代码的使用效果是一样的：

代码 1（default_init_1.py）：

```python
class DefaultInit(object):
    def __init__(self):
```

```
        print('类实例化时执行我,我是__init__方法。')

    def show(self):
        print('我是类中定义的方法,需要通过实例化对象调用。')

test=DefaultInit()
print('类实例化结束。')
test.show()
```

程序输出结果如下:

> 类实例化时执行我,我是__init__方法。
> 类实例化结束。
> 我是类中定义的方法,需要通过实例化对象调用。

代码2(default_init_2.py):

```
class DefaultInit(object):
    def show(self):
        print('我是类中定义的方法,需要通过实例化对象调用。')

test=DefaultInit()
print('类实例化结束。')
test.show()
```

程序输出结果如下:

> 类实例化结束。
> 我是类中定义的方法,需要通过实例化对象调用。

由上面两段代码的输出结果可以看到,当代码中定义了__init__()方法时,实例化类时会调用该方法;若没有定义__init__()方法,实例化类时也不会报错,因为此时会调用一个默认的__init__()方法。另外,__init__()方法可以有参数,参数通过__init__()传递到类的实例化操作上。

__init__()方法是 Python 中的构造方法,那是否可以在一个类中定义多个构造方法?

先看如下三段代码:

代码1(init_no_param.py):

```
class DefaultInit(object):
    def __init__(self):
        print('我是不带参数的__init__方法。')

DefaultInit()
print('类实例化结束。')
```

程序输出结果如下:

> 我是不带参数的__init__方法。
> 类实例化结束。

由输出结果可以看到,在只有一个__init__()方法时,可以正常实例化类,没有发现异常或错误。

代码 2（init_with_param_1.py）：

```python
class DefaultInit(object):
    def __init__(self):
        print('我是不带参数的__init__方法。')

    def __init__(self, param):
        print(f'我是带一个参数的__init__方法，参数值为：{param}')

DefaultInit('hello')
print('类实例化结束。')
```

程序输出结果如下：

```
我是带一个参数的__init__方法，参数值为： hello
类实例化结束。
```

由编写的程序及输出结果可以看到，在类 DefaultInit 中，定义了两个__init__()方法，先定义一个只有一个占位参数的构造函数，实际调用时不必传参数，再定义一个有两个占位参数的构造函数，实际调用时需要传一个参数。在示例代码中，使用带一个 param 参数的构造方法实例化 DefaultInit 类，这种实例化的方式没有问题，程序正确执行。

若把类的实例化语句更改为：

```python
DefaultInit()
```

则输出结果为：

```
Traceback(most recent call last):
  File "D:/python/workspace/classdef.py", line 59, in <module>
    DefaultInit()
TypeError: __init__() missing 1 required positional argument: 'param'
```

由输出结果可以看到，使用不带参数的构造方法实例化 DefaultInit 类，实例化不通过，错误提示__init__()方法缺少一个必需的占位参数 param。

若把类的实例化语句更改为：

```python
DefaultInit('hello', 'world')
```

则输出结果为：

```
Traceback(most recent call last):
  File "D:/python/workspace/classdef.py", line 61, in <module>
    DefaultInit('hello', 'world')
TypeError: __init__() takes 2 positional arguments but 3 were given
```

由输出结果可以看到，实例化 DefaultInit 类时，传递了两个参数，实例化不通过，错误提示__init__()方法带两个占位参数，但是传入了三个参数。

代码 3（init_with_param_2.py）：

```python
class DefaultInit(object):
```

```
    def __init__(self, param):
        print(f'我是带一个参数的__init__方法,参数值为: {param}')

    def __init__(self):
        print('我是不带参数的__init__方法。')

DefaultInit()
print('类实例化结束。')
```

程序输出结果如下:

```
我是不带参数的__init__方法。
类实例化结束。
```

由编写的程序及输出结果可以看到,在 DefaultInit 类中,定义了两个__init__()方法,先定义一个有两个占位参数的构造函数,再定义一个只有一个占位参数的构造函数。在示例代码中,使用不带参数的构造方法实例化 DefaultInit 类,这种实例化的方式没有问题,程序正确执行。

若把类的实例化语句更改为:

```
DefaultInit('hello')
```

则输出结果为:

```
Traceback(most recent call last):
  File "D:/python/workspace/classdef.py", line 60, in <module>
    DefaultInit('hello')
TypeError: __init__() takes 1 positional argument but 2 were given
```

由输出结果可以看到,使用带一个参数的构造方法实例化 DefaultInit 类,实例化不通过,错误提示__init__()方法带一个占位参数,但传入了两个参数。

若把类的实例化语句更改为:

```
DefaultInit('hello', 'world')
```

则输出结果为:

```
Traceback(most recent call last):
  File "D:/python/workspace/classdef.py", line 61, in <module>
    DefaultInit('hello', 'world')
TypeError: __init__() takes 2 positional arguments but 3 were given
```

由输出结果可以看到,实例化 DefaultInit 类时,传递了两个参数,实例化不通过,错误提示__init__()方法带两个占位参数,但是传入了三个参数。

通过以上几个示例可知,一个类中可定义多个构造方法,但实例化类时只能实例化其中一个构造方法,并且在实例化时,按从上到下排,排在下面的构造方法会覆盖排在上面的构造方法,最后只有排在最下面的构造方法会被实例化。因此在定义类时,建议一个类中只定义一个构造函数。

8.3.2 类的访问权限

在类的内部有属性和方法,外部代码可以通过直接调用实例变量的方法操作数据,这样可以隐藏类内部的代码逻辑。

示例如下(calss_access.py):

```python
class Student(object):
    def __init__(self, name, score):
        self.name=name
        self.score=score

    def info(self):
        print(f'学生: {self.name}; 分数: {self.score}')

stu=Student('xiaomeng',95)
print(f'修改前分数: {stu.score}')
stu.info()
stu.score=0
print(f'修改后分数: {stu.score}')
stu.info()
```

程序输出结果如下:

```
修改前分数: 95
学生: xiaomeng; 分数: 95
修改后分数: 0
学生: xiaomeng; 分数: 0
```

由代码和输出结果可以看到,实例化类时,可以在构造方法中初始化实例变量,而在类中定义的非构造方法可以调用实例变量,调用实例变量的方式为:self.实例变量属性名。如代码中的 self.name 和 self.score。

由示例代码同时可以看到,可以在类的外部修改类的内部属性对象,但是对于实际应用,在类外部修改类内部属性的操作一般是不允许的,要阻止这种行为。如何让内部属性不被外部访问?

要让内部属性不被外部访问,可以在属性名称前加两个下画线"__"。

在 Python 中,实例的变量名如果以"__"开头,就会变成私有变量(private),私有变量只有类内部可以访问,类外部不能访问。

将 Student 类修改如下(student_class_1.py):

```python
class Student(object):
    def __init__(self, name, score):
        self.__name=name
        self.__score=score

    def info(self):
        print(f'学生: {self.__name}; 分数: {self.__score}')
```

```python
stu=Student('xiaomeng',95)
print(f'修改前分数: {stu.__score}')
stu.info()
stu.__score=0
print(f'修改后分数: {stu.__score}')
stu.info()
```

程序输出结果如下：

```
Traceback(most recent call last):
  File "D:/python/workspace/classdef.py", line 81, in <module>
    print('修改前分数: ', stu.__score)
AttributeError: 'Student' object has no attribute '__score'
```

由输出结果可以看到，当从外部访问__score时，程序执行报错，错误提示Student对象没有__score属性，也就是意味着此时已经无法从外部访问类实例的__score属性了。

不能访问类实例的__score属性，这样的类属性有什么作用呢？

这样可以确保外部代码不能随意修改对象内部的状态，通过访问限制的保护，代码更加安全。比如上面的分数对象是一个比较重要的内部对象，如果外部可以随便更改这个值，那么成绩表单中的分数值就可以被随便修改，岂不是很混乱。

但如果外部代码要获取类中的name属性和score属性怎么办呢？

在Python中，可以为类增加get_attrs()方法，通过get_attrs()方法获取类中的私有变量，例如，在上面的示例中添加一个get_score()（name的使用方式类同）方法。

示例如下（student_calss_2.py）：

```python
class Student(object):
    def __init__(self, name, score):
        self.__name=name
        self.__score=score

    def info(self):
        print(f'学生: {self.__name}; 分数: {self.__score}')

    def get_score(self):
        return self.__score

stu=Student('xiaomeng',95)
print(f'修改前分数: {stu.get_score()}')
stu.info()
print(f'修改后分数: {stu.get_score()}')
stu.info()
```

程序输出结果如下：

```
修改前分数: 95
学生: xiaomeng; 分数: 95
修改后分数: 95
学生: xiaomeng; 分数: 95
```

由输出结果可以看到，通过在 Student 类中定义 get_score()方法可以返回__score 属性的值。

现在已经可以通过在类中定义的方法从类外部取得类内部私有变量的值了，那是否可以在类外部更改类内部私有变量的值呢？

在 Python 中，可以为类增加 set_attrs()方法，通过 set_attrs()方法修改类中的私有变量，例如，要更改上面示例中的 score 属性值，可以添加一个 set_score()（name 使用方式类同）方法。

代码示例如下（student_calss_3.py）：

```python
class Student(object):
    def __init__(self, name, score):
        self.__name=name
        self.__score=score

    def info(self):
        print(f'学生: {self.__name}; 分数: {self.__score}')

    def get_score(self):
        return self.__score

    def set_score(self, score):
        self.__score=score

stu=Student('xiaomeng',95)
print(f'修改前分数: {stu.get_score()}')
stu.info()
stu.set_score(0)
print(f'修改后分数: {stu.get_score()}')
stu.info()
```

程序输出结果如下：

```
修改前分数: 95
学生: xiaomeng; 分数: 95
修改后分数: 0
学生: xiaomeng; 分数: 0
```

由程序输出结果可以看到，通过在 Student 类中定义 set_score()方法，在 set_score()方法中执行属性的更改，可以正确更改私有变量 score 的值。

这里需要注意，一开始使用 stu.score=0 这种方式也可以修改 score 变量的值，为什么要费这么大周折定义私有变量，并定义 set_score()方法去修改 score 变量的值？

在 Python 中，通过定义私有变量和对应的 set 方法可以帮助我们做参数检查，避免传入无效的参数。

例如，对上面的示例更改如下（student_calss_4.py）：

```python
class Student(object):
    def __init__(self, name, score):
```

```python
        self.__name=name
        self.__score=score
    
    def info(self):
        print(f'学生: {self.__name}; 分数: {self.__score}')
    
    def get_score(self):
        return self.__score
    
    def set_score(self, score):
        if 0<=score<=100:
            self.__score=score
        else:
            print('请输入0到100的数字。')

stu=Student('xiaomeng',95)
print(f'修改前分数: {stu.get_score()}')
stu.info()
stu.set_score(-10)
print(f'修改后分数: {stu.get_score()}')
stu.info()
```

程序输出结果如下:

```
修改前分数: 95
学生: xiaomeng; 分数: 95
请输入0到100的数字。
修改后分数: 95
学生: xiaomeng; 分数: 95
```

由输出结果可以看到,在Student类中调用set_score()方法时,可以在set_score()方法中定义逻辑分支走向的代码,如果传入的参数满足某个逻辑分支条件,就按照所满足条件的逻辑执行。

既然类有私有变量的说法,那么类是否有私有方法呢?

在Python中,类也有私有方法。类的私有方法也是以两个下画线开头,声明该方法为私有方法,且不能在类外使用。私有方法的调用方式如下:

```
self.__private_methods
```

通过下面的示例进一步了解私有方法的使用(private_public_method.py):

```
class PrivatePublicMethod(object):
    def __init__(self):
        pass
    
    def __foo(self):              #私有方法
        print('这是私有方法')
    
    def foo(self):                #公共方法
```

```
            print('这是公共方法')
            print('公共方法中调用私有方法')
            self.__foo()
            print('公共方法调用私有方法结束')

    pri_pub=PrivatePublicMethod()
    print('开始调用公共方法: ')
    pri_pub.foo()
    print('开始调用私有方法: ')
    pri_pub.__foo()
```

程序输出结果如下：

```
开始调用公共方法:
这是公共方法
公共方法中调用私有方法
这是私有方法
公共方法调用私有方法结束
开始调用私有方法:
Traceback(most recent call last):
  File "D:/python/workspace/classdef.py", line 114, in <module>
    pri_pub.__foo()
AttributeError: 'PrivatePublicMethod' object has no attribute '__foo'
```

由输出结果可以看到，在 PrivatePublicMethod 类中定义了私有方法__foo()。在类外部调用私有方法__foo()时，执行报错，错误提示 PrivatePublicMethod 对象没有__foo 属性。

在 Python 中，类的私有方法和类的私有变量类似，不能通过类外部去调用。

8.4 继承

继承的语法格式如下：

```
class DerivedClassName(BaseClassName):
    <statement-1>
    .
    .
    <statement-N>
```

需要注意：继承的语法格式中，基类名写在括号里。

面向对象编程的好处之一是代码的重用，使用继承机制是实现重用的方法之一。继承完全可以理解成类之间类型和子类型的关系。

在面向对象编程中，当定义一个类时，可以从某个现有的类继承，定义的新类称为子类（Subclass），而被继承的类称为基类、父类或超类（Base class）。

在 Python 中，继承有以下特点：

（1）在继承中，父类的构造方法（__init__()方法）不会被自动调用，需要在子类的构造方法中主动调用父类的构造方法。

（2）在调用父类的方法时需要加上父类的类名前缀，并带上 self 参数变量。子类与父类的区别于，在子类中调用普通方法时，不需要带 self 参数。

（3）在 Python 中，首先在子类中查找对应类型的方法，如果在子类中没有找到对应的方法，会去父类中查找是否有对应方法。

示例如下（animal.py）：

```python
class Animal(object):
    def run(self):
        print('Animal is running...')
```

这里定义了一个名为 Animal 的类，类中定义了一个 run() 方法，run() 方法中只有一条打印语句（Animal 类中没有显式定义 __init__() 方法，会调用默认的构造方法）。

编写一个 Dog 类和一个 Cat 类，并直接继承 Animal 类，代码实现如下（animal.py）：

```python
class Dog(Animal):
    pass

class Cat(Animal):
    pass
```

在这段代码片段中，对于 Dog 类，Animal 类就是它的父类；对于 Animal 类，Dog 类就是它的子类。Cat 类和 Dog 类相似，Animal 类是 Cat 类的父类，Cat 类是 Animal 类的子类。所以对于 Animal 类，目前有两个子类，Dog 类和 Cat 类。

继续往下之前，先来聊聊继承有什么好处？

继承最大的好处是子类获得了父类全部非私有的功能。在上面的示例中，在 Animal 中定义了非私有的 run() 方法，因此作为 Animal 的子类，虽然 Dog 类和 Cat 类中什么方法都没有定义，但自动就拥有了父类中的 run() 方法。

在 animal.py 文件中添加如下代码并执行：

```python
dog=Dog()
dog.run()

cat=Cat()
cat.run()
```

程序输出结果如下：

```
Animal is running...
Animal is running...
```

由输出结果可以看到，虽然在 Dog 类和 Cat 类中没有定义任何方法，但都成功调用了 run() 方法。

子类除了可以从父类继承方法，也可以定义自己的类方法。比如在 Dog 类中增加一个 eat() 方法：

```python
class Dog(Animal):
    def eat(self):
        print('Eating ...')
```

```
dog=Dog()
dog.run()
dog.eat()
```

以上代码输出结果如下：

```
Animal is running...
Eating ...
```

由输出结果可以看到，在 Dog 类中增加了一个 eat()方法，实例化 Dog 类后，既可以实例化对象父类的方法，也可以调用自己定义的方法。

子类不能继承父类的私有方法，也不能调用父类的私有方法。

接着上面的示例，对 Animal 类定义如下（animal_1.py）：

```
class Animal(object):
    def run(self):
        print('Animal is running...')

    def __run(self):
        print('I am a private method.')
```

子类定义不变，执行如下调用语句：

```
dog=Dog()
dog.__run()
```

输出结果如下：

```
Traceback(most recent call last):
  File "D:/python/workspace/classextend.py", line 25, in <module>
    dog.__run()
AttributeError: 'Dog' object has no attribute '__run'
```

由输出结果可以看到，对于 Animal 类中定义的私有方法__run()，实例化子类 Dog 后，Dog 类不能调用 Animal 类的私有方法__run()。

Dog 类虽然继承了 Animal 类，但是调用父类的私有方法相当于从外部调用类内部的方法，因而调用不成功。

对于父类中扩展的非私有方法，子类可以拿来即用。

例如，在 Animal 类中增加一个 jump 方法（animal_2.py）：

```
class Animal(object):
    def run(self):
        print('Animal is running...')

    def jump(self):
        print('Animal is jumpping....')

    def __run(self):
        print('I am a private method.')
```

上面我们增加了一个非私有的 jump()方法，子类 Dog 和 Cat 保持原样，执行如下调用：

```
dog=Dog()
dog.run()
dog.jump()

cat=Cat()
cat.run()
cat.jump()
```

输出结果如下：

```
Animal is running...
Animal is jumpping....
Animal is running...
Animal is jumpping....
```

由输出结果可以看到，Animal 类中增加 jump()方法后，Dog 类和 Cat 类不做任何修改，可以立即获取 Animal 类增加的 jump()方法。

在 Python 中，继承可以一级一级地进行，就比如从爷爷到爸爸再到儿子的关系。所有类最终都可以追溯到根类 object，这些继承关系看上去就像一颗倒着的树，如图 8-1 所示。

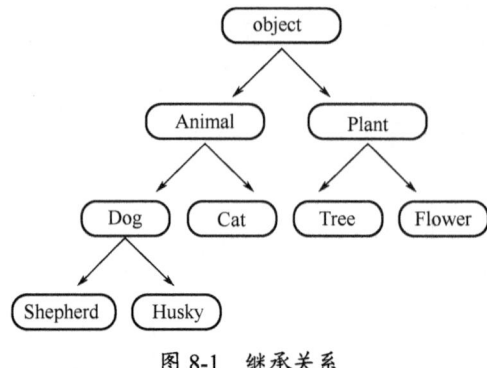

图 8-1　继承关系

8.5　多重继承

Python 还支持多重继承。多重继承的语法格式如下：

```
class DerivedClassName(Base1, Base2, Base3):
    <statement-1>
    .
    .
    <statement-N>
```

可以看到，多重继承就是在定义类时，在类名后面的圆括号中添加多个父类，各个父类之间使用逗号分隔。

需要注意圆括号中父类的顺序，若父类中有相同的方法名，在子类使用时未指定，Python 会从左到右进行搜索。即若某个方法在子类中没有定义，则子类从左到右查找各个父类中是否包含这个方法。

继续以前面的 Animal 类为例,现在定义 4 种动物:Dog(狗)、Bat(蝙蝠)、Parrot(鹦鹉)、Ostrich(鸵鸟)。

如果按照哺乳动物和鸟类分类,可以设计按哺乳动物分类的类层次图,如图 8-2 所示。如果按照"能跑"和"能飞"分类,可以设计按行为功能分类的类层次图,如图 8-3 所示。

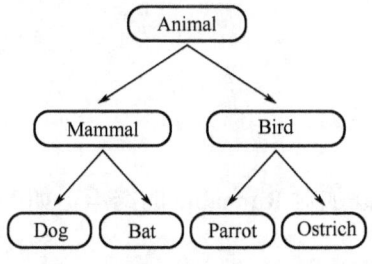
图 8-2 按哺乳动物分类的类层次图

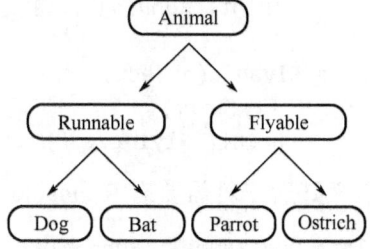
图 8-3 按行为功能分类的类层次图

如果要把上面的两种分类都包含进来,就需要设计更多层次:
(1)哺乳类:包括能跑的哺乳类和能飞的哺乳类。
(2)鸟类:包括能跑的鸟类和能飞的鸟类。

这样,类的层次就复杂了。图 8-4 所示为更复杂的类层次图。

如果还要增加"宠物类"和"非宠物类",类的数量就会呈指数增长,很明显这样设计下去是不行的。

正确的做法是采用多重继承。首先,主要的类层次仍按照哺乳类和鸟类设计。

代码示例如下(animal_7.py):

```python
class Animal(object):
    pass

#大类:
class Mammal(Animal):
    pass

class Bird(Animal):
    pass

#各种动物类:
class Dog(Mammal):
    pass

class Bat(Mammal):
    pass

class Parrot(Bird):
    pass

class Ostrich(Bird):
```

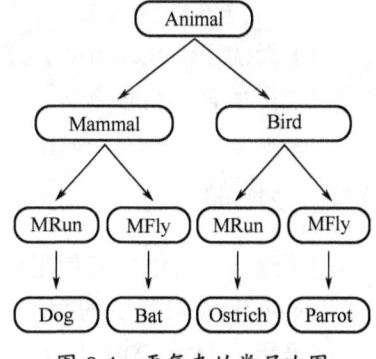
图 8-4 更复杂的类层次图

```
        pass
```

接下来，给动物加上 Runnable 和 Flyable 功能。Runnable 和 Flyable 类的定义如下：

```
class Runnable(object):
    def run(self):
        print('Running...')

class Flyable(object):
    def fly(self):
        print('Flying...')
```

大类定义好后，对需要有 Runnable 功能的动物添加对 Runnable 的继承，如 Dog 类：

```
class Dog(Mammal, Runnable):
    pass
```

对需要有 Flyable 功能的动物添加对 Flyable 的继承，如 Bat 类：

```
class Bat(Mammal, Flyable):
    pass
```

由上面的示例代码可知，通过类的多重继承，一个子类就可以继承多个父类，并从多个父类中取得所有非私有方法。

8.6 多态

使用继承，可以重复使用代码。但对于继承中的示例，无论是 Dog 类还是 Cat 类，调用父类的 run() 方法时显示的都是 Animal is running...。

如果想让 Dog 类调用 run() 方法时，得到结果显示为 Dog is running...；Cat 类调用 run() 方法时，得到结果显示为 Cat is running...，这种操作该怎么实现？

对 Dog 类和 Cat 类做如下改进（完整代码见 animal_3.py）：

```
class Dog(Animal):
    def run(self):
        print('Dog is running...')

class Cat(Animal):
    def run(self):
        print('Cat is running...')
```

执行如下语句：

```
dog=Dog()
print('实例化 Dog 类')
dog.run()

cat=Cat()
print('实例化 Cat 类')
cat.run()
```

输出结果如下：

```
实例化 Dog 类
Dog is running...
实例化 Cat 类
Cat is running...
```

由输出结果可以看到，在 Dog 类和 Cat 类中定义 run()方法后，程序执行，分别得到了 Dog 类和 Cat 类各自的 running 结果。

当子类和父类存在相同的 run()方法时，子类的 run()方法会覆盖父类的 run()方法，在代码运行时总是会调用子类的 run()方法，这种调用方式称为多态。

多态来自于希腊语，意思是有多种形式。多态意味着即使不知道变量所引用的对象类型是什么，也能对对象进行操作，多态会根据对象（或类）的不同而表现出不同的行为。

例如，在上面的 Animal 类中定义了 run()方法，Dog 类和 Cat 类分别继承了 Animal 类，在 Dog 类和 Cat 类中又分别定义了自己的 run()方法，最后执行得到的结果是 Dog 类和 Cat 类调用的都是自己定义的 run()方法。

为了更好地理解什么是多态，下面对数据类型再做一点说明。

当定义一个类时，实际上就定义了一种数据类型。定义的数据类型和 Python 自带的数据类型（如 str、list、dict）没什么区别（完整代码见 animal_4.py）：

```
a=list()            #a 是 list 类型
b=Animal()          #b 是 Animal 类型
c=Dog()             #c 是 Dog 类型
```

下面用 isinstance()方法判断一个变量是否是某个类型（完整代码见 animal_4.py）：

```
print(f'a 是否为 list 类型：{isinstance(a, list)}')
print(f'b 是否为 Animal 类型：{isinstance(b, Animal)}')
print(f'c 是否为 Dog 类型：{isinstance(c, Dog)}')
```

输出结果如下：

```
a 是否为 list 类型：True
b 是否为 Animal 类型：True
c 是否为 Dog 类型：True
```

由输出结果可以看到，a、b、c 确实分别为 list、Animal、Dog 三种类型。

再执行如下语句（完整代码见 animal_4.py）：

```
print(f'c 是否为 Dog 类型：{isinstance(c, Dog)}')
print(f'c 是否为 Animal 类型：{isinstance(c, Animal)}')
```

输出结果如下：

```
c 是否为 Dog 类型：True
c 是否为 Animal 类型：True
```

由输出结果可以看到，c 既是 Dog 类又是 Animal 类。这怎么理解呢？

因为 Dog 类是从 Animal 类继承下来的，当创建 Dog 类的实例 c 时，认为 c 的数据类型是 Dog，但 c 同时也是 Animal 类，Dog 类本来就是 Animal 类的一种。

在继承关系中，如果一个实例的数据类型是某个子类，那它的数据类型也可以视为父类，但是反过来就不行。例如，狗是一种动物，但不能说动物是狗。

示例如下（animal_4.py）：

```
b=Animal()
print(f'b是否为Dog类型: {isinstance(b, Dog)}')
```

输出结果如下：

```
b是否为Dog类型: False
```

由输出结果可以看到，变量b是Animal类的实例化对象，是Animal类型，但不是Dog类型，也就是Dog类可以看成Animal类，但Animal类不可以看成Dog类。

再看如下示例，在该示例中编写一个函数，这个函数接收一个Animal类型的变量。

定义并执行如下函数，执行时传入Animal的实例（完整代码见animal_5.py）：

```
def run_two_times(animal):
    animal.run()
    animal.run()

run_two_times(Animal())
```

输出结果如下：

```
Animal is running...
Animal is running...
```

若执行该函数时传入Dog的实例，操作如下（完整代码见animal_5.py）：

```
run_two_times(Dog())
```

得到输出结果如下：

```
Dog is running...
Dog is running...
```

若执行该函数时传入Cat的实例，操作如下（完整代码见animal_5.py）：

```
run_two_times(Cat())
```

得到输出结果如下：

```
Cat is running...
Cat is running...
```

看上去没有什么特殊的地方，已经正确输出预期结果了，但是仔细想想，如果再定义一个Bird类型，也继承Animal类，定义如下（完整代码见animal_6.py）：

```
class Bird(Animal):
    def run(self):
        print('Bird is flying the sky...')

run_two_times(Bird())
```

程序输出结果如下:

```
Bird is flying the sky...
Bird is flying the sky...
```

由输出结果可以发现,若新增的类继承了 Animal 类,这个新增的 Animal 的子类不必对 Animal 类中的 run_two_times()方法做任何修改,直接定义自己的 run()方法,即可以达到 run()方法执行两次的效果。

实际上,任何依赖 Animal 类作为参数的函数或方法都可以不加修改地正常运行,原因就在于多态。

多态的优点如下:当需要传入 Dog、Cat、Bird 等对象时,只需要接收 Animal 类型就可以了,因为 Dog、Cat、Bird 等都是 Animal 类型,按照 Animal 类型进行操作即可。由于 Animal 类型有 run()方法,因此传入的类型只要是 Animal 类或继承自 Animal 类,都会自动调用实际类型的 run()方法。

多态的意思是:对于一个变量,只需要知道它是 Animal 类型,无须确切知道它的子类型,就可以放心调用 run()方法。具体调用的 run()方法作用于 Animal、Dog、Cat 或 Bird 对象,由运行时该对象的确切类型决定。

多态真正的威力在于:调用方只管调用,不管细节。当新增一种 Animal 的子类时,只要确保 run()方法编写正确即可,不用管原来的代码是如何调用的。这就是著名的"开闭"原则(对于扩展开放,允许新增 Animal 子类;对于修改封闭,不需要修改依赖 Animal 类型的 run_two_times()等函数)。

很多函数和运算符都是多态的,你写的绝大多数程序也可能是,即便你并非有意这样。只要使用多态函数和运算符,多态就会消失。唯一能够毁掉多态的是使用函数显式地检查类型,如 type()、isinstance()函数等。如果有可能,尽量避免使用这些毁掉多态的方式,重要的是如何让对象按照我们希望的方式工作,无论它是否是正确的类型或类。

8.7 封装

前面介绍了 Python 中面向对象中的两个重要特性——继承和多态,本节将介绍第 3 个重要特性——封装。

封装指的是将类或类方法中的多余信息隐藏,不对外暴露过多信息的一种称谓。听起来有些像多态,使用对象而不用知道其内部细节。它们都遵循抽象原则,都会帮忙处理程序组件而不用过多关心细节,就像函数一样。

封装并不等同于多态。多态可以让用户对不知道类(或对象类型)的对象进行方法调用,而封装可以不用关心对象是如何构建的,直接使用类或类方法即可。

前面几节的示例基本用到了封装的思想,例如前面定义的 Student 类中,每个实例都拥有各自的 name 和 score 数据。可以通过函数访问这些数据,如输出学生的成绩。

示例如下(student.py):

```python
class Student(object):
    def __init__(self, name, score):
```

```
            self.name=name
            self.score=score

    std=Student('xiaozhi',90)
    def info(std):
        print(f'学生: {std.name}; 分数: {std.score}')
    info(std)
```

输出结果为:

```
学生: xiaozhi; 分数: 90
```

由输出结果可以看到，可以通过函数调用实例化的类对象并得到执行结果。

既然 Student 实例本身就拥有这些数据，要访问这些数据就没有必要用外面的函数访问，可以直接在 Student 类内部定义访问数据的函数，这样就把数据封装起来了。这些封装数据的函数和 Student 类本身是相关联的，称为类的方法。

据此思路，就有了前面所写类的形式（student_0.py）:

```
    class Student0(object):
        def __init__(self, name, score):
            self.name=name
            self.score=score

        def info(self):
            print(f'学生: {self.name}; 分数: {self.score}')
```

要定义一个方法，除了第一个参数是 self，其他参数和普通函数一样。要调用一个方法，在实例变量上直接调用即可。除了 self 不用传递，其他参数正常传递，执行如下语句:

```
    stu=Student0('xiaomeng',95)
    stu.info()
```

输出结果为:

```
学生: xiaomeng; 分数: 95
```

做了这些封装操作后，从外部看 Student 类，只需要知道创建实例需要给出的 name 和 score，如何输出是在 Student 类的内部定义的，这些数据和逻辑被"封装"起来了，调用很容易，并不需要知道类内部实现的细节。

封装的另一个好处是可以给类增加新方法。比如在类的访问权限中介绍的 Student 类中的 get_score()方法和 set_score()方法。使用这些方法时，无须知道内部实现细节，直接调用即可。

8.8 获取对象信息

调用方法时可能需要传递一个参数，这个参数的类型，调用者是知道的，但是对于参数接收者，就不一定知道了。对于这种情况，怎么得知参数的类型呢？

在 Python 中，提供了以下 3 种获取对象类型的方法。

1. 使用 type()函数

前面已经多次使用过 type()函数，一般的基本类型都可以用 type()判断。
在交互模式下输入：

```
>>> type(123)
<class 'int'>
>>> type('abc')
<class 'str'>
>>> type(None)
<class 'NoneType'>
```

如果一个变量指向函数或类，用 type()函数返回的是什么类型？
在交互模式下输入：

```
>>> type(abs)
<class 'builtin_function_or_method'>
>>> type(pri_pub)    #上一节定义的 PrivatePublicMethod 类
<class '__main__.PrivatePublicMethod'>
```

由输出结果可以看到，对类使用 type()函数输出类型时，返回类的类型是 Class 类型。
如果要在 if 语句中判断并比较两个变量的类型是否相同，应进行如下操作：

```
>>> type(123)==type(456)
True
>>> type(123)==int
True
>>> type('abc')==type('123')
True
>>> type('abc')==str
True
>>> type('abc')==type(123)
False
```

通过输出结果可以看到，判断基本数据类型可以直接写 int、str 等。那怎么判断一个对象是否是函数呢？
可以使用 types 模块中定义的常量，在交互模式下输入：

```
>>> import types
>>> def func():
...     pass
...
>>> type(fn)==types.FunctionType
True
>>> type(abs)==types.BuiltinFunctionType
True
>>> type(lambda x: x)==types.LambdaType
True
>>> type((x for x in range(10)))==types.GeneratorType
```

True

由输出结果可以看到,函数的判断需要借助 types 模块的帮助。

2. 使用 isinstance()函数

要明确 class 的继承关系,使用 type()函数很不方便,但若能通过判断 class 的数据类型确定 class 的继承关系,就会方便得多,可以使用 isinstance()函数实现。

例如,继承关系如下:

```
object -> Animal -> Dog
```

即 Animal 类继承 object 类、Dog 类继承 Animal 类。使用 isinstance()可以告诉调用者一个对象是否是某种类型。

例如,创建如下两种类型的对象:

```
>>> animal=Animal()
>>> dog=Dog()
```

对上面两种类型的对象,使用 isinstance()进行判断:

```
>>> isinstance(dog, Dog)
True
```

由输出结果可以看到,dog 是 Dog 类型,这个没有任何疑问,因为 dog 变量指向的就是 Dog 类对象。接下来判断 Animal 类型,使用 isinstance()判断如下:

```
>>> isinstance(dog, Animal)
True
```

由输出结果可以看到,dog 也是 Animal 类型。

由此我们得知,尽管 dog 是 Dog 类型,不过由于 Dog 类是从 Animal 类继承下来的,因此 dog 也是 Animal 类型。换句话说,isinstance()判断的是一个对象是否为该类型本身,或者是否为该类型继承类的类型。

在此同时,也可以确信,dog 还是 object 类型:

```
>>> isinstance(dog, object)
True
```

同时确信,实际类型是 Dog 类型的 dog,同时也是 Animal 类型:

```
>>> isinstance(dog, Dog) and isinstance(dog, Animal)
True
```

不过 animal 不是 Dog 类型,这个我们已经在 8.6 节中介绍过:

```
>>> isinstance(animal,Dog )
False
```

需要注意,能用 type()判断的基本类型也可以用 isinstance()判断。

isinstance()可以判断一个变量是否为某些类型中的一种,使用 isinstance()判断变量是否为 list 或 tuple 的方式如下:

```
>>> isinstance([1, 2, 3], (list, tuple))
True
>>> isinstance((1, 2, 3), (list, tuple))
True
```

3. 使用 dir()

如果要获得一个对象的所有属性和方法，就可以使用 dir()函数。dir()函数返回一个字符串的 list。

例如，要获得一个 str 对象的所有属性和方法，使用方式如下：

```
>>> dir('abc')
['__add__', '__class__', '__contains__', '__delattr__', '__dir__', '__doc__',
'__eq__', '__format__', '__ge__', '__getattribute__', '__getitem__',
'__getnewargs__', '__gt__', '__hash__', '__init__', '__iter__', '__le__',
'__len__', '__lt__', '__mod__', '__mul__', '__ne__', '__new__', '__reduce__',
'__reduce_ex__', '__repr__', '__rmod__', '__rmul__', '__setattr__',
'__sizeof__', '__str__', '__subclasshook__', 'capitalize', 'casefold', 'center',
'count', 'encode', 'endswith', 'expandtabs', 'find', 'format', 'format_map',
'index', 'isalnum', 'isalpha', 'isdecimal', 'isdigit', 'isidentifier', 'islower',
'isnumeric', 'isprintable', 'isspace', 'istitle', 'isupper', 'join', 'ljust',
'lower', 'lstrip', 'maketrans', 'partition', 'replace', 'rfind', 'rindex',
'rjust', 'rpartition', 'rsplit', 'rstrip', 'split', 'splitlines', 'startswith',
'strip', 'swapcase', 'title', 'translate', 'upper', 'zfill']
```

由输出结果可以看到，str 对象包含许多属性和方法。

8.9 类的专有方法

前面介绍了类的访问权限、私有变量和私有方法，除了自定义私有变量和方法，在 Python 中，类还可以定义专有方法。专有方法是在特殊情况下或使用特别语法时由 Python 调用的，而不像普通方法一样在代码中直接调用。

本节将介绍几个 Python 常用的专有方法。

在 Python 中，看到形如__xxx__的变量或函数名就要注意，这在 Python 中是有特殊用途的变量或函数。

__init__我们已经知道怎么用了，Python 的 class 中有许多这种有特殊用途的函数，可以帮助我们定制类。下面介绍这种特殊类型的函数定制类的方法。

1. __str__()方法

开始介绍之前，我们先定义一个 Student 类，定义如下（student_1.py）：

```
class Student(object):
    def __init__(self, name):
        self.name=name

print(Student('xiaozhi'))
```

输出结果为：

<__main__.Student object at 0x00000000000D64198>

结果输出的是一堆字符串，基本没有人看得懂，这样打印出来的结果没有可用性。怎样才能输出读者能看懂，并且是可用的结果？

要解决这个问题，需要定义__str__()方法，通过__str__()方法返回一个易懂的字符串就可以了。

重新定义上面的示例（student_2.py）：

```
class Student(object):
    def __init__(self, name):
        self.name=name

    def __str__(self):
        return f'学生名称: {self.name}'

print(Student('xiaozhi'))
```

程序输出结果为：

学生名称：xiaozhi

由输出结果可以看到，通过定义__str__()方法对输出结果的指定，可以得到比较易懂的执行结果，而且是想要的结果。

如果在交互模式下输入：

```
>>> s=Student('xiaozhi')
>>> s
<__main__.Student object at 0x00000000030EC550>
```

由输出结果可以看到，将实例化的类对象赋给一个变量，输出变量的实例还是和之前一样，是一串基本看不懂的字符。

那么问题来了，在Student类中不是已经定义了一个__str__()方法吗？是没有执行吗？

这是因为直接显示变量调用的不是__str__()方法，而是__repr__()方法，两者的区别在于__str__()方法返回用户看到的字符串，而__repr__()方法返回程序开发者看到的字符串。也就是说，__repr__()方法是为调试服务的。

所以这个问题的解决办法是再定义一个__repr__()方法。通常，__str__()方法和__repr__()方法是一样的，所以有一个巧妙的写法（student_3.py）：

```
class Student(object):
    def __init__(self, name):
        self.name=name

    def __str__(self):
        return f'学生名称: {self.name}'
    __repr__=__str__
```

在交互模式下输入：

```
>>> s=Student('xiaozhi')
>>> s
学生名称：xiaozhi
```

由输出结果可以看到，加入了__repr__()后，所得结果已经是预期结果了。

2. __iter__()方法

如果想将一个类用于 for ... in 循环，类似 list 或 tuple 一样，就必须实现一个__iter__()方法。__iter__()方法返回一个迭代对象，Python 的 for 循环会不断调用该迭代对象的__next__()方法，从而获得循环的下一个值，直到遇到 StopIteration 错误时，退出循环。

以斐波那契数列为例，写一个可以作用于 for 循环的 Fib 类（fib_class_1.py）：

```
class Fib(object):
    def __init__(self):
        self.a, self.b=0, 1         #初始化两个计数器 a、b

    def __iter__(self):
        return self                 #实例本身就是迭代对象，故返回自己

    def __next__(self):
        self.a, self.b=self.b, self.a + self.b  #计算下一个值
        if self.a>100:              #退出循环的条件
            raise StopIteration()
        return self.a               #返回下一个值
```

下面把 Fib 实例作用于 for 循环：

```
>>> for n in Fib():
...     print(n)
...
1
1
2
3
5
...
89
```

由输出结果可以看到，使用__iter__()方法会得到迭代对象，for 循环会不断调用该迭代对象的__next__()方法，直到退出循环。

3. __getitem__()方法

Fib 实例虽然能够作用于 for 循环，和 list 有点像，但是不能将它当成 list 来使用。比如，从 Fib 实例中取第 3 个元素，示例如下：

```
>>> Fib()[3]
Traceback (most recent call last):
  File "<pyshell#35>", line 1, in <module>
    Fib()[3]
```

```
TypeError: 'Fib' object does not support indexing
```

由输出结果可以看到，从 Fib 实例中取元素时报错了。要怎样从 Fib 实例中取元素才能像从 list 中取元素一样方便？

要像 list 一样按照下标取出元素，需要实现__getitem__()方法。

示例如下（fib_class_2.py）：

```
class Fib(object):
    def __getitem__(self, n):
        a, b=1, 1
        for x in range(n):
            a, b=b, a + b
        return a
```

下面尝试取得数列的值：

```
>>> fib=Fib()
>>> fib[3]
3
>>> fib[10]
89
```

由输出结果可以看到，通过实现__getitem__()方法，可以成功地从 Fib 实例中取得对应数列的值。

4. __getattr__()方法

正常情况下，调用类的方法或属性时，如果类的方法或属性不存在，执行就会报错。

比如，定义 Student 类（student_4.py）：

```
class Student(object):
    def __init__(self, name):
        self.name=name
```

对于上面的代码，调用 name 属性不会有任何问题，但是调用不存在的 score 属性就会报错。

执行以下代码：

```
>>> stu=Student('xiaozhi')
>>> print(stu.name)
Xiaozhi
>>> print(stu.score)
Traceback(most recent call last):
  File "<pyshell#50>", line 1, in <module>
    print(stu.score)
AttributeError: 'Student' object has no attribute 'score'
```

由输出结果可以看到，调用 score 属性时报错了，错误提示没有找到 score 属性。

对于调用不存在的类方法或属性的情况，有办法让程序执行时不报错吗？

要使程序执行时不报错，除了可以添加一个 score 属性，Python 还提供了另一种机制，就是写一个__getattr__()方法，通过调用__getattr__()方法动态返回一个属性。

将上面的代码修改如下（student_5.py）：

```
class Student(object):

    def __init__(self):
        self.name='xiaozhi'

    def __getattr__(self, attr):
        if attr=='score':
            return 95
```

当调用不存在的属性（如 score）时，Python 解释器会调用__getattr__(self, 'score')尝试获得属性，这样就有机会返回 score 的值。

在交互模式下输入：

```
>>> stu=Student()
>>> stu.name
xiaozhi
>>> stu.score
95
```

由输出结果可以看到，通过调用__getattr__()方法，可以正确输出不存在的属性的值。

注意，程序只有在没有找到属性的情况下才调用__getattr__()，若已有属性（如 name），则不会在__getattr__()方法中查找。此外，所有__getattr__()方法的调用都有返回值，都会返回 None（如 stu.abc）。

5. __call__() 方法

一个对象实例可以有自己的属性和方法，调用实例的方法时使用 instance.method()。那能不能直接在实例内部调用实例呢？

在 Python 中，任何类，只需要定义一个__call__()方法，就可以直接对实例进行调用。

示例如下（student_6.py）：

```
class Student(object):
    def __init__(self, name):
        self.name=name

    def __call__(self):
        print(f'名称: {self.name}')
```

在交互模式下输入：

```
>>> stu=Student('xiaomeng')
>>> stu()
名称: xiaomeng
```

由输出结果可以看到，通过定义__call__()方法，可以直接对实例进行调用并得到结果。__call__()方法还可以定义参数。对实例进行直接调用就像对一个函数进行调用一样，完全可以把对象看成函数，把函数看成对象，因为这两者本来就没有根本区别。

如果把对象看成函数，函数本身就可以在运行期间动态创建出来，因为类的实例都是运行期间创建出来的。这样一来，就模糊了对象和函数的界限。

怎么判断一个变量是对象还是函数呢？

很多时候，判断一个对象是否能被调用，可以使用 callable()函数，比如 max()函数和上面定义的带有__call__()方法的 Student 类实例，示例如下：

```
>>> callable(Student('xiaozhi'))
True
>>> callable(max)
True
>>> callable([1, 2, 3])
False
>>> callable(None)
False
>>> callable('a')
False
```

由输出结果可以看到，通过 callable()函数可以判断一个对象是否为"可调用"对象。

8.10 活学活用——出行建议

假如你今天想外出一趟，但不清楚今天的天气是否适宜出行。现在需要设计一个帮你提供建议的程序，程序要求输入出行的时间，然后根据出行时间，结合能见度、温度和当前空气湿度给出出行建议，以及比较适合使用的交通工具，需要考虑需求变更的可能。

需求分析：使用本章所学的封装、继承、多态，比较容易实现。在父类中封装查看能见度、查看温度和查看湿度的方法，子类继承父类。若有需要，子类可以覆盖父类的方法，做自己的实现。子类也可以自定义方法。

定义天气查找类（WeatherSearch），类中定义 3 个方法，一个方法根据传入的 input_daytime 值返回对应的能见度；一个方法根据传入的 input_daytime 值返回对应的温度；最后一个方法根据传入的 input_daytime 值返回对应的湿度。

代码实现如下（weather_search.py）。

```python
class WeatherSearch(object):
    def __init__(self, input_daytime):
        self.input_daytime=input_daytime

    def search_visibility(self):
        """
        能见度级别
        :return: visible_leave
        """
        visible_leave=0
        if self.input_daytime=='daytime':
            visible_leave=9
```

```python
        if self.input_daytime=='night':
            visible_leave=3
        return visible_leave

    def search_temperature(self):
        """
        温度
        :return: temperature
        """
        temperature=0
        if self.input_daytime=='daytime':
            temperature=20
        if self.input_daytime=='night':
            temperature=16
        return temperature

    def search_wetness(self):
        """
        空气湿度
        :return: wetness
        """
        wetness=0
        if self.input_daytime=='daytime':
            wetness=50
        if self.input_daytime=='night':
            wetness=100
        return wetness
```

接下来，定义建议类（OutAdvice），该类继承 WeatherSearch 类。类中定义两个方法，一个覆盖父类的温度查找方法，具有传入的 input_daytime 的值，返回建议使用的交通工具；另一个方法返回整体的建议。

示例代码如下（out_advice.py）。

```python
from weather_search import WeatherSearch

class OutAdvice(WeatherSearch):
    def __init__(self, input_daytime):
        WeatherSearch.__init__(self, input_daytime)

    def advice_vehicles(self):
        """
        建议交通工具
        :return:
        """
        vehicles=''
        if self.input_daytime=='daytime':
            vehicles='bike'
        if self.input_daytime=='night':
```

```python
            vehicles='taxi'
        return vehicles

    def out_advice(self):
        """
        出行建议
        :return:
        """
        v_leave=self.search_visibility()
        wetness=self.search_wetness()
        vehicles=self.advice_vehicles()
        if v_leave==9:
            print(f'现在能见度为{v_leave},空气湿度为{wetness},适合使用{vehicles}出行。')
        elif v_leave==3:
            print(f'现在能见度为{v_leave},空气湿度为{wetness},适合使用{vehicles}出行。')
        else:
            print('目前天气情况比较复杂,请您谨慎出行。')
```

程序调用如下：

```python
#白天出行建议
check=OutAdvice('daytime')
check.out_advice()
#夜晚出行建议
check=OutAdvice('night')
check.out_advice()
#下雪天出行建议
check=OutAdvice('snow')
check.out_advice()
```

输出结果如下：

现在能见度为 9,空气湿度为 50,适合使用 bike 出行。
现在能见度为 3,空气湿度为 100,适合使用 taxi 出行。
目前天气情况比较复杂,请您谨慎出行。

8.11　技巧点拨

在 __init__()方法中初始化对象的全部属性是一个好习惯，可以帮助用户更好地管理类中的属性和对属性值的更改。

在程序运行的任何时刻为对象添加属性都是合法的，不过应当避免让对象拥有相同的类型却拥有不同的属性组。

继承会给调试带来新挑战，因为当你调用对象的方法时，可能无法知道调用的是哪一个方法。一旦无法确认程序的运行流程，最简单的解决办法是在适当位置添加一个输出语句，如在相关方法的开头或方法调用开始处等。

8.12 问题探讨

（1）有办法从外部访问以双下画线开头的实例变量吗？

答：有，Python 的解释器是支持通过外部访问双下画线开头的实例变量的。如在前面的 student_class_1.py 文件的示例中，不能直接访问 __score 是因为 Python 解释器对外把 __score 变量改成了 _Student__score，所以仍然能够通过 _Student__score 访问 __score 变量。

将 student_class_1.py 文件更改为如下形式：

```python
class Student(object):
    def __init__(self, name, score):
        self.__name=name
        self.__score=score

    def info(self):
        print(f'学生: {self.__name}; 分数: {self.__score}' )

stu=Student('xiaomeng', 95)
print(f'分数: {stu._Student__score}')
```

程序输出结果为：

```
分数: 95
```

（2）方法与函数有什么区别？

答：在 Python 中，函数并不依附于类，也不在类中定义。而方法依附于类，定义在类中，本质上还是一个函数。为便于区分，将类中的函数称为方法，不依赖于类的函数仍然称为函数。

（3）使用类的好处？

答：在 Python 中，借助继承、多态、封装三大特性，使用类可以更好地对一类事物进行管理，可以将具有相同功能或行为的事物封装成一个类，其他具有相同特性的类直接继承该类，即可获得父类封装好的功能，同时子类可以覆盖父类的方法，以满足特定的功能需求。子类也可以扩展自己的功能。使用类可以更好地实现代码的复用和扩展。

8.13 章节回顾

（1）回顾什么是类，类如何使用。
（2）回顾构造方法的定义，使用构造方法的好处。
（3）回顾类的访问权限有哪些，这些访问权限都怎么使用。
（4）回顾继承、多重继承的定义，它们都是怎样实现的。
（5）回顾多态的定义与实现。
（6）回顾封装的定义与实现。
（7）回顾类的专有方法，各自如何使用。

8.14 实战演练

（1）定义一个类，使构造方法带参数，定义一个实现计算正方形面积的基本方法，调用该类实现对任何正方形面积的计算。

（2）定义一个 Animal 类，类中实现 bite()和 jump()两个基本方法，定义两个子类 Cat 和 Dog，两个子类继承 Animal 类，不做任何操作。

（3）定义一个 Animal 类，类中实现 bite()和 jump()两个基本方法，定义两个子类 Cat 和 Dog，两个子类继承 Animal 类，并实现具体的 bite()和 jump()方法，使两个方法在 Cat 和 Dog 类中有 Cat 和 Dog 的行为。

（4）基于题（3），初始化一个 Dog 类对象，获取该对象的对象信息，分别使用 type()和 isinstance()函数。

（5）定义一个类，在类中实现返回多种类型对象的专有方法，如 str、list、dict 等。

第九章 异常处理

前面章节很多程序的执行中，经常会碰到程序执行过程中没有得到预期结果的情况。对于程序执行过程中出现的不正常，有时称为错误，有时称为异常，也有时说程序没有按预期执行，从本章开始将有一个统一的称谓——异常。

本章将带领读者学习如何处理各种异常，以及创建和自定义异常。

Python 快乐学习班的同学参观完对象动物园后，由导游带领来到了异常过山车入口。此处的异常过山车坐起来非常刺激，乘坐异常过山车的过程中，过山车随时都可能停下来，有一些是正常的停止，也会有一些在未知的情况下停止，但只要过山车上的乘客发挥自己的聪明才智，就有办法让停止的过山车动起来。听起来很刺激吧，现在开始异常过山车之旅。

9.1 异常定义

首先看如下示例程序：

```
>>> print(hello,world)
Traceback(most recent call last):
  File "<pyshell#12>", line 1, in <module>
    print(hello,world)
NameError: name 'hello' is not defined
```

由输出结果可以看到，是很熟悉的结果，程序执行报错了。

对于 Python 初学者，在 Python 的学习过程中，当编写的代码执行时，经常会遇到程序执行报错的问题，使程序不能得到预期结果，如 NameError、SyntaxError、TypeError、ValueError等，这些都是异常。

异常是一个事件，该事件会在程序执行过程中发生，影响程序的正常执行。一般情况下，在 Python 无法正常处理程序时就会发生异常。

异常是 Python 的对象，表示一个错误。当 Python 脚本发生异常时，需要捕获并处理所有异常，否则程序会终止执行。就如乘坐过山车，有任何让过山车在运行过程中停下的异常因素都需要排除，否则难以保证乘客的安全。

在 Python 中，异常属于类的实例，这些实例可以被引用，并且可以用很多种方法进行捕捉，使得异常可以用一些友好的方式进行化解，而不是简单粗暴地让整个程序停止。

9.2 异常化解

在程序的执行过程中，异常是避免不了的，当出现异常时，该怎么化解？

就如乘坐的异常过山车，当在运行过程中停止时，乘客可以通过自己的才智让过山车运行起来。

程序也一样，作为程序开发人员，谁都不想让自己写出来的代码有问题，但这几乎是不可能的。好在编写程序的前辈们经过不断积累与思考，创造了不少好方法处理程序中的异常，在 Python 中，异常最简单的化解方式是使用 try/except 语句。

try/except 语句的语法格式如下：

```
try:
<语句>                    #运行别的代码
except <名字>:
<语句>                    #如果在 try 部分引发了异常
```

try/except 语句的工作原理是，开始一个 try/except 语句后，Python 就在当前程序的上下文中做标记，当出现异常时就可以回到做标记的地方。

在执行定义了 try/except 语句的程序时，首先执行 try 子句，接下来发生什么依赖于执行时是否出现异常。如果 try 后的语句执行时发生异常，程序就跳回 try 并执行 except 子句，让 except 子句捕获异常信息并处理，异常处理完毕，控制流就可以通过整个 try/except 语句了（除非在处理异常时又引发新异常）。如果不想在发生异常时结束程序，只需要在 try/except 语句块中捕获异常即可。

示例如下（exp_exception.py）：

```python
def exp_exception(x,y):
    try:
        a=x/y
        print('a=', a)
        return a
    except Exception:
        print('程序出现异常，异常信息：除数为 0')

exp_exception(2, 0)
```

程序输出结果如下：

程序出现异常，异常信息：除数为 0

由输出结果可以看到，程序在执行过程中，try 子句中的语句在执行时发生异常，程序最后执行的是 except 子句。因为如果语句正常，应该输出 "a=" 的形式，但实际输出的是 except 子句中打印语句的内容。

这里你可能会有疑问，在做除法前，先对 y 值用 if 语句做一个判断会更方便，没有必要使用 try/except 语句。

在上面的示例中，用 if 语句做一个判断确实更方便，但如果程序中有多条语句在执行时可能发生异常，就需要给每条可能发生异常的语句加上一些判断，这样会得到一段非常臃肿的代码，并且会使整个代码看上去就是由很多重复判断的语句构成的，真正有效的代码很少。而使用 try/except 语句就可以使代码干净许多，只需要一个错误处理器即可。

在程序执行过程中，如果没有将异常化解，异常就会被"传播"到调用的函数中。如果在调用的函数中依然没有化解异常，异常就会继续"传播"，直到程序的最顶层。

在实际应用中，经常会遇到需要处理多个异常的情况，对于多个异常该怎么化解呢？

Python 支持在一个 try/except 语句中处理多个异常，语法格式如下：

```
try:
    <语句>                   #运行别的代码
except <名字1>:
    <语句>                   #如果在try部分引发了name1异常
except <名字2>，<数据>:
    <语句>                   #如果引发了name2异常，获得附加数据
```

该语句按照如下方式工作：

首先执行 try 子句（在关键字 try 和关键字 except 之间的语句）；如果 try 子句执行没有发生异常，忽略 except 子句，try 子句执行后结束；如果在执行 try 子句的过程中发生异常，try 子句余下的部分就会被忽略；如果异常的类型和 except 之后的名称相符，对应的 except 子句就会被执行，最后执行 try 子句之后的代码。如果抛出的异常没有与任何 except 匹配，那这个异常就会传递到上层的 try 子句中。一条 try 子句可能包含多条 except 子句，分别处理不同的异常，但最多只有一个分支会被执行。

处理程序只针对对应 try 子句中的异常进行处理，而不会处理其他异常语句中的异常。

示例如下（mult_exception.py）：

```python
def mult_exception(x,y):
    try:
        a=x/y
        b=name
    except ZeroDivisionError:
        print('this is ZeroDivisionError')
    except NameError:
        print('this is NameError')

mult_exception(2,0)
```

输出结果如下：

```
This is ZeroDivisionError
```

若把 a=x/y 注释掉或放到 b=name 下面，则得到的输出结果为：

```
This is NameError
```

由输出结果可能看到，一条 try 子句可对应多条 except 子句，但 except 子句中至多有一个分支会被处理。

此处若使用 if 语句，需要考虑的情况会有多种，也需要写很多 if 语句做判断，若不经过严密思考和大量测试，很难把所有情况都考虑到。此外，if 语句过多会使程序阅读起来比较困难。

而使用抛出异常的方式则更加简单、直观，可以清晰地帮助用户定位问题，并且可以自定义异常信息，进一步定位问题所在。

9.3 抛出异常

在 Python 中，可以通过 try/except 语句的方式化解异常，但在有一些情况下，即使用了 try/except 语句，也希望能给上层一些指定的异常信息，这时该如何操作？

Python 中提供了一个 raise 语句，使用 raise 语句可以抛出一个指定异常。可以使用类（Exception 的子类）或实例参数调用 raise 语句引发异常。

示例如下：

```
>>> raise Exception
Traceback(most recent call last):
  File "<pyshell#14>", line 1, in <module>
    raise Exception
Exception
>>> raise NameError('This is NameError')
Traceback(most recent call last):
  File "<pyshell#15>", line 1, in <module>
    raise NameError('This is NameError')
NameError: This is NameError
```

由输出结果可以看到，第一个示例使用 raise 语句引发了一个没有相关错误信息的普通异常，第二个示例则通过 raise NameError('This is NameError')的形式输出了 This is NameError 的错误提示。

如果只想知道是否抛出了异常，但不想处理，可以使用一个简单的 raise 语句，再次把异常抛出。

示例如下：

```
>>> try:
        raise NameError('This is NameError')
    except NameError:
        print('An exception happened!')      #后面不加 raise

An exception happened!                        #若不加 raise，输出对应字符就结束

>>> try:
        raise NameError('This is NameError')
    except NameError:
        print('An exception happened!')
        raise                                 #最后加一个 raise

An exception happened!
Traceback(most recent call last):
  File "<stdin>", line 2, in <module>
NameError: This is NameError
```

由输出结果可以看到，在第一个 try/except 语句块中，except 子句中没有使用 raise 语句，执行完 print 子句就结束了。第二个 try/except 语句块中，except 子句中使用了 raise 语句，执行完 print 子句后，使用 raise 语句抛出更深层次的异常。

在实际应用过程中，可以借助 raise 语句得到更详尽的异常信息。

在 Python 中，前面碰到的如 NameError、SyntaxError、TypeError、ValueError 等异常类称为内建异常类。内建异常类有很多，可以使用 dir 函数列出内建异常类的内容，并用在 raise 语句中。

表 9-1 描述了一些 Python 中重要的内建异常类。

表 9-1 Python 中重要的内建异常类

异常名称	描述	异常名称	描述
Exception	常规错误的基类	NameError	未声明/初始化对象（没有属性）
AttributeError	对象没有这个属性	SyntaxError	Python 语法错误
IOError	输入/输出操作失败	SystemError	一般解释器系统错误
IndexError	序列中没有此索引（index）	ValueError	传入无效的参数
KeyError	映射中没有这个键		

9.4 使用一个块捕捉多个异常

一条 try 子句可以对应多条 except 子句，那么能在一条 try 子句对应一条 except 子句的同时，捕获一个以上的异常吗？

示例如下（model_exception.py）：

```
def model_exception(x,y):
    try:
        b=name
        a=x/y
    except(ZeroDivisionError, NameError, TypeError):
        print('one of ZeroDivisionError or NameError or TypeError happened')

model_exception(2,0)
```

程序输出结果如下：

one of ZeroDivisionError or NameError or TypeError happened

由输出结果可以看到，在一条 try 子句对应一条 except 子句时，若将多个异常放置于一个元组中，能做到捕获一个以上的异常。使用这种方式时，只要遇到的异常类型是元组中的任意一个，都会进入异常流程。

这么做有什么好处呢？

假如希望多条 except 子句输出同样的信息，就没有必要使一条 try 子句对应多条 except 子句，将多条 except 的异常类放到一个 except 的元组中即可。

9.5 异常对象捕捉

如果希望在 except 子句中访问异常对象本身，也就是看到一个异常对象真正的异常信息，而不是输出自己定义的异常信息，可以使用 as e 的形式，称为捕捉对象。

示例如下（model_exception_1.py）：

```
def model_exception(x,y):
    try:
        b=name
        a=x/y
    except(ZeroDivisionError, NameError, TypeError) as e:
        print(e)

model_exception(2,0)
```

输出结果如下：

```
name 'name' is not defined
```

若改为 a=x/y 在前，则输出结果如下：

```
division by zero
```

由输出结果可知，执行过程中抛出的异常信息被正常捕获，并在没有自定义异常信息的条件下，通过 print 语句打印出了异常对象自带的异常信息。同时也可以看到，使用这种方式可以捕捉多个异常。

接着看如下示例（model_exception_2.py）：

```
def model_exception(x,y):
    try:
        a=x/y
        b=name
    except(ZeroDivisionError, NameError, TypeError) as e:
        print(e)

model_exception(2,'')
```

在该示例中，调用函数时有一个实参传入的是空值。输出结果如下：

```
unsupported operand type(s) for /: 'int' and 'str'
```

由输出结果可以看到，这里抛出的信息并不像之前看到的那样带有明显的 Error 关键词或异常词，此处的异常信息只是告知"不支持的操作类型"。

在实际编码过程中，即使程序能处理好几种类型的异常，但有一些异常还是会从我们手中溜走。上面示例中的异常就逃过了 try/except 语句的检查，对于这种情况根本无法预测会发生什么，也无法提前做任何准备。在这种情况下，与其使用不是捕捉异常的 try/except 语句隐藏异常，不如让程序立即崩溃。

对于这样的异常，该用什么方式来化解？

示例如下（model_exception_3.py）：

```python
def model_exception(x,y):
    try:
        b=name
        a=x/y
    except:
        print('Error happened')

model_exception(2,'')
```

输出结果如下：

```
Error happened
```

由程序和输出结果可以看到，可以在 except 子句中忽略所有异常类，从而让程序输出自己定义的异常信息。

这里只是给出了一种可参考的解决方式。从实用性方面来讲，不建议这么做，因为这样捕捉异常非常危险，会隐藏所有没有预先想到的错误。

建议在实际应用中，使用抛出异常的方式处理，或者对异常对象 e 进行一些检查。

9.6 丰富的 else 子句

在实际应用中，经常会遇到这样的情况：程序执行时，若执行正常，则执行完 try 子句的流程后，会再做一些事情；若发生了异常，则执行 except 子句的流程。这种处理操作是否可以？

在 Python 中，异常提供了 try/except/else 语句实现该功能。

try/except/else 语句的语法格式如下：

```
try:
    <语句>                      #运行别的代码
except <名字>:
    <语句>                      #如果在 try 部分引发了异常1
except <名字>,<数据>:
    <语句>                      #如果引发了异常2，获得附加数据
else:
    <语句>                      #如果没有发生异常
```

如果在 try 子句执行时没有发生异常，就会执行 else 子句后的语句（如果有 else）。使用 else 子句比把所有语句都放在 try 子句里面更好，这样可以避免一些意想不到而 except 又没有捕获的异常。

示例如下（model_exception_4.py）：

```python
def model_exception(x, y):
    try:
        a=x/y
    except:
```

```
        print('发生异常,走的是except逻辑。')
    else:
        print('没有发生异常,走的是else逻辑。')

model_exception(2, 1)           #model_exception 函数调用
```

输出结果如下:

没有发生异常,走的是else逻辑。

若将 model_exception 函数调用语句更改如下:

```
model_exception(2, 0)           #model_exception 函数调用
```

则输出结果如下:

发生异常,走的是except逻辑。

由输出结果可以看到,使用 try/except/else 语句,在没有发生异常时,会执行 else 子句的流程,若发生异常,则会执行 except 子句的流程。

9.7 自定义异常

尽管内建异常类包括了大部分异常,也可以满足很多要求,但有一些情况还是需要创建自己的异常类才能处理。比如,若需要精确知道问题的根源,就需要使用自定义异常来精确定位问题。

可以通过创建一个新的类拥有自己的异常。异常应该继承自 Exception 类,可以直接继承,也可以间接继承。

错误就是类,捕获一个错误就是捕获该类的一个实例,因此错误并不是凭空产生的,而是由一些不合理的部分导致的。

Python 的内置函数会抛出很多类型的错误,自己编写的函数也可以抛出错误。如果要抛出错误,那么可以根据需要定义一个错误的类,选择好继承关系,然后用 raise 语句抛出一个错误的实例。

示例如下(my_error.py):

```
class MyError(Exception):
    def __init__(self):
        pass

    def __str__(self):
        return 'this is self define error'

def my_error_test():
    try:
        raise MyError()
    except MyError as e:
        print('exception info:', e)
```

```
my_error_test()
```

输出结果如下：

```
exception info: this is self define error
```

由程序和输出结果可以看到，程序正确执行了自定义的异常，并打印出了期望的异常信息。并且也可以看到，自定义异常时，需要继承 Exception 类。

这只是一个简单的示例，还有不少细节需要琢磨，此处不做深入探讨，有兴趣的读者可以查阅相关资料进行实践。

9.8　try/finally 语句

Python 中的 finally 子句需要和 try 子句一起使用，组成 try/finally 的语句形式。try/finally 语句无论发生异常与否都将执行 finally 后的代码。

示例如下（use_finally.py）：

```
def use_finally(x,y):
    try:
        a=x/y
    finally:
        print('No matter what happened,I will show in front of you')

use_finally(2,0)
```

输出结果如下：

```
No matter what happened,I will show in front of you
Traceback(most recent call last):
  File "D:/python/workspace/exceptiontest.py", line 65, in <module>
    use_finally(2,0)
  File "D:/python/workspace/exceptiontest.py", line 61, in use_finally
    a=x/y
ZeroDivisionError: division by zero
```

由输出结果可以看到，虽然 try 子句执行时发生了异常，但 finally 子句还是执行了。其实在 Python 中，不管 try 子句中是否发生异常，finally 子句都会执行。

这里有一个疑问，虽然执行了 finally 子句，但是最后仍然有异常抛出，是否可以使用 except 子句截获异常呢？

可以使用 except 子句来截获异常。try、except、else 和 finally 可以组合使用，但放置的顺序规则是：else 在 except 之后，finally 在 except 和 else 之后。

对于上面的示例，可以更改如下（use_finally_1.py）：

```
def use_finally(x,y):
    try:
        a=x/y
    except ZeroDivisionError:
```

```
        print('Some bad thing happened:division by zero')
    finally:
        print('No matter what happened,I will show in front of you')

use_finally(2,0)
```

输出结果如下:

```
Some bad thing happened:division by zero
No matter what happened,I will show in front of you
```

由输出结果可以看到,程序先执行了 except 子句的输出语句,然后执行了 finally 子句的输出语句。

对于上面的程序,若再添加一个 else 子句,那程序正常运行时会先执行 else 子句,然后执行 finally 子句。在有 finally 子句的异常程序中,它一定是最后执行的。

9.9 函数中的异常

如果异常在函数内引发而不被处理,就会传播至函数调用的地方。如果异常在函数调用的地方也没有被处理,就会继续传播,一直到达主程序。如果在主程序中也没有做异常处理,异常就会被 Python 解释器捕获,输出一个错误信息,然后退出程序。

示例如下 (division_fun.py):

```
def division_fun(x, y):
    return x / int(y)

def exp_fun(x, y):
    return division_fun(x, y) * 10

def main(x,y):
    exp_fun(x, y)

main(2,0)
```

输出结果如下:

```
Traceback(most recent call last):
  File "D:/python/workspace/exceptiontest.py", line 14, in <module>
    main(2,0)
  File "D:/python/workspace/exceptiontest.py", line 12, in main
    exp_fun(x, y)
  File "D:/python/workspace/exceptiontest.py", line 9, in exp_fun
    return division_fun(x, y) * 10
  File "D:/python/workspace/exceptiontest.py", line 6, in division_fun
    return x / int(y)
ZeroDivisionError: division by zero
```

由输出结果可以看到,division_fun()函数中产生的异常通过 division_fun()和 exp_fun()函数传播,exp_fun()中的异常通过 exp_fun()和 main()函数传播,传递到函数调用处由解释器处理，最终抛出堆栈的异常信息。

在 Python 中，异常信息是以堆栈的形式被抛出的，因而是从下往上查看的。所谓堆栈，就是最先被发现的异常信息最后被输出（就像子弹入弹夹和出弹夹一样），也称为先进后出（First In Last Out，FILO）。

9.10 活学活用——正常数异常数

对于给定的数组，数组中的前后两个数相除，若除数为 0，则认为是异常数，需要通过自定义异常打印出异常信息，并将该异常数加入异常数组中；若除数不为 0，则为正常数，需将该正常数加入正常数数组中。最后打印出正常数和异常数数组和位置信息。

思维点拨：
（1）使用 for 循环取得前后两个数。
（2）对除法做异常捕获。
（3）定义正常数组，将通过正常逻辑的数组加入正常数组中。定义异常数组，异常被捕获后，调用自定义异常，返回异常数值和异常信息。

代码如下（exception_num.py）：

```python
class ExceptionNum(object):
    def __init__(self):
        pass

    def num_operation(self, num_list):
        """
        正常数、异常数判断
        :param num_list:
        :return:
        """
        #正常数数组
        normal_num_list=list()
        #正常数位置信息
        normal_num_info=list()
        #异常数数组
        exp_num_list=list()
        #异常数位置信息
        exp_num_info=list()
        for item in range(num_list.__len__()):
            if item==num_list.__len__()-1:
                divisor_num, dividend_num=num_list[item], num_list[item]
            else:
                #divisor_num被除数, dividend_num除数
                divisor_num, dividend_num=num_list[item + 1], num_list[item]
            try:
                divisor_num / dividend_num
                rt_str='第' + str(item + 1) + '个是正常数, 值: ' + str(num_list[item])
```

```python
                normal_num_info.append(rt_str)
                normal_num_list.append(dividend_num)
            except ZeroDivisionError as ex:
                exp_num=SelfDefineError(num_list[item]).__int__()
                rt_str='第' + str(item + 1) + '个是异常数,值: ' + str(exp_num)
                exp_num_info.append(rt_str)
                exp_num_list.append(dividend_num)
                #调用自定义异常方法,打印异常信息
                print(SelfDefineError(num_list[item]).__str__())

        return normal_num_list, normal_num_info, exp_num_list, exp_num_info


class SelfDefineError(Exception):
    """
    自定义异常
    """
    def __init__(self, num):
        self.num=num

    def __str__(self):
        return 'error info:The dividend num equals zero.'

    def __int__(self):
        return self.num


if __name__=="__main__":
    number_list=[5, 0, 73, 0, 16, 0]
    n_list, n_info, e_list, e_info=ExceptionNum().num_operation(number_list)
    print(f'正常数数组: {n_list}')
    print(f'正常数位置信息: {n_info}')
    print(f'异常数数组: {e_list}')
    print(f'异常数位置信息: {e_info}')
```

运行代码,得到的输出结果如下:

```
error info:The dividend num equals zero.
error info:The dividend num equals zero.
error info:The dividend num equals zero.
正常数数组: [5, 73, 16]
正常数位置信息: ['第1个是正常数,值: 5', '第3个是正常数,值: 73', '第5个是正常数,值: 16']
异常数数组: [0, 0, 0]
异常数位置信息: ['第2个是异常数,值: 0', '第4个是异常数,值: 0', '第6个是异常数,值: 0']
```

9.11 知识扩展——bug 的由来

在编程的过程中，当程序出现问题时，我们经常会说"出 bug 了"。那 bug 一般指的是什么意思？为什么会称为 bug？

bug 一词原本的意思是"臭虫子"或"虫子"，不过现在更多将其认为是计算机系统或程序中隐藏的一些未被发现的缺陷或漏洞。

20 世纪 40 年代，电子计算机非常庞大，数量也非常少，主要用于军事方面。1944 年制造完成的 Mark I、1946 年 2 月开始运行的 ENIAC 和 1947 年完成的 Mark II 是赫赫有名的几台计算机。Mark I 由哈佛大学 Howard Aiken 教授设计，由 IBM 公司制造，Mark II 由美国海军出资制造。与使用电子管制造的 ENIAC 不同，Mark I 和 Mark II 主要使用开关和继电器制造完成。另外，Mark I 和 Mark II 都是从纸带或磁带上读取指令并执行，因此不属于从内存读取和执行指令的存储程序计算机（Stored-Program Computer）。

1947 年 9 月 9 日，Mark II 计算机在测试时突然发生了故障。经过几个小时的检查，工作人员发现一只飞蛾被打死在面板 F 的第 70 号继电器中。把这个飞蛾取出后，机器便恢复了正常。当时为 Mark II 计算机工作的著名女科学家 Grace Hopper 将这只飞蛾粘贴在了当天的工作手册中，并在上面加了一行注释 First actual case of bug being found，当时的时间是 15:45。随着这个故事的广为流传，使用 bug 一词指代计算机错误的人越来越多，并把 Grace Hopper 登记的那只飞蛾视为计算机历史上第一个被记录在文档中的 bug。

9.12 章节回顾

（1）回顾异常的定义。
（2）回顾异常的化解方式。
（3）回顾异常的捕捉。
（4）回顾自定义异常的方式。

9.13 实战演练

（1）写一段代码，抛出多个异常，并打印出每个异常的类型。
（2）写一段异常捕捉代码，使用 else 子句打印一个字符串；再写一段代码，不使用 else 子句直接打印一个字符串。
（3）定义一个异常函数，在函数中打印异常信息，在异常代码中使用 finally 子句。
（4）定义一个异常函数，使用 raise 语句，不处理异常信息，将函数中的异常信息抛出。
（5）自己设计一段代码，使该程序中包含：
（a）自定义异常；（b）多个异常和异常处理方式；（c）else 子句；（d）finally 子句。

第十章 日期和时间

日期和时间在 Python 中应用得非常普遍，几乎任何一个项目都要涉及日期和时间的应用。本章将介绍 Python 中日期和时间的使用。

Python 快乐学习班的同学体验完异常过山车，导游带领他们来到时间森林。在时间森林，Python 快乐学习班的同学将看到时间的年轮，日期和时间在这里被完美刻画。当然，他们也将通过参观时间森林，更加了解时间的概念。下面陪同 Python 快乐学习班的同学进入时间森林吧！

10.1 日期和时间

日期和时间在应用项目中是必不可少的。在 Python 中，与日期和时间处理有关的模块包括 time、datetime 及 calendar。

在实际应用中，通常会需要用到时间戳、格式化的时间字符串和元组 3 种方式来表示时间。下面分别进行介绍。

10.1.1 时间戳的定义

时间戳（timestamp）表示从 1970 年 01 月 01 日 00 时 00 分 00 秒开始按秒计算的偏移量，也就是从 1970 年 01 月 01 日 00 时 00 分 00 秒（北京时间 1970 年 01 月 01 日 08 时 00 分 00 秒）起到现在的总毫秒数。

时间戳是一个经加密后形成的凭证文档，包括 3 个部分：

（1）需要加时间戳的文件的摘要（digest）。

（2）DTS（Decode Timestamp）收到文件的日期和时间。

（3）DTS 的数字签名。

一般来说，时间戳产生的过程为：用户首先将需要加时间戳的文件用 Hash 编码加密形成摘要，然后将该摘要发送到 DTS，DTS 加入收到文件摘要的日期和时间信息后再对该文件加密（数字签名），最后送回用户。

书面签署文件的时间是由签署人自己写上的，而数字时间戳是由认证单位 DTS 添加的，以 DTS 收到文件的时间为依据。

目前，在最新的 Python 3.7 版本中可以支持的最大时间戳为 32535244799，即可以支持到 3001-01-01 15:59:59，为什么只能支持到这个时间点，有兴趣的读者可以去查阅相关资料。

10.1.2 时间格式化符号

在 Python 中，一般用表 10-1 所示的格式化符号对时间进行格式化。

表 10-1 Python 时间格式化符号

格式化符号	含 义	备注
%a	本地简化星期名称	
%A	本地完整星期名称	
%b	本地简化月份名称	
%B	本地完整月份名称	
%c	本地相应的日期和时间表示	
%d	一个月中的第几天（01~31）	
%H	一天中的第几个小时（24 小时制，00~23）	
%I	第几个小时（12 小时制，01~12）	
%j	一年中的第几天（001~366）	
%m	月份（01~12）	
%M	分钟数（00~59）	
%p	本地 AM 或 PM 的相应符号	1
%S	秒（01~61）	2
%U	一年中的星期数（取值 00~53，星期天为一个星期的开始），第一个星期天之前的所有天数都放在第 0 周	3
%w	一个星期中的第几天（0~6，0 是星期天）	3
%W	和%U 基本相同，不同的是%W 以星期一为一个星期的开始	
%x	本地相应日期	
%X	本地相应时间	
%y	去掉世纪的年份（00~99）	
%Y	完整的年份	
%Z	时区的名字（如果不存在为空字符）	
%%	%字符	

表 10-1 备注中 3 个数字的含义如下：

1：%p 只有与%I 配合使用才有效果。

2：文档中强调确实是 0~61，而不是 59，闰年秒占两秒。

3：当使用 strptime()函数时，只有这一年的周数和天数确定时，%U 和%W 才会被计算。

10.1.3 struct_time 元组

struct_time 元组共有 9 个元素：年、月、日、时、分、秒、一年中第几周、一年中第几天、是否为夏令时。

Python 函数用一个元组装起来的 9 个数字处理时间，也称为时间元组 struct_time。表 10-2 列出了这种结构的属性。

表 10-2　Python 的时间元组属性

序号	属性	字段	值
0	tm_year	4位数年	如 2008
1	tm_mon	月	1~12
2	tm_mday	日	1~31
3	tm_hour	小时	0~23
4	tm_min	分钟	0~59
5	tm_sec	秒	0~61（60 或 61 是闰秒）
6	tm_wday	一周的第几日	0~6（0 是周一）
7	tm_yday	一年的第几日	1~366（儒略历）
8	tm_isdst	夏令时	-1、0、1、-1 是决定是否为夏令时的旗帜

10.2　time 模块

在现实生活中，随着可穿戴设备的普及，人们经常会查看自己的心跳每分钟是多少下，手机、计算机等的开关机时间是多长等。这些都是人们能够亲身体验到的时间。

在编程语言的学习中，可以有更深刻的时间上的体验，通过日期和时间的学习，就可以知道那些时间是怎么计算出来的。不过这些都需要借助于日期和时间中提供的方便可用的函数才得以实现。

本节将具体介绍 time 模块中的一些常用函数。

10.2.1　time()函数

time()函数的语法格式如下：

```
time.time()
```

此语法中，第一个 time 指的是 time 模块，该函数不需要传递参数。

time()函数用于返回当前时间的时间戳（北京时间 1970 年 01 月 01 日 08 时 00 分 00 秒到现在的总秒数）。

该函数的使用示例如下（time_use.py）：

```
import time

print(f'当前时间的时间戳：{time.time()}')
```

程序输出结果如下：

```
当前时间的时间戳：1524300547.9319217
```

由输出结果可以看到，time()函数返回的结果是带了多位小数位的浮点数。

使用time()函数得到的两个结果可以进行加减，得到的结果是它们之间的时间间隔，间隔单位为秒（s），得到的结果除以60得到分，再除以60得到小时，若乘以1000，则得到的是毫秒（ms），再乘以1000得到的是微秒（μs）。

示例如下（time_cal.py）：

```
import time

start_time=time.time()
time_add=start_time + 10              #不指明，加减的值指的是秒（s）
time_gap=time_add-start_time
print(f'计算得到的时间间隔为:{time_gap}秒')

start_time=time.time()
time_add=start_time + 0.1
time_gap=time_add-start_time
print(f'计算得到的时间间隔为:{1000 * time_gap}毫秒')

start_time=time.time()
time_add=start_time + 90
time_gap=time_add-start_time
print(f'计算得到的时间间隔为:{time_gap/60}分钟')

start_time=time.time()
time_add=start_time + 3600
time_gap=time_add-start_time
print(f'计算得到的时间间隔为:{time_gap/60/60}小时')
```

程序输出结果如下：

```
计算得到的时间间隔为:10.0秒
计算得到的时间间隔为:99.99990463256836毫秒
计算得到的时间间隔为:1.5分钟
计算得到的时间间隔为:1.0小时
```

由输出结果可以看到，可以对时间进行加减运算，单位可以为小时、分、秒、毫秒等。

在实际项目应用中，time()函数的使用频率非常高，我们经常会使用time()函数计算某个方法执行的时间花费，启动某个项目需要多少时间，执行某个运算逻辑需要多少时间等，包括上面提到一些电子设备的开关机时间，都可以使用time()函数进行计算。

10.2.2 strftime()函数

strftime()函数的语法格式如下：

```
time.strftime(format[, t])
```

此语法中，time是指time模块，format是指格式化字符串，t是指可选的参数，是一个struct_time对象。

strftime()函数用于接收时间元组，并返回以可读字符串表示的当地时间，格式由参数

format 决定。

该函数的使用示例如下（strf_time.py）：

```
import time

t=(2018, 11, 19, 21, 23, 38, 6, 48, 0)
t=time.mktime(t)
print(time.strftime('%b %d %Y %H:%M:%S', time.gmtime(t)))
```

程序输出结果如下：

```
Nov 19 2018 13:23:38
```

由输出结果可以看到，strftime()函数把可读的字符串转换为当地时间了。

在实际项目应用中，strftime()函数的使用频率不是很高，但会经常用于时间的转换，在时间的转换中是一个比较有用的函数。

10.2.3 strptime()函数

strptime()函数的语法格式如下：

```
time.strptime(string[, format])
```

此语法中，time 是指 time 模块，string 是指时间字符串，format 是指格式化字符串。

strptime()函数用于根据指定的格式把一个时间字符串解析为时间元组，strptime()函数返回的是 struct_time 对象。

该函数的使用示例如下（strp_time.py）：

```
import time

struct_time=time.strptime("27 Nov 18", "%d %b %y")
print(f'returned tuple: {struct_time}')
```

程序输出结果如下：

```
returned tuple: time.struct_time(tm_year=2018, tm_mon=11, tm_mday=27, tm_hour=0, tm_min=0, tm_sec=0, tm_wday=1, tm_yday=331, tm_isdst=-1)
```

由输出结果可以看到，strptime()函数把时间字符串解析为时间元组了。

在实际项目应用中，strptime()函数的使用频率不高，但在时间字符串的转换中比较有用。

10.2.4 localtime()函数

localtime()函数的语法格式如下：

```
time.localtime([secs])
```

此语法中，time 是指 time 模块，secs 是指转换为 time.struct_time 类型的对象的秒数。

localtime()函数的作用是格式化时间戳为本地时间。如果 secs 参数未传入，就以当前时间为转换标准。该函数返回 time.struct_time 类型的对象（struct_time 是在 time 模块中定义的表示时间的对象）。

该函数的使用示例如下（local_time_use.py）：

```
import time

print(f'time.localtime():{time.localtime()}')
```

输出结果为：

```
time.localtime():time.struct_time(tm_year=2018, tm_mon=10, tm_mday=18, tm_hour=21, tm_min=33, tm_sec=33, tm_wday=3, tm_yday=291, tm_isdst=0)
```

由输出结果可以看到，localtime()函数的输出结果比较复杂，包含了年、月、日、时、分、秒等信息。

在实际项目应用中，localtime()函数的使用不是很多，一般可以通过 localtime()函数获取详细的日期时间信息。

10.2.5 sleep()函数

sleep()函数的语法格式如下：

```
time.sleep(secs)
```

此语法中，time 是指 time 模块，secs 是指推迟执行的秒数。

sleep()函数用于推迟调用线程的运行，可通过参数 secs 指定进程挂起的时间。该函数没有返回值。

该函数的使用示例如下（time_sleep.py）：

```
import time

print(f'Start : {time.ctime()}')
time.sleep(20)
print(f'End : {time.ctime()}')
```

程序输出结果为：

```
Start : Thu Oct 18 21:35:19 2018
End : Thu Oct 18 21:35:39 2018
```

由输出结果可以看到，输出的时间相隔了 20 秒。

在实际项目应用中，sleep()函数的使用频率不是很高，但经常会用于时间延迟。

10.2.6 gmtime()函数

gmtime()函数的语法格式如下：

```
time.gmtime([secs])
```

此语法中，time 是指 time 模块，secs 是指转换为 time.struct_time 类型的对象的秒数。

gmtime()函数用于将一个时间戳转换为 UTC 时区（0 时区）的 struct_time，可选的参数 secs 表示从 1970 年 01 月 01 日 00 时 00 分 00 秒到现在的秒数。gmtime()函数的默认值为 time.time()，函数返回 time.struct_time 类型的对象（struct_time 是在 time 模块中定义的表示时间的对象）。

该函数的使用示例如下（gm_time.py）：

```
import time

print(f'time.gmtime():{time.gmtime()}')
```

程序输出结果如下：

```
time.gmtime():time.struct_time(tm_year=2018, tm_mon=10, tm_mday=18, tm_hour=13, tm_min=37, tm_sec=30, tm_wday=3, tm_yday=291, tm_isdst=0)
```

由输出结果可以看到，gmtime()函数的输出结果也比较复杂，包含了年、月、日、时、分、秒等信息。gmtime()函数的输出结果形式和 localtime()函数类似。

在实际项目应用中，gmtime()函数的使用较少。

10.2.7 mktime()函数

mktime()函数的语法格式如下：

```
time.mktime(t)
```

此语法中，time 是指 time 模块，t 是指结构化的时间或完整的 9 位元组元素。

mktime()函数用于执行与 gmtime()、localtime()相反的操作，接收 struct_time 对象作为参数，返回用秒数表示时间的浮点数。如果输入的值不是合法时间，就会触发 OverflowError 或 ValueError 异常。

该函数的使用示例如下（mk_time.py）：

```
import time

t=(2018, 10, 25, 17, 35, 38, 6, 48, 0)
print(f'time.mktime(t):{time.mktime(t)}')
```

程序输出结果如下：

```
time.mktime(t):1540460138.0
```

由输出结果可以看到，mktime()函数输出了浮点数的时间结果。

在实际项目应用中，mktime()函数的使用较少。

10.2.8 asctime()函数

asctime()函数的语法格式如下：

```
time.asctime([t])
```

此语法中，time 是指 time 模块，t 是指完整的 9 位元组元素或通过函数 gmtime()、localtime()返回的时间值。

asctime()函数用于接收时间元组并返回一个可读的形式，例如，Sun Sep 25 09:09:37 2018（2018 年 09 月 25 日 周日 9 时 09 分 37 秒），是一个由 24 个字符组成的字符串。

该函数的使用示例如下（asc_time.py）：

```
import time

t=time.localtime()
print(f'time.asctime(t):{time.asctime(t)}')
```

程序输出结果如下：

```
time.asctime(t):Thu Oct 18 21:44:53 2018
```

由输出结果可以看到，asctime()函数返回了一个由 24 个字符组成的字符串。

在实际项目应用中，asctime()函数的使用较少。

10.2.9　ctime()函数

ctime()函数的语法格式如下：

```
time.ctime([secs])
```

此语法中，time 是指 time 模块，secs 是指要转换为字符串时间的秒数。

ctime()函数用于把一个时间戳（按秒计算的浮点数）转换为 time.asctime()的形式。如果未指定参数 secs 或参数为 None，就会默认将 time.time()作为参数。Ctime()的作用相当于 asctime (localtime(secs))。ctime()函数返回一个时间字符串。

该函数的使用示例如下（c_time.py）：

```
import time

print(f'time.ctime():{time.ctime()}')
```

程序输出结果如下：

```
time.ctime():Thu Oct 18 21:47:52 2018
```

由输出结果可以看到，ctime()函数把一个时间戳（按秒计算的浮点数）转换为 time.asctime()的形式。

在实际项目应用中，ctime()函数的使用不多。

10.2.10　clock()函数

clock()函数的语法格式如下：

```
time.clock()
```

此语法中，time 是指 time 模块，该函数不需要参数。该函数有两个功能：

（1）在第一次调用时，返回程序运行的实际时间。

（2）第二次之后的调用，返回自第一次调用后到这次调用的时间间隔。

clock()函数用于以浮点数计算的秒数返回当前CPU时间，用来衡量不同程序的耗时，比time.time()更有用。该函数在不同系统中的含义不同。在UNIX系统中，返回的是"进程时间"，是用秒表示的浮点数（时间戳）；在Windows系统中，第一次调用返回的是进程运行的实际时间，第二次之后的调用返回的是自第一次调用后到现在的运行时间。

在Windows系统中，clock()函数返回的是真实时间（wall time），而在UNIX/Linux系统中返回的是CPU时间。

该函数的使用示例如下（time_clock.py）：

```
import time

def procedure():
    time.sleep(2)

#measure process time
t1=time.clock()
procedure()
print(f'seconds process time : {(time.clock()-t1)}')

#measure wall time
t2=time.time()
procedure()
print(f'seconds wall time : {(time.time()-t2)}')
```

程序输出结果如下（此为Windows 7系统中的输出结果）：

```
seconds process time : 1.994017599521716
seconds wall time : 2.0030031204223633
```

由输出结果可以看到，在Windows 7系统中，clock()函数返回的是真实时间。在应用时，输出结果一般会因计算机的不同而有所差异（精度存在误差）。

在实际项目应用中，clock()函数使用得不多。

10.2.11 3种时间格式转化

Python中的3种表示时间的格式之间可以相互转化，转化方式如图10-1和10-2所示。

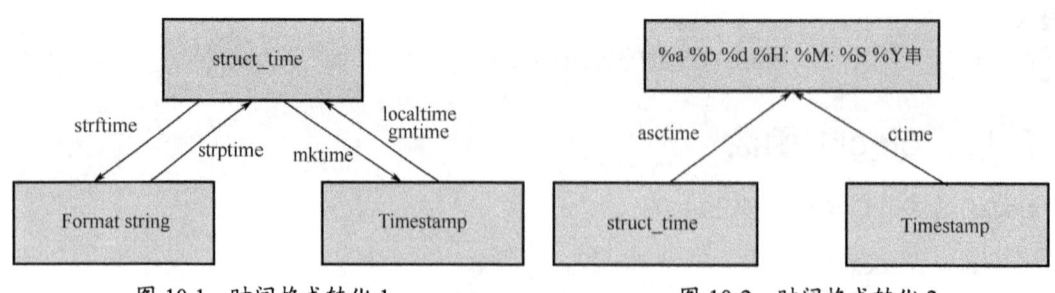

图10-1 时间格式转化1　　　　　　图10-2 时间格式转化2

10.3 datetime 模块

datetime 是 date 与 time 的结合体，包括 date 与 time 的所有信息。datetime 的功能强大，支持从 0001 年到 9999 年。

datetime 模块定义了两个常量：datetime.MINYEAR 和 datetime.MAXYEAR。这两个常量分别表示 datetime 所能表示的最小、最大年份。其中，MINYEAR=1，MAXYEAR=9999。

datetime 模块定义了以下 5 个类。

（1）datetime.date：表示日期，常用的属性有 year、month、day。
（2）datetime.time：表示时间，常用的属性有 hour、minute、second、microsecond。
（3）datetime.datetime：表示日期时间。
（4）datetime.timedelta：表示时间间隔，即两个时间点之间的间隔。
（5）datetime.tzinfo：与时区有关的相关信息。

其中，datetime.datetime 类的应用最为普遍。datetime.datetime 类有以下方法。

1. now()方法

now()方法的语法格式如下：

```
datetime.datetime.now([tz])
```

此语法中，datetime.datetime 指的是 datetime.datetime 类，如果提供了参数 tz，就获取 tz 参数所指时区的本地时间。

now()方法返回一个 datetime 对象。

该方法的使用示例如下（now_time.py）：

```
import datetime

print(f'now is:{datetime.datetime.now()}')
```

程序输出结果为：

```
now is:2018-10-18 21:59:35.247056
```

由输出结果可以看到，now()方法返回了系统的当前时间。

在实际项目应用中，now()方法是 datetime.datetime 类中使用频率最高的一个方法，很多时候会使用 now()方法打印系统当前时间。

2. today()方法

today()方法的语法格式如下：

```
datetime.datetime.today()
```

此语法中，datetime.datetime 指的是 datetime.datetime 类。

today()方法返回一个表示当前本地时间的 datetime 对象。

该方法的使用示例如下（today_time.py）：

```
import datetime
```

```python
print(f'today is:{datetime.datetime.today()}')
```

程序输出结果为：

```
today is:2018-10-18 22:01:59.201387
```

由输出结果可以看到，today()方法返回了一个本地的当前时间。

在实际项目应用中，today()方法在 datetime.datetime 类中的使用频率比较高，很多时候可以在 now()方法和 today()方法中选择一个使用。

3. strptime()方法

strptime()方法的语法格式如下：

```
datetime.datetime.strptime(date_string, format)
```

此语法中，datetime.datetime 指的是 datetime.datetime 类，date_string 是指日期字符串，format 为格式化方式。

strptime()方法用于将格式字符串转换为 datetime 对象。strptime()方法返回一个 datetime 对象。

该方法的使用示例如下（time_strp.py）：

```python
import datetime

dt=datetime.datetime.now()
old_dt=str(dt)
new_dt=dt.strptime(old_dt, '%Y-%m-%d %H:%M:%S.%f')
print(f"old_dt is:{old_dt}")
print(f"old_dt type is:{type(old_dt)}")
print(f"new_dt is:{new_dt}")
print(f"new_dt type is:{type(new_dt)}")
```

程序输出结果为：

```
old_dt is:2018-10-18 22:45:22.345447
old_dt type is:<class 'str'>
new_dt is:2018-10-18 22:45:22.345447
new_dt type is:<class 'datetime.datetime'>
```

由输出结果可以看到，strptime()方法可以将字符串转为 datetime 对象。

在实际项目应用中，strptime()方法的使用并不多，strptime()方法在做字符串与 datetime 对象转换时是一个非常好用的方法。

4. strftime()方法

strftime()方法的语法格式如下：

```
datetime.datetime.strftime(format)
```

此语法中，datetime.datetime 指的是 datetime.datetime 类，format 为格式化方式。

strftime()方法用于将 datetime 对象转换为格式字符串。strftime()方法返回一个字符串对象。

该方法的使用示例如下（time_strf.py）：

```python
import datetime

dt=datetime.datetime.now()
new_dt=dt.strftime('%Y-%m-%d %H:%M:%S')
print(f"dt is: {dt}")
print(f"dt type is:{type(dt)}")
print(f"new_dt is:{new_dt}")
print(f"new_dt type is:{type(new_dt)}")
```

程序输出结果为：

```
dt is: 2018-10-18 22:46:10.858568
dt type is:<class 'datetime.datetime'>
new_dt is:2018-10-18 22:46:10
new_dt type is:<class 'str'>
```

由输出结果可以看到，strftime()方法将datetime对象转换成了格式字符串。

下面看一个使用时间格式化符号操作datetime.datetime类的示例（date_time.py）：

```python
import datetiime

dt=datetime.datetime.now()
print(f"当前时间: {dt}")
print(f"(%Y-%m-%d %H:%M:%S: {dt.strftime('%Y-%m-%d %H:%M:%S %f')})")
print(f"(%Y-%m-%d %H:%M:%S %p): {dt.strftime('%y-%m-%d %I:%M:%S %p')}")
print(f"%a: {dt.strftime('%a')} ")
print(f"%A: {dt.strftime('%A')} ")
print(f"%b: {dt.strftime('%b')} ")
print(f"%B: {dt.strftime('%B')} ")
print(f"日期时间%c: {dt.strftime('%c')} ")
print(f"日期%x: {dt.strftime('%x')} ")
print(f"时间%X: {dt.strftime('%X')} ")
print(f"今天是这周的第 {dt.strftime('%w')} 天 ")
print(f"今天是今年的第 {dt.strftime('%j')} 天 ")
print(f"这周是今年的第 {dt.strftime('%U')} 周 ")
```

程序输出结果如下：

```
当前时间: 2018-10-18 22:48:14.975846
(%Y-%m-%d %H:%M:%S: 2018-10-18 22:48:14 975846)
(%Y-%m-%d %H:%M:%S %p): 18-10-18 10:48:14 PM
%a: Thu
%A: Thursday
%b: Oct
%B: October
日期时间%c: Thu Oct 18 22:48:14 2018
日期%x: 10/18/18
时间%X: 22:48:14
```

```
今天是这周的第 4 天
今天是今年的第 291 天
这周是今年的第 41 周
```

由输出结果可以看到，strftime()方法可以对多个值进行转换。

在实际项目应用中，strftime()方法的使用并不多，strftime()方法在做 datetime 对象与字符串转换时是一个非常好用的方法。

5. datetime.utcnow()方法

utcnow()方法的语法格式如下：

```
datetime.datetime.utcnow()
```

此语法中，datetime.datetime 指的是 datetime.datetime 类。

utcnow()方法返回一个当前 UTC 时间的 datetime 对象。

该方法的使用示例如下（utc_now_time.py）：

```
import datetime

print(f'utcnow is:{datetime.datetime.utcnow()}')
```

程序输出结果为：

```
utcnow is:2018-10-18 14:54:43.182743
```

由输出结果可以看到，utcnow()方法返回了一个当前 UTC 时间的 datetime 对象。

在实际项目应用中，utcnow()方法使用得不多。

6. fromtimestamp()

fromtimestamp()方法的语法格式如下：

```
datetime.datetime.fromtimestamp(timestamp[, tz])
```

此语法中，datetime.datetime 指的是 datetime.datetime 类，参数 tz 指定时区信息。

fromtimestamp()方法用于根据时间戳创建一个 datetime 对象。fromtimestamp()方法返回一个 datetime 对象。

该方法的使用示例如下（time_stamp.py）：

```
import datetime, time

print(f'fromtimestamp is:{datetime.datetime.fromtimestamp(time.time())}')
```

程序输出结果为：

```
fromtimestamp is:2018-10-18 22:58:56.748321
```

由输出结果可以看到，fromtimestamp()方法返回了一个 datetime 对象。

在实际项目应用中，fromtimestamp()方法使用得不多。

7. utcfromtimestamp()

utcfromtimestamp()方法的语法格式如下：

```
datetime.datetime.utcfromtimestamp(timestamp)
```

此语法中，datetime.datetime 指的是 datetime.datetime 类，timestamp 是指时间戳。utcfromtimestamp()方法用于根据时间戳创建一个 datetime 对象。utcfromtimestamp()方法返回一个 datetime 对象。

该方法的使用示例如下（utc_time_stamp.py）：

```python
import datetime, time

print(f'utcfromtimestamp is:{datetime.datetime.utcfromtimestamp(time.time())}')
```

程序输出结果为：

```
utcfromtimestamp is:2018-10-18 14:59:14.524362
```

由输出结果可以看到，utcfromtimestamp()方法返回了一个 datetime 对象。

在实际项目应用中，utcfromtimestamp()方法使用得比较少。

10.4 calendar 模块

calendar（日历）模块的函数都与日历相关，如输出某月的字符月历。星期一默认是每周的第一天，星期天默认是每周的最后一天。更改设置需要调用 calendar.setfirstweekday()函数，模块包含以下内置函数（日历模块在实际项目中使用得并不多，此处不对各个函数做具体示例列举）。

1. calendar.calendar(year,w=2,l=1,c=6)

该函数返回一个多行字符串格式的 year 年历，3 个月一行，间隔距离为 c，每日宽度间隔为 w 字符，每行长度为 21* w+18+2* c，l 为每星期的行数。

2. calendar.firstweekday()

该函数返回当前每周起始日期的设置。默认情况下，首次载入 calendar 模块时返回 0，即星期一。

3. calendar.isleap(year)

如果是闰年，该函数返回 True，否则返回 False。

4. calendar.leapdays(y1,y2)

该函数返回 y1、y2 两年之间的闰年总数。

5. calendar.month(year,month,w=2,l=1)

该函数返回一个多行字符串格式的 year 年 month 月的日历，两行标题，一周一行，每日宽度间隔为 w 字符，每行长度为 7*w+6，l 为每星期的行数。

6. calendar.monthcalendar(year,month)

该函数返回一个整数的单层嵌套列表，每个子列表存储代表一个星期的整数，year 年 month 月之外的日期都设为 0，范围内的日期由该月第几日表示，从 1 开始。

7. calendar.monthrange(year,month)

该函数返回两个整数，第一个是该月星期几的日期码，第二个是该月的月期码。日从 0（星期一）到 6（星期日），月从 1 到 12。

8. calendar.prcal(year,w=2,l=1,c=6)

该函数相当于 print(calendar.calendar(year,w,l,c))。

9. calendar.prmonth(year,month,w=2,l=1)

该函数相当于 print(calendar.calendar(year, w, l, c))。

10. calendar.setfirstweekday(weekday)

该函数设置每周的起始日期码，从 0（星期一）到 6（星期日）。

11. calendar.timegm(tupletime)

该函数和 time.gmtime 相反，接收一个时间元组形式，返回该时刻的时间戳。

12. calendar.weekday(year,month,day)

该函数返回给定日期的日期码，从 0（星期一）到 6（星期日）。月份为 1（1 月）到 12（12 月）。

在实际项目应用中，除了一些稍微特殊的需求会需要使用 calendar 模块的函数来解决，大部分情况下都可以使用日期或时间中的函数或方法来实现对应功能。建议在能用日期或时间中的函数或方法解决的问题，就不要使用 calendar 模块中的函数。

10.5　活学活用——时间大杂烩

自定义函数，使用 time、calendar 和 datetime 模块获取当前日期、当前日期前 n 天的日期、当前日期后 n 天的日期、当前日期前 n 月的日期、当前日期后 n 月的日期。

代码实现示例如下（date_time_all_style.py）。

```
import calendar
import datetime
import time

year=time.strftime("%Y", time.localtime())
month=time.strftime("%m", time.localtime())
day=time.strftime("%d", time.localtime())
hour=time.strftime("%H", time.localtime())
minute=time.strftime("%M", time.localtime())
second=time.strftime("%S", time.localtime())
```

```python
def today():
    """
    get today,date format="YYYY-MM-DD"
    :return:
    """
    return datetime.date.today()


def today_str():
    """
    get date string, date format="YYYYMMDD"
    :return:
    """
    return year + month + day


def date_time():
    """
    get datetime,format="YYYY-MM-DD HH:MM:SS"
    :return:
    """
    return time.strftime("%Y-%m-%d %H:%M:%S", time.localtime())


def date_time_str():
    """
    get datetime string
    date format="YYYYMMDDHHMMSS"
    :return:
    """
    return year + month + day + hour + minute + second


def get_day_of_day(n=0):
    """
    if n>=0,date is larger than today
    if n<0,date is less than today
    date format="YYYY-MM-DD"
    :param n:
    :return:
    """
    if n<0:
        n=abs(n)
        return datetime.date.today()-datetime.timedelta(days=n)
    else:
        return datetime.date.today() + datetime.timedelta(days=n)
```

```python
def get_days_of_month(year_v, mon_v):
    """
    get days of month
    :param year_v:
    :param mon_v:
    :return:
    """
    return calendar.monthrange(year_v, mon_v)[1]


def get_first_day_month(n=0):
    """
    get the first day of month from today
    n is how many months
    :param n:
    :return:
    """
    y, m, d=get_year_and_month(n)
    d="01"
    arr=(y, m, d)
    return "-".join("%s" % i for i in arr)


def get_year_and_month(n=0):
    """
    get the year,month,days from today
    befor or after n months
    :param n:
    :return:
    """
    this_year=int(year)
    this_mon=int(month)
    total_mon=this_mon + n
    if n>=0:
        if total_mon<=12:
            days=str(get_days_of_month(this_year, total_mon))
            total_mon=add_zero(total_mon)
            return year, total_mon, days
        else:
            i=total_mon // 12
            j=total_mon % 12
            if j==0:
                i-=1
                j=12
            this_year+=i
            days=str(get_days_of_month(this_year, j))
            j=add_zero(j)
            return str(this_year), str(j), days
```

```python
        else:
            if 0<total_mon<12:
                days=str(get_days_of_month(this_year, total_mon))
                total_mon=add_zero(total_mon)
                return year, total_mon, days
            else:
                i=total_mon // 12
                j=total_mon % 12
                if j==0:
                    i-=1
                    j=12
                this_year+=i
                days=str(get_days_of_month(this_year, j))
                j=add_zero(j)
                return str(this_year), str(j), days


def add_zero(n):
    """
    add 0 before 0-9
    return 01-09
    :param n:
    :return:
    """
    nabs=abs(int(n))
    if nabs<10:
        return "0" + str(nabs)
    else:
        return nabs


def get_today_month(n=0):
    """
    获取当前日期前后 n 月的日期
    if n>0, 获取当前日期前 n 月的日期
    if n<0, 获取当前日期后 n 月的日期
    date format="YYYY-MM-DD"
    :param n:
    :return:
    """
    y, m, d=get_year_and_month(n)
    arr=(y, m, d)
    if int(day)<int(d):
        arr=(y, m, day)
    return "-".join("%s" % i for i in arr)


def main():
    print(f'today is:{today()}')
```

```python
        print(f'today is:{today_str()}')
        print(f'the date time is:{date_time()}')
        print(f'data time is:{date_time_str()}')
        print(f'2 days after today is:{get_day_of_day(2)}')
        print(f'2 days before today is:{get_day_of_day(-2)}')
        print(f'2 months after today is:{get_today_month(2)}')
        print(f'2 months before today is:{get_today_month(-2)}')
        print(f'2 months after this month is:{get_first_day_month(2)}')
        print(f'2 months before this month is:{get_first_day_month(-2)}')

if __name__=="__main__":
    main()
```

输出结果如下：

```
today is:2018-10-21
today is:20181021
the date time is:2018-10-21 17:52:34
data time is:20181021175234
2 days after today is:2018-10-23
2 days before today is:2018-10-19
2 months after today is:2018-12-21
2 months before today is:2018-08-21
2 months after this month is:2018-12-01
2 months before this month is:2018-08-01
```

10.6 技巧点拨

日期和时间的使用，在日常的编码中是非常普遍的。

对于经常性使用的日期和时间函数，将这些日期和时间函数封装为一个模块是非常明智的做法。

借助第七章函数及第八章类的知识点，将一些常用函数封装出来，作为一个代码模块，在各个业务方法中需要使用这些函数时，直接从代码模块中引入，会节省很多代码的开发时间。

10.7 章节回顾

（1）回顾 Python 中常用的时间表示方式。
（2）回顾 time 模块的常用方法，以及各方法都如何使用。
（3）回顾 datetime 模块的常用方法，以及各方法都如何使用。
（4）回顾 time 模块和 datetime 模块中分别如何对时间进行格式化。

10.8 实战演练

（1）定义一个函数，打印出本地时间，并将本地时间以"yyyy-mm-dd"的格式打印出来。

（2）定义一个函数，实现输入任何一个时间戳，都返回对应的标准格式化时间。
（3）定义一个函数，实现计算任意两个时间之间相隔的秒数。
（4）定义一个函数，带两个日期参数，实现计算任意两个输入日期时间之间相隔的天数。
（5）自定义一个函数，该函数的功能为：

（a）输入一个字符（如 lastweek），输出上周一的日期时间和本周一的日期时间，时间以 00 时 00 分 00 秒计（如 2016-09-19 00:00:00，2016-09-26 00:00:00）。

（b）输入两个字符（如 past1day、per1hour），输出从昨天凌晨 00 点到今天凌晨 00 点，24 小时内整点的时间戳（如 2016-09-25 00:00:00～2016-09-25 01:00:00 的时间戳）。

第十一章　正则表达式

正则表达式是处理字符串强大的工具，拥有独特的语法和独立的处理引擎，效率可能不如 str 自带的方法，但功能十分强大。本章我们将学习正则表达式的基本使用。

Python 快乐学习班的同学游览完时间森林后，导游带领他们来到了正则表达式寻宝古街。在这里，同学们将使用 re 模块提供的方法在古街上匹配到不同的目标对象，也能在宝贝寻找的过程中体会到正则表达式的强大魔法功能。现在跟随 Python 快乐学习班的同学一起进入正则表达式寻宝古街寻宝吧！

11.1　正则表达式的使用

正则表达式是一个特殊字符序列，能帮助用户检查一个字符串是否与某种模式匹配，从而达成快速检索或替换符合某个模式、规则的文本。

例如，可以在文档中使用一个正则表达式表示特定文字，然后将其全部删除或替换成其他文字。

Python 自 1.5 版本起增加了 re 模块，它提供了 Perl 风格的正则表达式模式，re 模块使 Python 语言拥有全部正则表达式的功能。

在 Python 中，提供了一个 compile() 函数，compile() 函数可以根据一个模式字符串和可选的标志参数生成一个正则表达式对象，该对象拥有一系列方法用于正则表达式的匹配和替换。而 re 模块提供与 compile() 函数功能完全一致的函数，这些函数使用模式字符串作为第一个参数。

在开始后续介绍前，先看看表 11-1 和表 11-2。表 11-1 展示了一些特殊字符类在正则表达式中的独特应用，表 11-2 展示了某些字符类在正则表达式中的应用。

表 11-1　特殊字符类在正则表达式中的应用

实 例	描 述
.	匹配除\n 之外的任何单个字符。要匹配包括\n 在内的任意字符，应使用如[.\n]的模式
\d	匹配一个数字字符，等价于[0-9]
\D	匹配一个非数字字符，等价于[^0-9]
\s	匹配任意空白字符，包括空格、制表符、换页符等，等价于[\f\n\r\t\v]
\S	匹配任意非空白字符，等价于[^\f\n\r\t\v]
\w	匹配包括下画线的任意单词字符，等价于[A-Za-z0-9_]
\W	匹配任意非单词字符，等价于[^A-Za-z0-9_]

表 11-2 某些字符类在正则表达式中的应用

实 例	描 述
[Pp]ython	匹配"Python"或"python"
rub[ye]	匹配"ruby"或"rube"
[aeiou]	匹配方括号内的任意一个字母
[0-9]	匹配任意数字,类似于[0123456789]
[a-z]	匹配任意小写字母
[A-Z]	匹配任意大写字母
[a-zA-Z0-9]	匹配任意字母及数字
[^aeiou]	匹配除 aeiou 字母以外的所有字符
[^0-9]	匹配除数字以外的字符

通过表 11-1 和表 11-2 可以看到，一些特殊字符虽然很简短，但功能非常强大。比如\d 可以匹配 0～9 之间的任意数字。

正则表达式是匹配字符串的强有力的武器。正则表达式的设计思想是用描述性语言为字符串定义一个规则，凡是符合规则的字符串，就认为匹配，否则就不匹配。正则表达式的大致匹配过程是：依次拿出表达式和文本中的字符比较，如果每个字符都能匹配，那么匹配成功；一旦有匹配不成功的字符，匹配就失败。

下面介绍一些更详尽的正则表达式的使用方式。

例如，要判断一个字符串是否是合法的 E-mail 地址，可以用编程的方式提取@前后的子串，再分别判断其是否是单词或域名。这样做不但要写一堆麻烦的代码，而且写出来的代码难以重复使用，面对不同的需求可能需要使用不同的代码实现。而使用正则表达式判断一个字符串是否是合法的 E-mail 非常简单，方法如下：

（1）创建一个匹配 E-mail 的正则表达式。
（2）用该正则表达式匹配指定的字符串，从而判断该字符串是否是合法的 E-mail。

接下来介绍如何使用正则表达式描述字符。

在正则表达式中，如果直接给出字符，就是精确匹配。从表 11-1 可知，使用\d 可以匹配一个数字，使用\w 可以匹配一个字母或数字，例如：

（1）00\d'可以匹配'007'，但无法匹配'00q'。
（2）\d\d\d'可以匹配'123'。
（3）'\w\w\d'可以匹配'py3'。
（4）.可以匹配任意字符，所以'py.'可以匹配'pyc' 'pyo' 'py!'等。

在正则表达式中，若要匹配变长的字符，可用*表示任意个数的字符（包括 0 个），用+表示至少一个字符，用?表示 0 个或 1 个字符，用{n}表示 n 个字符，用{n,m}表示 n～m 个字符。

下面看一个更复杂的例子：\d{3}\s+\d{3,8}。该字符串从左到右解读如下：

\d{3}表示匹配 3 个数字，如'010'；\s 可以匹配一个空格（包括 Tab 等空白符），所以\s+表示至少有一个空格；\d{3,8}表示 3～8 个数字，如'1234567'。由此可以看到，正则表达式可以匹配以任意个数的空格隔开的带区号的电话号码。

如果要匹配 010-12345 这样的号码呢？

由于'-'是特殊字符，在正则表达式中要用\转义，使用正则表达式表示为\d{3}\-\d{3,8}。

在前面讨论了正则表达式的基本使用方法，但如果需要匹配带有字符串的字符串，如形式像 010-12345 这样的字符串，使用前面的方式就做不到了，下面继续讨论一些更复杂的匹配方式。

要更精确地匹配，可以用[]表示范围，示例如下：

（1）^表示行的开头，^\d 表示必须以数字开头。

（2）$表示行的结束，\d$表示必须以数字结束。

（3）A|B 用于匹配 A 或 B，如（P|p)ython 可以匹配'Python'或'python'。

（4）[0-9a-zA-Z_]用于匹配数字、字母或下画线，这种方式可以在一些场所进行输入值或命名的合法性校验。

正则表达式更多匹配模式可以查看附录 A 中的 A.7 节。

11.2　re 模块的方法

Python 通过 re 模块提供对正则表达式的支持，下面介绍几个 re 模块中比较常用的方法。

11.2.1　re.match()方法

re.match()方法的语法格式如下：

```
re.match(pattern, string, flags=0)
```

此语法中，pattern 是指匹配的正则表达式；string 是指要匹配的字符串；flags 为标志位，用于控制正则表达式的匹配方式，如是否区分大小写、多行匹配等。

re.match()方法尝试从字符串的起始位置匹配一个模式。一般使用 re 模块的步骤是先将正则表达式的字符串形式编译为 Pattern 实例，然后使用 Pattern 实例处理文本并获得匹配结果（一个 match()方法），最后使用 match()方法获得信息，进行其他操作。

如果匹配成功，re.match()方法就返回一个匹配的对象，否则返回 None。

示例如下（re_match.py）：

```
import re

print(re.match('hello', 'hello world').span())    #在起始位置匹配
print(re.match('world', 'hello world'))           #不在起始位置匹配
```

输出结果如下：

```
(0, 5)
None
```

由输出结果可以看到，使用 re.match()方法分别得到了不同的输出结果。

在正则表达式的使用中，re.match()方法是一个使用频率很高的方法，特别在字符串匹配及爬虫的使用中，re.match()方法很有用。

11.2.2 re.search()方法

re.search()方法的语法格式如下:

```
re.search(pattern, string, flags=0)
```

此语法中,pattern 是指匹配的正则表达式;string 是指要匹配的字符串;flags 为标志位,用于控制正则表达式的匹配方式,如是否区分大小写、多行匹配等。

在 re 模块中,除了 match()方法,search()方法也经常使用。

re.search()方法用于扫描整个字符串,如果匹配成功,re.search()方法就返回一个匹配的对象,否则返回 None。

示例如下(re_search.py):

```python
import re

print(re.search('hello', 'hello world').span())    #在起始位置匹配
print(re.search('world', 'hello world').span())    #不在起始位置匹配
```

输出结果如下:

```
(0, 5)
(6, 11)
```

由输出结果可以看到,使用 re.search()方法可得到对应的匹配结果。

11.2.3 re.match()方法与 re.search()方法的区别

re.match()方法只匹配字符串开始的字符,如果开始的字符不符合正则表达式,匹配就会失败,函数返回 None。

re.search()方法能匹配整个字符串,直到找到一个匹配的对象,匹配结束没找到匹配值时才返回 None。

示例如下(re_match_search.py):

```python
import re

line='Cats are smarter than dogs'

matchObj=re.match(r'dogs', line, re.M | re.I)
if matchObj:
    print(f'use match,the match string is: {matchObj.group()}')
else:
    print("No match string!!")

matchObj=re.search( r'dogs', line, re.M | re.I)
if matchObj:
    print(f'use search,the match string is: {matchObj.group()}')
```

```
    else:
        print("No match string!!")
```
输出结果如下：

```
No match string!!
use search,the match string is:  dogs
```

该示例使用了 match 类中的分组方法——group()方法。该方法定义如下：

```
def group(self, *args):
    """Return one or more subgroups of the match.
    :rtype: T | tuple
    """
    pass
```

group([group1, …])获得一个或多个分组截获的字符串，指定多个参数时，以元组的形式返回。group1 可以使用编号，也可以使用别名，编号 0 代表整个匹配的子串。不填写参数时，返回 group(0)；没有截获字符串的组时，返回 None；截获多次字符串的组时，返回最后一次截获的子串。

11.3 贪婪模式和非贪婪模式

正则表达式通常使用于查找匹配的字符串。

Python 中的数量词默认是贪婪的，也就是总是尝试匹配尽可能多的字符；非贪婪模式正好相反，总是尝试匹配尽可能少的字符。

例如，正则表达式 ab*如果用于查找 abbbc，就会找到 abbb。如果使用非贪婪的数量词 ab*?，就会找到 a。

例如（re_groups_1.py）：

```
import re

print(re.match(r'^(\d+)(0*)$', '102300').groups())
```

输出结果为：

```
('102300', '')
```

在上面的示例中，由于\d+采用贪婪模式，直接把后面的 0 全部匹配了，结果 0*只能匹配空字符串。要让 0*能够匹配到后面的两个 0，必须让\d+采用非贪婪模式（尽可能少匹配）。在 0*后面加一个?就可以让\d+采用非贪婪模式。具体实现如下（re_groups_2.py）：

```
import re

print(re.match(r'^(\d+?)(0*)$', '102300').groups())
```

输出结果为：

```
('1023', '00')
```

11.4 其他操作

Python 中的 re 模块提供了 re.sub() 方法,用于替换字符串中的匹配项。

sub(repl, string[, count]) | re.sub(pattern, repl, string[, count]) 使用 repl 替换 string 中每个匹配的子串后返回替换后的字符串。当 repl 是一个方法时,这个方法应当只接收一个参数(match 对象),并返回一个字符串用于替换(返回的字符串中不能再引用分组)。count 用于指定最多替换次数,不指定时表示全部替换。

示例如下(re_func.py):

```
import re

pt=re.compile(r'(w+)(w+)')
greeting='i say, hello world!'

print(pt.sub(r'2 1', greeting))


def func(m):
    return m.group(1).title()+' '+m.group(2).title()

print(pt.sub(func, greeting))
```

输出结果为:

```
i say, hello world!
i say, hello world!
```

当在 Python 中使用正则表达式时,re 模块内部会做两件事情:
(1) 编译正则表达式,如果正则表达式的字符串本身不合法,就会报错。
(2) 用编译后的正则表达式匹配字符串。

如果一个正则表达式需要重复使用几千次,出于效率的考虑,可以预编译该正则表达式,这样重复使用时就不需要编译了,直接匹配即可,例如:

```
import re

re_telephone=re.compile(r'^(\d{3})-(\d{3,8})$')
print(re_telephone.match('010-12345').groups())
print(re_telephone.match('010-8086').groups())
```

输出结果为:

```
('010', '12345')
('010', '8086')
```

11.5 活学活用——匹配比较

给定一个字符串,分别用各种不同的匹配方式对字符串进行匹配,比较各种匹配结果的异同。

示例如下（all_kinds_match.py）：

```python
import re

def target_match(content):
    """
    目标匹配
    :param content:
    :return:
    """
    result=re.match('^Hello\s(\d+)\sWorld', content)
    print('---------使用目标匹配得到的匹配结果信息如下-----------')
    print(f'result 匹配结果为: {result}')
    print(f'result.group()匹配结果为: {result.group()}')
    print(f'result.group(1)匹配结果为: {result.group(1)}')
    print(f'result.span()匹配结果为: {result.span()}')
    print('*' * 80)
    return result, result.group(), result.group(1), result.span()

def gena_match(content):
    """
    通用匹配
    :param content:
    :return:
    """
    result=re.match('^Hello.*Demo$', content)
    print('---------使用通用匹配得到的匹配结果信息如下-----------')
    print(f'result 匹配结果为: {result}')
    print(f'result.group()匹配结果为: {result.group()}')
    print(f'result.span()匹配结果为: {result.span()}')
    print('*' * 80)
    return result, result.group(), result.span()

def greed_match(content):
    """
    贪婪匹配
    :param content:
    :return:
    """
    result=re.match('^He.*(\d+).*Demo$', content)
    print('---------使用贪婪匹配得到的匹配结果信息如下-----------')
    print(f'result 匹配结果为: {result}')
    print(f'result.group()匹配结果为: {result.group(1)}')
    print('*' * 80)
    return result, result.group(1)

def un_greed_match(content):
    """
```

```python
    非贪婪匹配
    :param content:
    :return:
    """
    result=re.match('^He.*(\d+).*Demo$', content)
    print('---------使用非贪婪匹配得到的匹配结果信息如下-----------')
    print(f'result 匹配结果为: {result}')
    print(f'result.group()匹配结果为: {result.group(1)}')
    print('*' * 80)
    return result, result.group(1)

if __name__=="__main__":
    con_match='Hello 1234567 World_This is a Regex Demo'
    target_match(con_match)
    gena_match(con_match)
    greed_match(con_match)
    un_greed_match(con_match)
```

输出结果如下：

```
---------使用目标匹配得到的匹配结果信息如下-----------
result 匹配结果为: <_sre.SRE_Match object; span=(0, 19), match='Hello 1234567 World'>
result.group()匹配结果为: Hello 1234567 World
result.group(1)匹配结果为: 1234567
result.span()匹配结果为: (0, 19)
********************************************************************************
---------使用通用匹配得到的匹配结果信息如下-----------
result 匹配结果为: <_sre.SRE_Match object; span=(0, 40), match='Hello 1234567 World_This is a Regex Demo'>
result.group()匹配结果为: Hello 1234567 World_This is a Regex Demo
result.span()匹配结果为: (0, 40)
********************************************************************************
---------使用贪婪匹配得到的匹配结果信息如下-----------
result 匹配结果为: <_sre.SRE_Match object; span=(0, 40), match='Hello 1234567 World_This is a Regex Demo'>
result.group()匹配结果为: 7
********************************************************************************
---------使用非贪婪匹配得到的匹配结果信息如下-----------
result 匹配结果为: <_sre.SRE_Match object; span=(0, 40), match='Hello 1234567 World_This is a Regex Demo'>
result.group()匹配结果为: 7
********************************************************************************
```

11.6 章节回顾

(1) 回顾正则表达式的使用方式。
(2) 回顾 re 模块中的 match()方法和 search()方法的使用方式，以及两者有什么区别。
(3) 回顾什么叫贪婪模式和非贪婪模式。

11.7 实战演练

(1) 定义一个函数，使用正则表达式匹配出一个字符串中的所有空格。
(2) 定义一个函数，匹配以"https"开头并且以".com"结尾的域名。
(3) 定义一个函数，匹配输入的所有只包含英文字符和数字的字符串。
(4) 定义一个函数，匹配手机号码是否是有效的号码格式（是否全为数字，长度是否正确）。
(5) 定义一个函数，校验输入的身份证号是否有效。

第十二章 文 件

目前操作的程序都遵循首先接收输入数据，然后按照要求进行处理，最后输出数据的方式进行。但如果希望程序结束后，执行的结果数据能够保存下来，就不能使用前面的操作方式进行了，需要寻找其他方式保存数据，文件就是一个不错的选择。在程序运行过程中，可以将执行结果保存到文件中。不过，这涉及对文件的操作。

通过本章的学习，读者将了解如何使用 Python 在硬盘上创建、读取和保存文件。

Python 快乐学习班的同学结束了正则表达式寻宝后，导游带领他们来到了文件魔法馆。在这里，同学们将体验文件从无到有的生成过程，也将体验到空文件中突然显现出文本内容的过程，也将看到存在的文本内容突然消失或突然变成另一种内容的过程。现在赶快跟随 Python 快乐学习班的同学一同进入文件魔法馆一睹为快吧！

12.1 操作文件

在 Python 中，打开文件使用的是 open()函数。

open()函数的语法格式如下：

```
open(file_name [, access_mode][, buffering])
```

在 open()函数中，file_name 参数是指要访问的文件名称。access_mode 参数是指打开文件的模式，对应有只读、写入、追加等。access_mode 参数不是必需的（不带 access_mode 参数时，要求 file_name 存在，否则报异常），默认的文件访问模式为只读（r）。buffering 参数表示的是：如果 buffering 的值被设为 0，就不会有寄存；如果 buffering 的值取 1，访问文件时就会寄存行；如果 buffering 的值被设为大于 1 的整数，表示寄存区的缓冲大小；如果取负值，寄存区的缓冲大小就是系统默认值。

open()函数的返回值是一个 File（文件）对象。File 对象代表计算机中的一个文件，是 Python 中另一种类型的值，就像前面介绍的列表和字典，是 Python 中的一种数据类型。

示例如下（file_open_1.py）：

```
path='D:/test.txt'
f_name=open(path)
print(f_name.name)
```

程序输出结果如下：

```
D:/test.txt
```

由输出结果可以看到，打开的是 D 盘下的 test.txt 文件（执行该程序前，确保在 D 盘下已经创建了一个名为 test.txt 的文件。

继续介绍之前，先介绍如下几个概念。

（1）文件路径：在上面的示例程序中，先定义了一个名为 path 的变量，变量值是一个文件的路径。文件的路径是指文件在计算机上的位置，如该示例程序中的 D:/test.txt 是指在 D 盘下文件名为 test.txt 的文件的位置。文件路径又分为绝对路径和相对路径。

（2）绝对路径：总是从根文件夹开始。比如在 Windows 环境下，一般从 C 盘、D 盘等开始，C 盘、D 盘称为根文件夹，在该盘中的文件都得从根文件夹开始往下一级一级地查找。在 Linux 环境下，一般从 user、home 等根文件开始。比如在上面的示例程序中，path 变量值就是一个绝对路径，在文件搜索框中输入绝对路径可以直接找到该文件。

（3）相对路径：相对于程序当前工作目录的路径。比如当前工作文件存放的绝对路径是 D:/python/workspace，如果使用相对路径，就可以不写这个路径，用一个"."号代替这个路径值。

示例如下（file_open_2.py）：

```
#path='D:/python/workspace/test.txt'    #使用绝对路径
path='./test.txt'                       #使用相对路径

f_name=open(path, 'w')
print(f_name.name)
```

程序输出结果如下：

./test.txt

由输出结果可以看到，执行完示例程序后，到 D:/python/workspace 路径下查看，可以看到创建了一个名为 test.txt 的文件。可以使用相对路径和绝对路径的两种方式创建文件。

知识补充：除了单个点（.），还可以使用两个点（..）表示父文件夹（或上一级文件夹）。此处不具体讨论，有兴趣的读者可以自己尝试。

12.1.1 文件操作模式

使用 open() 函数时可以选择是否传入 mode 参数。如在前面的文件创建示例中，给 mode 参数传入了一个值为 w 的参数值，这个参数是什么意思呢？mode 可以传入哪些值呢？

文件操作模式如表 12-1 所示。

表 12-1 文件操作模式

模　式	描　述
r	以只读方式打开一个文件。文件指针将会放在文件开头，这是默认模式
rb	以二进制格式打开一个文件用于只读。文件指针将会放在文件开头，这是默认模式
r+	打开一个文件用于读写。文件指针将会放在文件开头
rb+	以二进制格式打开一个文件用于读写。文件指针将会放在文件开头
w	打开一个文件只用于写入。如果该文件已存在，就将其覆盖；如果该文件不存在，就创建新文件
wb	以二进制格式打开一个文件只用于写入。如果该文件已存在，就将其覆盖；如果该文件不存在，就创建新文件

续表

模式	描述
w+	打开一个文件用于读写。如果该文件已存在,就将其覆盖;如果该文件不存在,就创建新文件
wb+	以二进制格式打开一个文件用于读写。如果该文件已存在,就将其覆盖;如果该文件不存在,就创建新文件
a	打开一个文件用于追加。如果该文件已存在,文件指针就会放在文件结尾,也就是说,新内容将会被写入已有内容之后;如果该文件不存在,就创建新文件进行写入
ab	以二进制格式打开一个文件用于追加。如果该文件已存在,文件指针就会放在文件结尾,也就是说,新内容将会被写入已有内容之后;如果该文件不存在,就创建新文件进行写入
a+	打开一个文件用于读写。如果该文件已存在,文件指针就会放在文件结尾,文件打开时是追加模式;如果该文件不存在,就创建新文件用于读写
ab+	以二进制格式打开一个文件用于读写。如果该文件已存在,文件指针就会放在文件结尾;如果该文件不存在,就创建新文件用于读写

使用 open()函数时,如果指定 mode 参数的使用模式只为读(r)模式,那么可以不需要指定 mode 参数,即指定只读模式和什么模式都不指定的效果是一样的。如示例 file_open_1.py 中,就是使用默认模式读 test.txt 文件。

通过指定 mode 参数,可以向文件写入内容,并且可以使用加号(+)参数。加号(+)参数可以用到其他任何模式中,加号(+)参数表示对文件的读和写都是允许的。比如 w+可以在打开一个文件时,对文件进行读和写。当 mode 参数带上字母 b 时,表示可以用来读取一个二进制格式的文件。

Python 在一般情况下处理的都是文本文件,但也不能避免处理其他文件格式的文件。

12.1.2 文件缓存

由 open()函数的语法格式可以知道,open()函数的 buffering 参数是可选择的,buffering 参数用于控制文件的缓存。

如果 buffering 参数为 0 或 False,I/O(输入/输出)就是无缓存的。如果 buffering 参数为 1 或 True,I/O(输入/输出)就是有缓存的。大于 1 的整数代表缓存的大小(单位是字节),-1 或小于 0 的整数代表使用默认的缓存大小。

这里引出了缓存和 I/O 两个概念,下面分别进行介绍。

缓存一般指的是内存。从数据读写的速度上比较,计算机从内存中读写数据的速度远远大于从磁盘中读写数据的速度。从存储大小方面比较,内存一般比较小,而磁盘一般比较大,通常磁盘的存储大小是内存的几十倍。

I/O 在计算机中指 Input/Output,也就是输入和输出。由于程序在运行时,数据在内存中驻留,由 CPU 这个超快的计算核心处理,涉及数据交换的地方通常是磁盘、网络等,因此需要 I/O 接口。

例如,在日常工作生活中打开浏览器访问百度首页时,浏览器就需要通过网络 I/O 获取百度的网页。

去访问百度的网页的过程是,浏览器首先会发送数据给百度服务器,告诉服务器当前的操作者想要百度首页的 HTML,这个动作是往外发送数据,称为 Output;随后百度服务器把网页发送过来，这个动作是从外面接收数据，称为 Input。通常，程序完成 I/O 操作会有 Input 和 Output 两个数据流。当然也有只用一个数据流的情况，比如从磁盘读取文件到内存，只有 Input 操作；反过来，把数据写到磁盘文件中，只有 Output 操作。

12.2 文件方法

在 I/O 编程中，Stream（流）是一个很重要的概念。可以把流想象成一个水管，数据就是水管里的水，但是只能单向流动。Input Stream 的操作是数据从外面（磁盘、网络）流进内存，Output Stream 的操作是数据从内存流到外面（磁盘、网络）。

比如浏览网页时，浏览器和服务器之间至少需要建立两根水管（两个流），才能既发送数据又接收数据。

12.2.1 文件的读和写

open()函数返回的是一个 File 对象，有了 File 对象，就可以操作文件内容了。

如果希望将整个文件的内容以一个字符串的形式读取出来，可以使用 File 对象的 read() 方法。

File 对象的 read()方法用于从一个打开的文件中读取字符串。需要注意，Python 中的字符串可以是二进制数据，而不是仅仅是文字。

read()方法的语法格式如下：

```
fileObject.read([count]);
```

此语法中，fileObject 为 open()函数返回的 File 对象，count 参数是从已打开的文件中读取的字节的计数。read()方法从文件的开头开始读入字符，如果没有传入 count 值，read()方法就会尝试尽可能多地读取文件内容，可能一直读取到文件的末尾。

比如在 test.txt 文件中写入"Hello world!Welcome!"，执行如下代码（file_read.py）：

```
path='./test.txt'

f_name=open(path,'r')
print(f'read result:{f_name.read(12)}')
```

输出结果如下：

```
read result: Hello world!
```

由输出结果可以看到，在使用 read()方法时，指定 count 值为 12，返回的结果是文件中从头开始的前 12 个字符。

若将语句 print('read result:', f_name.read(12))更改为 print('read result:', f_name.read())，则会得到的如下的输出结果：

```
read result: Hello world!Welcome!
```

由输出结果可以看到，使用 read()方法读取文件，没有指定 count 值时，read()方法会读取打开文件中的所有字节。

除了读取数据，还可以向文件中写入数据。在 Python 中，将内容写入文件的方式与 print() 函数将字符串输出到屏幕上类似。

如果打开文件时使用只读模式，就不能向文件写入数据，即不能用下面这种形式来操作文件：

```
open(path, 'rw')
```

在 Python 中，使用 write() 方法向一个文件写入数据。

write() 方法可将任何字符串写入一个打开的文件。同样需要注意，Python 中的字符串可以是二进制数据，而不是仅仅是文字。

write() 的语法格式如下：

```
fileObject.write(string);
```

此语法中，fileObject 为 write() 方法返回的 File 对象，string 参数是需要写入文件中的内容。

write() 方法返回写入文件的字符串的长度。需要注意的是，write() 方法不会在字符串结尾添加换行符('\n')。

示例如下（file_write.py）：

```
path='./test.txt'

f_name=open(path, 'w')
print(f"write length:{f_name.write('Hello world!')}")
```

输出结果如下：

```
write length: 12
```

由输出结果可以看到，使用 write() 方法向 test.txt 文件中写入数据成功，并且写入的是 12 个字符。

接下来，验证写入文件的内容是否是指定的字符，在上面的程序中追加如下两行代码并执行：

```
f_name=open(path,'r')
print('read result:', f_name.read())
```

输出结果如下：

```
write length: 12
read result: Hello world!
```

由输出结果可以看到，写入文件的内容是指定的字符。不过这里有一个疑问，示例代码中一共执行了两次文本写入操作，但得到的输出结果只有一行字符，为什么？

对于这个问题，需要了解 Python 中写文件的处理方式。

在 Python 中，写文件方法的处理方式是：覆写原有文件，从头开始，每次写入都会覆盖前面所有内容，就像用一个新值覆盖一个变量的值。所以上面的输出结果只有一行就是因为第二次的写入覆盖了第一次的写入。

那么想要实现在当前文件的字符串后追加字符的功能，该怎么操作？

可以将第二个参数 w 更换为 a，即以追加模式打开文件，示例如下（file_add.py）：

```python
path='./test.txt'

f_name=open(path, 'w')
print(f"write length:{f_name.write('Hello world!')}")
f_name=open(path,'r')
print(f'read result:{f_name.read()}')

f_name=open(path, 'a')
print(f"add length:{f_name.write('Welcome!')}")
f_name=open(path,'r')
print(f'read result:{f_name.read()}')
```

输出结果如下：

```
write length: 12
read result: Hello world!
add length: 8
read result: Hello world!Welcome!
```

由输出结果可以看到，通过将 mode 参数设置为 a，程序执行后，在文件末尾成功追加了指定的字符串。

需要提醒一点：若传递给 open()函数的文件名不存在，将 mode 参数设置为写模式（w）和追加模式（a）时，会创建一个新的空文件，然后向文件中写入或追加指定字符内容。

现在可以实现字符的追加了，如果想要被追加的字符串换行后再加入，又该怎么处理呢？

在 Python 中，可以用\n 字符表示换行，在文本追加时，可以在追加的文本前面加上\n 字符实现换行。

例如，对于 file_add.py 中代码演示的示例，若需要将追加的内容放在下一行，可以更改为如下操作（file_change_line.py）：

```python
path='./test.txt'
f_name=open(path, 'w')
print(f"write length:{f_name.write('Hello world!')}")
f_name=open(path,'r')
print(f'read result:{f_name.read()}')

f_name=open(path, 'a')
print("add length:", f_name.write("\nWelcome!"))
f_name=open(path,'r')
print(f'read result:{f_name.read()}')
```

输出结果如下：

```
write length: 13
read result: Hello world!

add length: 8
read result: Hello world!
```

```
Welcome!
```

由输出结果可以看到，通过在追加的字符串前面添加\n 字符，追加的内容在下面一行了。

同样，和字符串的操作类似，若需要将特定编码方式的字符写入或追加到文本，需要给 open()函数传入 encoding 参数；若需要读取 GBK 编码的文件，则前面示例可以改写为 f_name= open(path, 'r', encoding='gbk')，这样读取到的文件就是 GBK 编码方式的文件了。

在实际项目应用中，文件的读取和写入操作是非常普遍的操作，只要涉及文件的操作，都离不开文件的读取或写入。

12.2.2 行的读写

目前对文件的读操作是按字节读或整个读取，而写操作是全部覆写或追加，这样的操作在实际应用中很不实用。

Python 中提供了 readline()、readlines()和 writelines()等方法用于实现对行的操作。

示例如下（file_read_write.py）：

```
path='./test.txt'
f_name=open(path, 'w')
f_name.write('Hello world!\n')
f_name=open(path, 'a')
f_name.write('Welcome!')
f_name=open(path,'r')
print(f'readline result:{f_name.readline()}')
```

程序输出结果为：

```
readline result: Hello world!
```

由输出结果可知，readline()方法能从文件中读取单独一行，读取一行以\n 换行符作为标准。readline()方法如果返回一个空字符串，表明已经读取到文件的最后一行了。

readline()方法也可以像 read()方法一样传入数值读取对应的字符数，传入小于 0 的数值表示整行都输出。

如果将上面示例的最后一行：

```
print(f'readline result:{f_name.readline()}')
```

更改为：

```
print(f'readline result:{f_name.readlines()}')
```

得到的输出结果为：

```
readline result: ['Hello world!\n', 'welcome!']
```

由输出结果可以看到，输出结果为一个字符串的列表。列表中的每个字符串就是文本中的每一行，并且换行符也会被输出。

readlines()方法可以传入数值参数，当传入的数值小于等于列表中一个字符串的长度值时，该字符串会被读取；当传入小于等于 0 的数值时，所有字符都会被读取。

看如下代码（file_read_lines.py）：

```python
path='./test.txt'
f_name=open(path, 'w')
str_list=['Hello world!\n', 'welcome!\n', 'welcome!\n']
print(f'write length:{f_name.writelines(str_list)}')
f_name=open(path,'r')
print(f'read result:{f_name.read()}')
f_name=open(path,'r')
print(f'readline result:{f_name.readlines()}')
```

程序输出结果如下：

```
write length: None
read result: Hello world!
welcome!
welcome!

readline result: ['Hello world!\n', 'welcome!\n', 'welcome!\n']
```

由输出结果可以看到，writelines()方法和readlines()方法相反，传给它一个字符串列表（任何序列或可迭代对象），它会把所有字符串写入文件。如果没有writelines()方法，就可以使用write()方法代替这个方法的功能。

在实际项目应用中，若能用行的方式读取或写入文件，建议使用行的方式，按行读取或写入的方式效率比较高。

12.2.3 正确关闭文件

在读取或写入文件的过程中，出现异常的概率是比较高的，特别对于大型文件的读取和写入，出现异常更是家常便饭。

在读取或写入文件的过程中，对文件的操作出现异常该怎么处理呢？

这需要用到前面介绍的异常的知识，用 try 语句捕获可能出现的异常。在捕获异常前有一个动作要执行，就是调用文件的 close() 方法关闭文件。

一般情况下，一个文件对象在退出程序后会自动关闭，但是为了安全起见，还是要显式地写一个 close() 方法关闭文件。

显式关闭文件读取或写入的操作如下（file_close.py）：

```python
path='./test.txt'
f_name=open(path, 'w')
print(f"write length:{f_name.write('Hello world!')}")
f_name.close()
```

执行上面的代码，会看到这段代码的执行结果和没有加 close() 方法时的执行结果一样。不过增加一个 close() 方法后的代码更安全，因为增加一个 close() 方法可以避免在某些操作系统或设置中进行无用的修改，也可以避免用完系统中打开文件的配额。

在操作文件时，对内容更改过的文件一定要记得及时关闭，因为写入的数据可能被缓存在内存中，还没有写入文件，如果不显式调用 close() 方法，若程序或系统因为某些原因而崩溃，被缓存在内存部分的数据就不会写入文件了；若显式调用了 close() 方法，close() 方法调用结束后，被缓存的数据就会写入文件，不容易出现数据丢失的问题。

当使用 try 语句出现异常时，即使使用了 close() 方法，也可能还没有执行到 close() 方法，程序就发生异常了，因而使得 close() 方法没有被执行，对于这种情况，该怎么处理？

还记得 finally 子句吗？为避免上 close() 方法可能不被执行的情况，可以将 close() 方法放在 finally 子句中执行，从而保证无论程序执行是否正常，都会调用 close() 方法。

据此，前面的示例可以更改成如下更安全的形式（file_safe_close.py）：

```python
path='./test.txt'
try:
    f_name=open(path, 'w')
    print(f"write length:{f_name.write('Hello world!')}")
finally:
    if f_name:
        f_name.close()
```

由上面的代码可知，使用 try/finally 结构，无论程序执行是否发生异常，都可以保证 close() 方法被执行。

当然，由上面的代码能看到另外一点，就是代码量明显比之前的写法要多，层次结构也更复杂一些，并且如果每次都这么写，就会有很多重复性的代码编写问题，在 Python 中是否提供了更简便的方式处理呢？

在 Python 中，引入了 with 语句自动调用 close() 方法。可以使用 with 语句将上面的程序更改如下（file_safer_close.py）：

```python
path='./test.txt'
with open(path, 'w') as f:
    print(f"write length:{f.write('Hello world!')}")
```

由上面的代码可以看到，with 语句的语法格式大致如下：

```python
with open(file_path, mode) as f:
```

此语法中，file_path 指的是文件路径及名称，mode 指的是文件操作模式，as f 是给将打开的文件赋别名为 f，f 类似于下面语句中的 f_name 变量：

```python
f_name=open(path, 'w')
```

通过 file_safer_close.py 文件中的代码可以看到，在文件的操作中，使用 with 语句后，可以得到和使用 try/finally 结构一样的效果，会自动调用 close() 方法，不用显式地写该方法，并且编写的代码比使用 try/finally 结构编写的代码更简洁，建议可以多用 with 语句操作文件。

在实际项目应用中，应当习惯使用 with 语句的形式关闭文件，使用 with 语句写出的代码更健壮。

12.2.4 rename() 方法

在程序应用的过程中，有时可能会涉及大量的对文件重命名的操作，如果通过人工的方式去重命名，会有大量重复的工作，并且比较容易出错。那是否可以通过编写程序来实现这个功能?

在 Python 中，os 模块中有一个 rename()方法用于文件重命名。使用 rename()方法需要通过 import 语句导入 os 模块。

rename()方法的语法格式如下：

```
os.rename(current_file_name, new_file_name)
```

此语法中，os 为导入的 os 模块，current_file_name 为当前文件名，new_file_name 为新文件名。若文件不在当前目录下，则文件名需要带上绝对路径。

rename()方法没有返回值。

rename()方法的使用示例如下（file_rename.py）：

```
import os

open('./test1.txt', 'w')
os.rename('test1.txt','test2.txt')
```

执行上面的代码后，输出结果可以到对应目录下查看，若之前已经创建了一个名为 test1.txt 的文件，则执行程序后，文件名会更改为 test2.txt。若之前没有创建 test1.txt 文件，则执行程序后，会先创建一个名为 test1.txt 的文件，然后将文件名更改为 test2.txt。

在实际项目应用中，rename()方法是一个比较有用的方法，特别是在涉及大批量文件的重命名时，它可以非常快速地实现文件的重命名。

12.2.5　remove()方法

前面介绍了文件的创建、读取、写入、关闭和重命名等方法，这些都是创建一个文件或对已存在文件的内容做更改的操作，那么是否可以将一个文件删除呢？

在 Python 中，os 模块中提供了 remove()方法用于删除文件。使用 remove()方法需要导入 os 模块。

remove()方法的语法格式如下：

```
os.remove(file_name)
```

此语法中，os 为导入的 os 模块，file_name 为需要删除的文件名。若待删除文件不在当前目录下，则文件名需要使用绝对路径，否则执行 remove()方法时会报异常。

remove()方法没有返回值。

remove()方法的使用示例如下（file_remove.py）：

```
import os

try:
    print(f"remove result:{os.remove('test2.txt')}")
except Exception:
    print('file not found')
```

执行上面的代码可以看到,输出的结果是程序把前面示例中重命名的 test2.txt 文件删除了。注意，remove()方法只能删除已经存在的文件，文件不存在时会报异常。

在实际项目应用中，remove()方法的使用不多，但比较有用，经常会使用 remove()方法来删除临时文件或过期文件。

12.3 文件内容的迭代

前面介绍了文件的基本操作方法。在实际应用中，对文件内容的操作，更多的是做迭代或重复执行的操作。所谓迭代，是指不断重复某一个动作，直到这些动作都完成为止。

对文件的迭代操作，一般都会使用 while 循环，在 while 循环语句中使用 read()或 readline()方法读取文件内容。

在 while 循环中，read()方法是最常见的对文件内容进行迭代的方法。

示例如下（file_read_byte.py）：

```python
path='./test.txt'
f_name=open(path, 'w')
print(f"write length:{f_name.write('Hello')}")
f_name=open(path)
c_str=f_name.read(1)
while c_str:
    print(f'read str is:{c_str}')
    c_str=f_name.read(1)
f_name.close()
```

程序输出结果如下：

```
write length: 5
read str is: H
read str is: e
read str is: l
read str is: l
read str is: o
```

由输出结果可以看到，该示例对写入文件的每个字符都进行了遍历。这个程序执行到文件末尾时，read()方法会返回一个空字符串，未执行到空字符串之前，返回的都是非空字符，表示布尔值为真。

该示例中出现了代码的重复使用，可以使用 while True/break 语句结构进一步优化。优化代码如下（file_read_byte_1.py）：

```python
f_name=open(path)
while True:
    c_str=f_name.read(1)
    if not c_str:
        break
    print(f'read str is:{c_str}')
f_name.close()
```

由以上代码可以看到，优化后的代码结构比之前更好。

在实际操作中，处理文件时可能需要对文件的行（而不是单个字符）进行迭代，对行的迭代，可以在 while 循环语句中使用 readline()方法。

示例如下（file_line_read.py）：

```python
f_name=open(path)
while True:
    line=f_name.readline(1)
    if not line:
        break
    print(f'read line is:{line}')
f_name.close()
```

执行上面的代码并查看输出结果，可以看到输出结果是按行读取的字符。

在实际项目应用中，在对文件的操作中，读取文件时，必然要涉及文件内容的迭代。

12.4 序列化与反序列化

在运行程序的过程中，所有变量都被存放在内存中，把变量从内存中变成可存储或传输的过程称为序列化。可以把序列化后的内容写入磁盘，或者通过网络传输到别的机器上。反过来，把变量内容从序列化的对象重新读到内存中的过程称为反序列化。

序列化是指将数据结构或对象转换成二进制串的过程。反序列化是指将序列化过程中生成的二进制串转换成数据结构或对象的过程。

下面介绍 Python 中序列化和反序列化的方式。

12.4.1　pickle 模块实现列化与反序列化

在 Python 中，基本数据的序列化和反序列化通过 pickle 模块实现。

通过 pickle 模块的序列化操作，能够将程序中运行的对象信息保存到文件中，从而永久存储。而通过 pickle 模块的反序列化操作，能够从文件中创建上一次程序保存的对象。

pickle 模块的基本接口如下：

```python
pickle.dump(obj, file, [,protocol])
```

示例如下（file_pickle.py）：

```python
import pickle

d=dict(name='xiao zhi', num=1002)
print(pickle.dumps(d))
```

由上面的代码可以看到，pickle.dumps()方法把任意对象序列化成一个 bytes，然后把这个 bytes 写入文件。也可以使用另一种方法 pickle.dump()，直接把对象序列化后写入一个文件对象中，程序如下（file_pickle_write.py）：

```python
try:
    d=dict(name='xiao zhi', num=1002)
    f_name=open('dump.txt', 'wb')
    pickle.dump(d, f_name)
```

```
    finally:
        f_name.close()
```

执行上面的代码后，会生成一个 dump.txt 文件，若直接打开 dump.txt 文件，可以看到里面是一堆看不懂的内容，这些都是 Python 保存的对象内部信息。

若已经将内容序列化到文件中，使用文件时需要把对象从磁盘读到内存。使用时，可以先把文本内容读取到一个 bytes 中，然后用 pickle.loads()方法反序列化对象；也可以直接用 pickle.load()方法从一个文件对象中直接反序列化对象。

从 dump.txt 文件中将序列化的内容反序列化的代码如下（file_pickle_load.py）：

```
import pickle

try:
    f_name=open('dump.txt', 'rb')
    print(f'load result:{pickle.load(f_name)}')
finally:
    f_name.close()
```

程序输出结果如下：

```
load result: {'num': 1002, 'name': 'xiao zhi'}
```

由输出结果可以看到，使用 pickle.loads()方法将变量的内容正确读取出来了。

需要注意的是，pickle 的序列化和反序列化只能用于 Python，不同版本的 Python 可能彼此都不兼容，因此 pickle 一般用于保存不重要的数据，也就是不能成功反序列化也没关系的数据。

12.4.2 JSON 实现序列化与反序列化

在 12.4.1 节介绍的 pickle 模块是 Python 中独有的序列化与反序列化模块，本节介绍的 JSON 方式是通用的。

JSON（JavaScript Object Notation）是一种轻量级的数据交换格式，是基于 ECMAScript 的一个子集。Python 3.x 中可以使用 json 模块对 JSON 数据进行编码解码，json 模块包含以下两个函数：

（1）json.dumps()：用于对数据进行编码。
（2）json.loads()：用于对数据进行解码。

在 JSON 数据的编码解码过程中，Python 的原始类型与 JSON 类型会相互转换，具体的转化方式如表 12-2 和表 12-3 所示。

表 12-2 Python 编码为 JSON 类型

Python	JSON	Python	JSON
dict	{}	Int or float	number
list, tuple	[]	True/False	True/False
str	string	None	null

表 12-3 JSON 解码为 Python 类型

JSON	Python	JSON	Python
{}	dict	number(int or float)	int or float
[]	list	True/False	True/False
string	str	null	None

JSON 序列化与反序列化的示例如下（file_json_dumps.py）：

```
import json

data={ 'num': 1002, 'name': 'xiao zhi'}
json_str=json.dumps(data)
print(f"Python 原始数据: {data}")
print(f"JSON 对象: {json_str}")
```

程序输出结果如下：

```
Python 原始数据: {'name': 'xiao zhi', 'num': 1002}
JSON 对象: {"name": "xiao zhi", "num": 1002}
```

由输出结果可以看到，通过 JSON 的 dumps()函数对数据进行编码后，得到一个 JSON 格式的对象。

接着以上示例，可以将一个 JSON 编码的字符串转换为一个 Python 数据结构。

代码如下（file_json_loads.py）：

```
import json

data={ 'num': 1002, 'name': 'xiao zhi'}

json_str=json.dumps(data)
print(f"Python 原始数据: {data}")
print(f"JSON 对象: {json_str}")

data2=json.loads(json_str)
print(f"data2['name']: {data2['name']}")
print(f"data2['num']: {data2['num']}")
```

程序输出结果如下：

```
Python 原始数据: {'num': 1002, 'name': 'xiao zhi'}
JSON 对象: {"num": 1002, "name": "xiao zhi"}
data2['name']: xiao zhi
data2['num']: 1002
```

由输出结果可以看到，通过 JSON 的 loads()函数对数据进行解码后，得到一个 Python 数据结构的对象。

如果要处理的是文件而不是字符串，就可以使用 json.dump()和 json.load()编码、解码 JSON 数据。

示例如下：

```python
import json

data={'num': 1002, 'name': 'xiao zhi'}
#写入 JSON 数据
with open('dump.txt', 'w') as f:
    json.dump(data, f)

#读取数据
with open('dump.txt', 'r') as f:
    data=json.load(f)
```

执行程序,程序执行后可以在 dump.txt 文件中看到序列化的字符串。

12.5 活学活用——文本数据分隔

读取一份两人的对话文件,将文件中的数据进行分隔,将两人的对话内容分别保存到不同的文件中。不同的对话由对话人加上冒号区分,如 service:, customer:, 并且每一条对话语句之间通过 8 个 "-" 分隔开,不是在一行,而是另起一行。

思维导向:

(1) 文件读取。

(2) 将不同人的对话单独保存为 "名称_*.txt" 的文件,文件内容为冒号后面的。

写入文本的示例代码如下(chat_record_write.py):

```python
def customer_say(file_path, cus_word):
    """
    顾客提问
    :param file_path:
    :param cus_word:
    :return:
    """
    with open(file_path, 'a') as op_file:
        op_file.writelines('--------\n')
        op_file.writelines(cus_word)


def service_answer(file_path, answer_word):
    """
    客服回答
    :param file_path:
    :param answer_word:
    :return:
    """
    with open(file_path, 'a') as op_file:
        op_file.writelines('--------\n')
        op_file.writelines(answer_word)
```

```python
path='./chat.txt'
customer_say(path, 'customer:Is any service in?\n')
service_answer(path, 'service:This is the service,what can I help you?\n')

customer_say(path, 'customer:Hello!\n')
service_answer(path, 'service:Hello!\n')

customer_say(path, 'customer:What the weather like today?\n')
service_answer(path, 'service:The weather is sunny.')
```

执行上面的代码,会生成一个 chat.txt 文件,里面包含了 customer 和 service 的对话内容。
文本分隔的示例代码如下(chat_record_split.py):

```python
def file_create(service, customer, count):
    """
    文件创建并写入文本内容
    :param service:
    :param customer:
    :param count:
    :return:
    """
    file_name_service='service_' + str(count) + '.txt'
    file_name_customer='customer_' + str(count) + '.txt'

    with open(file_name_service, 'w') as service_file:
        service_file.writelines(service)

    with open(file_name_customer, 'w') as customer_file:
        customer_file.writelines(customer)


def file_split(file_name):
    """
    文件分隔
    :param file_name:
    :return:
    """
    count=1
    service=[]
    customer=[]
    with open(file_name, 'r') as f_read:
        for each_line in f_read:
            if each_line[0: 6]!='------':
                role, line_spoken=each_line.split(':', 1)
                if role=='service':
                    service.append(line_spoken)
                if role=='customer':
                    customer.append(line_spoken)
```

```
            file_create(service, customer, count)
            count+=1
        else:
            service=[]
            customer=[]


file_split('./chat.txt')
```

执行程序，会生成对应的 txt 文件，文件中被写入了对话内容。

12.6 技巧点拨

当读取和写入文件时，经常会遇到和空白字符相关的问题。这些问题可能很难调试，因为空格、制表符和换行符通常是不可见的。

示例如下：

```
>>> str_val='1 2\t 3\n 4 5'
>>> print(str_val)
1 2	 3
 4 5
```

对于这种情况，Python 提供了一个 repr()函数。repr()函数可以接收任何对象作为参数，并返回对象的字符串表达形式。上面的示例可以更改如下：

```
>>> print(repr(str_val))
'1 2\t 3\n 4 5'
```

由输出结果可以看到，使用 repr()函数把字符的真实结构形式输出了。在实际应用中，使用 repr()函数可以帮助排查字符不可见的问题。

另一个经常遇到的问题是，不同系统使用不同的字符表示换行。有的系统使用换行符（\n），有的系统使用回车符（\r），也有的系统两者都使用。如果编写的代码在不同系统中使用，这些不一致就可能导致异常。

不过大多系统都支持将一种格式转换为另一种格式。如果系统没有支持格式转换，在实际开发中也可以自己编写代码实现。

12.7 问题探讨

在 Python 中，文件操作应用得多吗？

答：在 Python 中，文件操作应用得非常多。比如在人工智能应用领域中，经常需要把模型训练的结果写入文件中，在使用训练结果时，将文件内容读取到内存中使用。在大数据应用领域中，会涉及比较多的数据清洗工作，在数据清洗时，对于一些数据量非常大的操作，一般也会先将在大数据中清洗的处理结果写入一个文件中，再通过文件将清洗结果导入类似 MySQL 等关系数据库中，供后续使用。

12.8 章节回顾

（1）回顾文件操作的几种模式。
（2）回顾文件有哪些方法，这些方法都怎么操作。
（3）回顾序列化与反序列化的定义，各自都怎么实现。

12.9 实战演练

（1）打开一个文件，读取文件中的内容并打印。
（2）创建一个文件，写入一些字符，写入内容包括英文字符、数字和中文字符。
（3）创建一个文件，写入一些字符，再向文件中按行的方式追加一些字符。
（4）读取一个文件，将文件中的内容按字节一个一个地读取，当发现某个特定字符时，记录下读取的位置，再继续读取，直到所有字节读取完成，最后以字典的形式打印出位置与字符的键值对。
（5）操作文件，对文本内容做序列化和反序列化操作。
（6）向一个文件中写入一首诗，对这首诗实现如下操作：
（a）读取文件，要求读取出的文本格式像一首诗，即标题在中间位置，一句诗一行。
（b）结合当前所学或参考网上资料，更改诗句中的某个字。
（c）统计诗中各个词或字出现的频率，将统计结果写入另一个文件中。统计结果的格式自己定义（越简单、越清楚越好）。

附 录 A

A.1 数学函数

函 数	描 述
abs(x)	返回数字的绝对值,如 abs(-10)返回 10
ceil(x)	返回数字的上入整数,如 math.ceil(4.1)返回 5
cmp(x, y)	如果 x<y,就返回-1;如果 x==y,就返回 0;如果 x>y,就返回 1
exp(x)	返回 e 的 x 次幂,如 math.exp(1)返回 2.718281828459045
fabs(x)	返回数字的绝对值,如 math.fabs(-10)返回 10.0
floor(x)	返回数字的下舍整数,如 math.floor(4.9)返回 4
log(x)	返回对数,如 math.log(math.e)返回 1.0,math.log(100,10)返回 2.0
log10(x)	返回以 10 为基数的 x 的对数,如 math.log10(100)返回 2.0
max(x1, x2,…)	返回给定参数的最大值,参数可以为序列
min(x1, x2,…)	返回给定参数的最小值,参数可以为序列
modf(x)	返回 x 的整数部分与小数部分,两部分的数值符号与 x 相同,整数部分以浮点型表示
pow(x, y)	x**y 运算后的值
round(x [,n])	返回浮点数 x 的四舍五入值,如果给出 n 值,代表舍入到小数点后的位数
sqrt(x)	返回数字 x 的平方根,数字可以为负数,返回类型为实数,如 math.sqrt(4)返回 2.0

A.2 随机函数

函 数	描 述
choice(seq)	从序列的元素中随机挑选一个元素,如 random.choice(range(10)),从 0~9 中随机挑选一个整数
randrange([start,] stop [,step])	从指定范围按指定基数递增的集合获取一个随机数,基数默认值为 1
random()	随机生成下一个实数,在[0,1)范围内
seed([x])	改变随机数生成器的种子 seed。如果不了解原理,不必特意设定 seed,Python 会帮助用户选择 seed
shuffle(lst)	将序列所有元素随机排序
uniform(x, y)	随机生成一个实数,在[x,y]范围内

A.3 三角函数

函 数	描 述
acos(x)	返回 x 的反余弦弧度值
asin(x)	返回 x 的反正弦弧度值
atan(x)	返回 x 的反正切弧度值
atan2(x, y)	返回给定的 x 及 y 坐标值的反正切值
cos(x)	返回 x 弧度的余弦值
hypot(x, y)	返回欧几里得范数 sqrt(x*x + y*y)
sin(x)	返回 x 弧度的正弦值
tan(x)	返回 x 弧度的正切值
degrees(x)	将弧度转换为角度,如 degrees(math.pi/2)返回 90.0
radians(x)	将角度转换为弧度

A.4 Python 字符串内建函数

函 数	描 述
capitalize()	将字符串的第一个字符转换为大写
center(width, fillchar)	返回一个指定宽度 width 居中的字符串,fillchar 为填充的字符,默认为空格
count(str, beg=0,end=len(string))	返回 str 在 string 中出现的次数,如果 beg 或 end 指定,就返回指定范围内 str 出现的次数
decode(encoding='UTF-8',errors='strict')	使用指定编码解码字符串,默认编码为字符串编码
encode(encoding='UTF-8',errors='strict')	以 encoding 指定的编码格式编码字符串,如果出错,默认报一个 ValueError 异常,除非 errors 指定的是 ignore 或者 replace
endswith(suffix, beg=0, end=len(string))	检查字符串是否以 obj 结束。如果 beg 或 end 指定,就检查指定的范围内是否以 obj 结束。如果是,就返回 True;否则返回 False
expandtabs(tabsize=8)	把字符串 string 中的 tab 符号转为空格,tab 符号默认的空格数是 8
find(str, beg=0 end=len(string))	检测 str 是否包含在字符串中。如果 beg 和 end 指定范围,就检查是否包含在指定范围内。如果是,就返回开始的索引值;否则返回-1
index(str, beg=0, end=len(string))	与 find()方法一样,只不过如果 str 不在字符串中,就会报一个异常
isalnum()	如果字符串至少有一个字符并且所有字符都是字母或数字,就返回 True;否则返回 False
isalpha()	如果字符串至少有一个字符且所有字符都是字母,就返回 True;否则返回 False
isdigit()	如果字符串只包含数字,就返回 True;否则返回 False
islower()	如果字符串中包含至少一个区分大小写的字符,并且所有字符(区分大小写)都是小写,就返回 True;否则返回 False
isnumeric()	如果字符串中只包含数字字符,就返回 True;否则返回 False
isspace()	如果字符串中只包含空格,就返回 True;否则返回 False
istitle()	如果字符串是标题化的(见 title()),就返回 True;否则返回 False
isupper()	如果字符串中包含至少一个区分大小写的字符,并且所有字符(区分大小写)都是大写,就返回 True;否则返回 False

续表

函　数	描　述
join(seq)	以指定字符串作为分隔符，将 seq 中所有元素（字符串类型的元素）合并为一个新字符串
len(string)	返回字符串长度
ljust(width[, fillchar])	返回左对齐的原字符串，并使用 fillchar 填充至长度 width 的新字符串，fillchar 默认为空格
lower()	转换字符串中所有大写字符为小写
lstrip()	截掉字符串左边的空格
maketrans()	创建字符映射的转换表，对于接收两个参数的最简单的调用方式，第一个参数是字符串，表示需要转换的字符；第二个参数也是字符串，表示转换的目标
max(str)	返回字符串 str 中最大的字母
min(str)	返回字符串 str 中最小的字母
replace(old, new [, max])	将字符串中的 old 替换成 new。如果 max 指定，替换就不超过 max 次
rfind(str, beg=0,end=len(string))	类似于 find()函数，不过是从右边开始查找
rindex(str, beg=0, end=len(string))	类似于 index()函数，不过是从右边开始查找
rjust(width,[, fillchar])	返回右对齐的原字符串，并使用 fillchar（默认空格）填充至长度 width 的新字符串
rstrip()	删除字符串末尾的空格
split(str="" num=string.count(str)) num=string.count(str))	以 str 为分隔符截取字符串。如果 num 有指定值，就仅截取 num 个子字符串
splitlines(num=string.count('\n'))	按照行分隔，返回一个包含各行元素的列表。如果 num 指定，就仅切片 num 个行
startswith(str, beg=0,end=len(string))	检查字符串是否以 obj 开头，是就返回 True，否则返回 False。如果 beg 和 end 指定，就在指定范围内检查
strip([chars])	在字符串上执行 lstrip()和 rstrip()
swapcase()	将字符串中的大写转换为小写，小写转换为大写
title()	返回"标题化"的字符串，就是所有单词都以大写开始，其余字母均为小写（见 istitle()）
translate(table, deletechars="")	根据 str 给出的表（包含 256 个字符）转换 string 的字符，将要过滤的字符放到 deletechars 参数中
upper()	转换字符串中的小写字母为大写
zfill(width)	返回长度为 width 的字符串，原字符串右对齐，前面填充 0
isdecimal()	检查字符串是否只包含十进制字符，如果是，就返回 True；否则返回 False

A.5　列表方法

函　数	描　述
list.append(obj)	在列表末尾添加新对象
list.count(obj)	统计某个元素在列表中出现的次数
list.extend(seq)	在末尾一次性追加另一个序列中多个值（用新列表扩展原来的列表）
list.index(obj)	从列表中找出某个值第一个匹配项的索引位置
list.insert(index, obj)	将对象插入列表

续表

序 号	方 法
list.pop(obj=list[-1])	移除列表中一个元素（默认为最后一个），并返回该元素的值
list.remove(obj)	移除列表中某个值的第一个匹配项
list.reverse()	反向列表中的元素
list.sort([func])	对原列表进行排序
list.clear()	清空列表
list.copy()	复制列表

A.6 字典内置方法

函 数	描 述
radiansdict.clear()	删除字典内所有元素
radiansdict.copy()	返回一个字典的浅复制
radiansdict.fromkeys(seq[,val])	创建一个新字典，序列 seq 中的元素作为字典的键，val 作为字典所有键对应的初始值
radiansdict.get(key, default=None)	返回指定键的值，如果值不在字典中，就返回 default
key in dict	如果键在字典 dict 里，就返回 True，否则返回 False
radiansdict.items()	以列表返回可遍历的元组数组（键，值）
radiansdict.keys()	以列表返回一个字典所有键
radiansdict.setdefault(key, default=None)	和 get() 类似，如果键不存在于字典中，就会添加键并将值设为 default
radiansdict.update(dict2)	把字典 dict2 的键值对更新到 dict 中
radiansdict.values()	以列表返回字典中所有值

A.7 正则表达式模式

模 式	描 述
^	匹配字符串的开头
$	匹配字符串的末尾
.	匹配任意字符，除了换行符，当 re.DOTALL 标记被指定时，可以匹配包括换行符的任意字符
[…]	用来表示一组字符，单独列出：[amk]匹配'a' 'm'或'k'
[^…]	不在[]中的字符：[^abc]匹配除 a、b、c 之外的字符
re*	匹配 0 个或多个表达式
re+	匹配 1 个或多个表达式
re?	匹配 0 个或 1 个由前面的正则表达式定义的片段，非贪婪模式
re{n,}	精确匹配前面 n 个表达式
re{n, m}	匹配 n 到 m 次由前面的正则表达式定义的片段，贪婪模式
a|b	匹配 a 或 b

续表

模式	描述
(re)	匹配括号内的表达式，也表示一个组
(?imx)	正则表达式包含3种可选标志：i、m、x。只影响括号中的区域
(?-imx)	正则表达式关闭i、m、x可选标志。只影响括号中的区域
(?: re)	类似（...），但不表示一个组
(?imx: re)	在括号中使用i、m、x可选标志
(?-imx: re)	在括号中不使用i、m、x可选标志
(?#...)	注释
(?=re)	前向肯定界定符。如果所含正则表达式以...表示，在当前位置成功匹配时就会成功，否则失败。一旦所含表达式已经尝试，匹配引擎根本没有提高，模式的剩余部分还要尝试界定符的右边
(?!re)	前向否定界定符。与肯定界定符相反，当所含表达式不能在字符串当前位置匹配时成功
(?>re)	匹配的独立模式，省略回溯
\w	匹配字母数字
\W	匹配非字母数字
\s	匹配任意空白字符，等价于[\t\n\r\f]
\S	匹配任意非空字符
\d	匹配任意数字，等价于[0-9]
\D	匹配任意非数字
\A	匹配字符串开始
\Z	匹配字符串结束，如果存在换行，就只匹配到换行前的结束字符串
\z	匹配字符串结束
\G	匹配最后完成的位置
\b	匹配一个单词边界，也就是单词和空格间的位置。例如，'er\b'可以匹配"never"中的'er'，但不能匹配"verb"中的'er'
\B	匹配非单词边界。例如，'er\B'能匹配"verb"中的'er'，但不能匹配"never"中的'er'
\n、\t	\n 匹配一个换行符，\t 匹配一个制表符
\1...\9	匹配第n个分组的子表达式